"十四五"普通高等院校工程教育创新系列教材

新工科建设·电类相关专业新形态教材

电子综合系统设计与实践

主　编：黄家才

副主编：陆欣云　　张玉琼　　张津杨

　　　　周雯超　　刘　静　　杨　雪

　　　　陈　伟　　陈国军　　张文典

　　　　顾皡伟　　任　飞

U0380274

东南大学出版社
SOUTHEAST UNIVERSITY PRESS

·南京·

内容提要

本书是一本电子系统设计与实践类的综合性教材,内容上从基础元器件、Altium 电路设计和焊接技术入手,以电子系统设计方法为主线,将模拟系统设计、数字系统设计、单片机应用系统设计,以及传感器与控制等相关技术融为一体。通过智能车、网络阻抗测试仪和无线环境检测装置的设计与制作,从方案设计、软硬件设计、系统调试等方面,介绍电子系统设计的基本步骤和方法,培养学生综合设计能力、实践能力。本书涉及知识面广,注重电子系统设计的思维与方法,并融入了机器视觉、OpenCV 图像处理、SLAM 等热点技术。

本书可作为高等院校的自动化类、电子信息类、机电类、电气类、计算机类等相关专业教材,也可作为大学生课外电子制作、电子设计竞赛和相关工程技术人员的参考书或培训教材。

图书在版编目(CIP)数据

电子综合系统设计与实践 / 黄家才主编.—南京:
东南大学出版社,2023.2(2024.8 重印)
ISBN 978 - 7 - 5766 - 0645 - 4

Ⅰ.①电… Ⅱ.①黄… Ⅲ.①电子系统—系统设计
Ⅳ.①TN02

中国版本图书馆 CIP 数据核字(2022)第 253805 号

责任编辑:姜晓乐 责任校对:韩小亮 封面设计:王 玥 责任印制:周荣虎

电子综合系统设计与实践

主 编:黄家才
出版发行:东南大学出版社
社 址:南京四牌楼 2 号 邮编:210096
网 址:http://www.seupress.com
经 销:全国各地新华书店
印 刷:广东虎彩云印刷有限公司
开 本:787mm×1092mm 1/16
印 张:18.75
字 数:450 千字
版 次:2023 年 2 月第 1 版
印 次:2024 年 8 月第 2 次印刷
书 号:ISBN 978 - 7 - 5766 - 0645 - 4
定 价:68.00 元

本社图书若有印装质量问题,请直接与营销部联系。电话:025 - 83791830。

前　言

在新工科教育的时代背景下,高等学校工程教育面临新的要求,相对于传统的工科人才,未来新兴产业和新经济需要的是工程实践能力扎实、创新能力强、具备国际竞争力的高素质复合型"新工科"人才。培养学生的工程实践能力是高等学校工程教育的重要任务,也是卓越工程师的培养要求,更是新工科的建设目标。高等工程教育中的实践环节是强化工程应用、培养工程应用型高级人才不可或缺的组成部分。基于上述背景,越来越多的电子信息类专业开设了以培养学生工程实践能力为主要目标的电子综合系统设计课程,将学生电子系统设计能力的培养常态化、课程化,从而增大学生的受益面。为此,我们组织多名一线教学教师编写了本书,旨在为开设这门课以及从事电子系统设计训练的学生提供一本合适的教材或参考书。

全书内容共9个章节,第1章介绍常用电子元器件基本知识及标准,是进行电子系统硬件设计的基础。第2章介绍了电子电路的设计软件工具 Altium Designer,掌握了这个工具的基本使用方法,学生才可以将所设计的电路转化为实际的 PCB 板图。第3章介绍了电子焊接技术,这是学生进行电子装配与调试的必备技能。第4章介绍了电子系统设计与调试的具体方法。第5章介绍了一个控制类电子系统设计的具体案例——智能车设计与制作。第6章介绍了一个仪器类电子系统设计的具体案例——网络阻抗测试仪的设计与制作。第7章介绍了一个通信类电子系统设计的具体案例——无线环境检测装置的设计与制作。第8章介绍了图像处理类电子系统的实例,目前越来越多的电子系统需要有图像处理功能,因此设置此案例供学生学习。第9章介绍了室内导航技术的电子系统的软硬件基础知识。

本教材一方面阐述了电子系统基础的知识与技能,另一方面还介绍了当代电子设计前沿的一些技术与方法,因此,不仅可以作为电子综合系统设计实践的入门书,还可为参加电子设计类竞赛的学生提供参考,同时对从事电子系统项目开发的工程师也具备一定的参考价值。

由于作者水平有限,编写时间仓促,书中难免有不妥之处,如果您在阅读本书的过程中发现问题或者有改进本书的建议,请与作者联系。

作者

2022 年 12 月 28 日于南京工程学院

目　录

第1章

常用电子元件基本知识及标准

导读

电子元器件是组成电子产品的基础。常用的电子元器件包括电阻、电感、电容、半导体二极管、晶体三极管、电位器以及模拟集成电路等。了解常用电子元器件的种类、性能、参数含义,学会正确测量和选用电子元器件是进行电子系统综合设计的基本要求。

1.1 电阻元件

电阻是最常用的电子元器件,在电子设备中约占元件总数的 30% 以上。在电子电路中电阻主要用于调节电流和电压,还可以用作分流器、分压器以及负载。常用的电阻有两种——固定式电阻器和电位器,本节重点介绍固定式电阻器(以下简称"电阻")。

1.1.1 电阻的分类及命名方法

1) 电阻的分类

按制作材料和工艺,电阻可以分为膜式电阻(碳膜 RT、金属膜 RJ、合成膜 RH 和金属氧化膜 RY)、实心电阻(有机 RS 和无机 RN)、线绕电阻(RX)和特殊电阻(MG 型光敏电阻、MF 型热敏电阻等);按电阻值的精确程度,电阻可以分为普通电阻(允许误差为 ±5%、±10%、±20%)和精密电阻(允许误差为 ±0.1%、±0.2%、±0.5%、±1% 和 ±2% 等);按安装方式,电阻可以分为直插式和贴片式。

图 1-1 是常见的 3 种电阻的实物图。

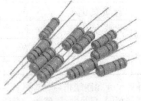
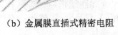

(a) 碳膜直插式普通电阻　　　(b) 金属膜直插式精密电阻　　　(c) 贴片电阻

图 1-1　常见电阻实物图

目前市面上较为常用的四种电阻为碳膜电阻、金属膜电阻、线绕电阻和贴片电阻，其内部结构及特点见表1-1。

由表1-1可见，不同种类的电阻，其内部结构、性能、特点不同，适用的场合亦不同。因此在设计电路时，必须要充分考虑各种因素（如环境、噪声、功率等），合理选用电阻。

表1-1 常用的四种电阻的内部结构及特点

种类	内部结构	特点
碳膜电阻	由结晶碳沉积在瓷棒或瓷管上制成，改变碳膜厚度和用刻槽方法变更碳膜长度，可得到不同阻值	高频特性好，价格低廉，广泛应用于收音机、电视机以及其他的电子设备
金属膜电阻	通过真空蒸发等方法使合金粉沉积在瓷基体上制成，用刻槽和改变金属膜厚度的方法可精确控制阻值	体积小、噪声低、稳定性和耐热性好，工作频率较宽，但成本稍高；适用于要求较高的通信设备、电子仪器等电路
线绕电阻	用电阻率较大的镍铬合金、锰钢等合金在陶瓷骨架上缠绕而制成，由缠绕圈数确定阻值	耐高温、噪声小、精度高、额定功率较大，常用在电源电路中做限流电阻等，其分布电容电感较大，不宜用于高频电路
贴片电阻	通过真空溅镀一层合金电阻膜于陶瓷基板上，加玻璃材料保护层及三层电镀而成	体积小、重量轻，电性能稳定，可靠性高；装配成本低，并与自动装贴设备匹配；机械强度高、高频特性优越

2）电阻的命名方法

根据国家标准，电阻的型号由以下4个部分组成：

第一部分，主称，用字母R表示；

第二部分，电阻体材料，用字母表示；

第三部分，类别，用数字或字母表示；

第四部分，序号，用个位数或无数字表示。

各部分符号的含义见表1-2。

表1-2 电阻型号组成及各部分符号含义

第一部分		第二部分		第三部分		第四部分
主 称		材 料		分 类		序 号
符号	含义	符号	含义	符号	含义	
R	电阻	T	碳膜	1,2	普通	用个位数或无数字表示
		H	合成膜	3	超高频	
		S	有机实心	4	高阻	
		N	无机实心	7	高温	
		J	金属膜	8	精密	
		Y	金属氧化膜	9	高压	
		C	化学氧化膜	L	高功率	
		I	玻璃釉膜	W	可调	
		X	线绕	D	小型	

注：第四部分用数字表示序号，以区别外形尺寸和性能指标。对材料、特征相同，仅尺寸、性能指标略有差别，但基本不影响互换的产品使用同一序号；对材料、特征相同，仅尺寸、性能指标有所差别，不明显影响互换（该差别为非本质的）的产品，使用统一序号，但在序号后用一字母作为区别代号。

1.1.2 电阻的主要参数及计算方法

电阻的主要参数有标称阻值、允许误差、额定功率、温度系数、电压系数、极限电压、噪声等。

1) 标称阻值和允许误差

标称阻值是指电阻体表面所标的电阻值,根据国家制定的标准系列标注,其单位为欧姆(Ω)。常用的单位有 kΩ、MΩ,换算关系为 1 MΩ=10^3kΩ=10^6MΩ。一个实体电阻的实际阻值不可能绝对等于标称阻值,二者之差称为误差。把电阻的实际阻值与标称阻值之间的相对误差定义为电阻值的允许误差(又称精度),其计算公式如下:

$$\Delta = \frac{R_实 - R_标}{R_标} \times 100\% \tag{1-1}$$

式中,$R_实$ 为电阻的实际电阻值(Ω);$R_标$ 为电阻的标称电阻值(Ω);Δ 为电阻的允许误差。

将允许误差作为划分标准,电阻可以被分为普通电阻和精密电阻两种,这两种电阻又分为不同的等级,见表 1-3。

表 1-3 普通电阻和精密电阻的划分标准及等级

	精密电阻				普通电阻		
允许误差	±0.1%	±0.25%	±0.5%	±1%	±5%	±10%	±20%
字母代号	B	C	D	F	J	K	M
曾用符号				0	Ⅰ	Ⅱ	Ⅲ

国家标准规定电阻的阻值按允许误差分为两大系列,分别为 E-24 系列和 E-96 系列,其中 E-24 系列允许误差为 ±5%,对应的是普通电阻Ⅰ级,E-96 系列允许误差为 ±1%,对应为精密电阻 0 级。这两个系列电阻称为标准电阻,其他系列(如 E-12、E-6)称为非标电阻。市面上的电阻多为标准电阻,非标电阻较难采购。

表 1-4、1-5、1-6 分别对应的是 E-24 系列碳膜普通电阻标称值查询表、E-96 系列精密电阻阻值查询表和 E-96 系列精密电阻阻值倍数代码表,供电路设计时参考。

表 1-4 E-24 系列碳膜普通电阻标称值查询表 (单位:Ω)

1.0	10	100	1 k	10 k	100 k	1 M	10 M
1.1	11	110	1.1 k	11 k	110 k	1.1 M	11 M
1.2	12	120	1.2 k	12 k	120 k	1.2 M	12 M
1.3	13	130	1.3 k	13 k	130 k	1.3 M	13 M
1.5	15	150	1.5 k	15 k	150 k	1.5 M	15 M
1.6	16	160	1.6 k	16 k	160 k	1.6 M	16 M

（续表）

1.8	18	180	1.8 k	18 k	180 k	1.8 M	18 M
2.0	20	200	2.0 k	20 k	200 k	2.0 M	20 M
2.2	22	220	2.2 k	22 k	220 k	2.2 M	22 M
2.4	24	240	2.4 k	24 k	240 k	2.4 M	24 M
2.7	27	270	2.7 k	27 k	270 k	2.7 M	27 M
3.0	30	300	3.0 k	30 k	300 k	3.0 M	30 M
3.3	33	330	3.3 k	33 k	330 k	3.3 M	33 M
3.6	36	360	3.6 k	36 k	360 k	3.6 M	36 M
3.9	39	390	3.9 k	39 k	390 k	3.9 M	39 M
4.3	43	430	4.3 k	43 k	430 k	4.3 M	43 M
4.7	47	470	4.7 k	47 k	470 k	4.7 M	47 M
5.1	51	510	5.1 k	51 k	510 k	5.1 M	51 M
5.6	56	560	5.6 k	56 k	560 k	5.6 M	56 M
6.2	62	620	6.2 k	62 k	620 k	6.2 M	62 M
6.8	68	680	6.8 k	68 k	680 k	6.8 M	68 M
7.5	75	750	7.5 k	75 k	750 k	7.5 M	75 M
8.2	82	820	8.2 k	82 k	820 k	8.2 M	82 M
9.1	91	910	9.1 k	91 k	910 k	9.1 M	91 M

表 1-5 E-96 系列精密电阻阻值查询表　　　　　　　（单位：Ω）

十位	个位									
	0	1	2	3	4	5	6	7	8	9
0		1.000	1.022	1.05	1.07	1.10	1.13	1.15	1.18	1.21
1	1.24	1.27	1.30	1.33	1.37	1.40	1.43	1.47	1.50	1.54
2	1.58	1.62	1.65	1.69	1.74	1.78	1.82	1.87	1.91	1.96
3	2.00	2.05	2.10	2.15	2.21	2.26	2.32	2.37	2.43	2.49
4	2.55	2.61	2.67	2.74	2.80	2.87	2.94	3.01	3.09	3.16
5	3.24	3.32	3.40	3.48	3.57	3.65	3.74	3.83	3.92	4.02
6	4.12	4.22	4.32	4.42	4.53	4.64	4.75	4.87	4.99	5.11
7	5.23	5.36	5.49	5.62	5.76	5.90	6.04	6.19	6.34	6.49
8	6.65	6.81	6.98	7.15	7.32	7.50	7.68	7.87	8.06	8.25
9	8.458.66	8.66	8.87	9.09	9.31	9.53	9.76			

表 1-6 E-96 系列精密电阻阻值倍数代码表

代码	A	B	C	D	E	F	G	H	X	Y	Z
倍数	10^2	10^3	10^4	10^5	10^6	10^7	10^8	10^9	10^1	10^0	10^{-1}

2) 额定功率

电阻的额定功率是指电阻在直流或交流电路中,在正常大气压下(86 kPa～106 kPa)及额定温度、湿度条件下,能长期连续工作而不损坏或不显著改变其性能所允许消耗的最大功率,即最高电压和最大电流的乘积。在实际应用中通常选择额定功率大于实际功率1.5～2倍以上的电阻。

表 1-7 列出了三种常用电阻(RT、RJ、RH)的外形尺寸与额定功率的关系。

表 1-7 常用电阻外形尺寸与额定功率的关系

额定功率/W	碳膜电阻(RT)		金属膜电阻(RJ)		合成膜电阻(RH)	
	长度/mm	直径/mm	长度/mm	直径/mm	长度/mm	直径/mm
1/8	11.0	3.9	6.0～7.0	2.0～2.2	12.0	2.5
1/4	18.5	5.5	8.0	2.6	15.0	4.5
1/2	28.0	5.5	10.8	4.2	25.0	4.5
1	30.5	7.2	13.0	6.6	28.0	6.0
2	48.5	9.5	18.5	8.6	46.0	8.0

3) 温度系数

电阻的温度系数是表示电阻热稳定性随温度变化的物理量。温度系数越大,其热稳定性越差。

温度系数用 α_T 表示,它表示温度每升高 1 摄氏度(℃),电阻值的相对变化量,计算公式如下:

$$\alpha_T = \frac{R_2 - R_1}{R_1(T_2 - T_1)} \tag{1-2}$$

式中,R_1 为参考温度为 T_1 时的阻值(Ω);R_2 为环境温度为 T_2 时的阻值(Ω)。

4) 电压系数

电阻的阻值与其所加的电压有关,这种关系可用电压系数(K_U)表示。电压系数指外加电压每改变 1 V 时,电阻值的相对变化量,计算公式如下:

$$K_U = \frac{R_2 - R_1}{R_1(U_2 - U_1)} \times 100\% \tag{1-3}$$

式中,U_1、U_2 分别为外加电压,R_1、R_2 分别为 U_1、U_2 相对应的电阻值(Ω)。

5) 最大工作电压

电阻的最大工作电压是指电阻长期工作且不发生过热或电击穿损坏现象的最大电压。从电阻的发热状态考虑，允许加到电阻上的最大电压数值等于其额定电压 U_n，即：

$$P = \frac{U^2}{R}$$

$$U_n = \sqrt{P_n \times R_n} \tag{1-4}$$

式中，P_n 为额定功率（W）；R_n 为标称阻值。

一般情况下，对于碳膜电阻，小于 0.5 W 的最大工作电压取 250 V，0.5 W 的最大工作电压取 400 V，1 W 的最大工作电压取 500 V。

6) 噪声

电阻的噪声是电阻中产生的一种不规则的电压起伏，包括热噪声和电流噪声。

在高于绝对零度（−273℃）的任何温度下，物质中的电子都在做持续的热运动，由于其运动方向是随机的，与任何短时电流都不相关，因此没有可检测到的电流，但是连续的随机运动序列会导致热噪声。电阻热噪声的幅度和阻值间的关系如下：

$$V_n^2 = 4K_b TRB \quad （以 \ V^2/Hz \ 为单位） \tag{1-5}$$

式中，V_n 为噪声电压；K_b 为玻尔兹曼常数，$K_b = 1.38 \times 10^{-23}$ J/K；T 是温度（K）；R 为电阻（Ω）；B 为带宽（Hz）。

在室温下，上式可化简为：

$$V_n^2 = 4\sqrt{R} \tag{1-6}$$

降低电阻的工作温度，可以减小热噪声。

电流噪声与电阻内的微观结构有关，线绕电阻无电流噪声，薄膜型电阻电流噪声较小，合成膜型电阻电流噪声最大。电流噪声的计算较为复杂，本书不作介绍。

1.1.3 电阻的标识方法

常用的电阻标识方法有直标法、文字符号法、数码法和色环法。

1) 直标法

直标法是将电阻的主要参数信息直接标注在电阻的表面，如图 1-2 给出的是一款采用直标法标注的金属膜电阻。

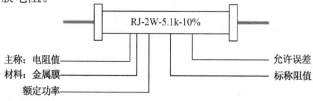

图 1-2 电阻直标法

由图 1-2 可见，直标法其允许误差位于末端，用百分数表示。如采用直标法标识的电阻，其表面最末端未见百分数，则表示该电阻的允许误差为±20%。

2) 文字符号法

文字符号法是用文字符号和阿拉伯数字二者有规律地组合起来标注在电阻的表面上。表 1-8 列出了一些常用标称阻值电阻及其对应的文字符号标识。

表 1-8　文字符号标注电阻标称阻值

标称阻值	文字符号	标称阻值	文字符号
0.1 Ω	R10	1 MΩ	1M0
0.332 Ω	R332	3.32 MΩ	3M32
1 Ω	1R0	10 MΩ	10M
3.32 Ω	3R32	33.2 MΩ	33M2
10 Ω	10R	100 MΩ	100M
33.2 Ω	33R2	332 MΩ	332M
100 Ω	100R	1 GΩ	1G0
332 Ω	332R	3.32 GΩ	3G32
1 kΩ	1k0	10 GΩ	10G
3.32 kΩ	3k32	33.2 GΩ	33G2
10 kΩ	10k	100 GΩ	100G
33.2 kΩ	33k2	332 GΩ	332G
100 kΩ	100k	1 TΩ	1T0
332 kΩ	332k	3.32 TΩ	3T32

由表 1-8 可见，文字符号标注标称电阻值的一般规则如下：

(1) $R < 1\ \text{k}\Omega$，用字母 R 和数字相组合的方式进行标识；

(2) $1\ \text{k}\Omega \leqslant R < 1\ \text{M}\Omega$，用字母 k 和数字相组合的方式进行标识；

(3) $1\ \text{M}\Omega \leqslant R < 1\ \text{G}\Omega$，用字母 M 和数字相组合的方式进行标识；

(4) $1\ \text{G}\Omega \leqslant R < 1\ \text{T}\Omega$，用字母 G 和数字相组合的方式进行标识；

(5) $R \geqslant 1\ \text{T}\Omega$，用字母 T 和数字相组合的方式进行标识。

字母与数字组合规则总结为：阻值的整数部分位于字母的左侧，小数部分位于字母的右侧，字母左侧末位为个位，字母右侧第一位为十分位。

采用文字符号法标识电阻，其允许误差也用文字符号表示。表示允许误差的文字符号对应关系见表 1-9。

表 1-9　表示允许误差的文字符号对应关系表

符号	M	K	J	G	F	D	C	B	W	P	L
允许误差(±%)	20	10	5	2	1	0.5	0.25	0.1	0.05	0.02	0.01

3）数码法

数码法是在电阻上用三位或四位阿拉伯数字表示标称值的标示方法，通常用于贴片电阻，如图 1-1(c)所示。三位数码从左到右依次为：有效数字、有效数字、倍率。即从左到右，前两位表示有效数字，第三位表示倍率。四位数码比三位数码的有效数字多一位，因此精度更高一些。其结构算法如下：

$$XXY = XX \times 10^Y$$
$$XXXY = XXX \times 10^Y \tag{1-7}$$

式中，X 为 2 位，多用于 E-24 系列，精度为 J($\pm 5\%$）。例如：223，表示 $22 \times 10^3\ \Omega$；X 为 3 位，多用于 E-96 系列，精度为 F($\pm 1\%$）。例如：2233，表示 $223 \times 10^3\ \Omega$；Y 为倍率，表示 10 的几次幂。

需要注意：如 $Y=9$，这里 9 代表"-1"，例如：229，表示 $22 \times 10^{-1}\ \Omega$。

4）色环法

色环电阻是电子电路中最常用的电子元件，其阻值由管体上各种颜色色环来标识。色环标示主要应用于圆柱形的电阻，如：碳膜电阻、金属膜电阻、金属氧化膜电阻、保险丝电阻、线绕电阻等，其优点是保证在安装电阻时不管从什么方向安装，都能清楚地读出其阻值。

日常使用的色环电阻主要有两种，一种是四色环电阻（对应的是普通电阻），一种是五色环电阻（对应的是精密电阻）。图 1-3 为四色环电阻示意图。

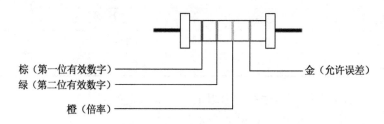

图 1-3　四色环电阻示意图

由图 1-3 可见，对于四色环电阻，其前两个色环为有效数字，第三个色环为倍率，最后一个色环为允许误差。各色环颜色代表的数值见表 1-10 四色环电阻系统表。

表 1-10　四色环电阻系统表

颜色	第一位有效数字	第二位有效数字	倍率	允许误差
黑	0	0	10^0	—
棕	1	1	10^1	—
红	2	2	10^2	—
橙	3	3	10^3	—
黄	4	4	10^4	—

颜色	第一位有效数字	第二位有效数字	倍率	允许误差
绿	5	5	10^5	—
蓝	6	6	10^6	—
紫	7	7	10^7	—
灰	8	8	10^8	—
白	9	9	10^9	—
金	—	—	10^{-1}	$\pm5\%$
银	—	—	10^{-2}	$\pm10\%$
无色	—	—	—	$\pm20\%$

由表 1-10 可知，第一位有效数字棕色表示 1，第二位有效数字绿色表示 5，倍率橙色表示 10^3，允许误差金色表示 $\pm5\%$。图 1-3 所示电阻的标称阻值为 $15\times10^3=15\ \text{k}\Omega$。

五色环电阻比四色环电阻多一位有效数字，示意图如图 1-4 所示。

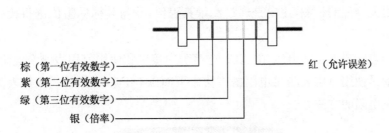

棕（第一位有效数字）
紫（第二位有效数字）
绿（第三位有效数字）
银（倍率）
红（允许误差）

图 1-4　五色环电阻示意图

由图 1-4 可见，对于五色环电阻，其前三个色环为有效数字，第四个色环为倍率，最后一个色环为允许误差。各色环颜色代表的数值见表 1-11 五色环电阻系统表。

表 1-11　五色环电阻系统表

颜色	第一位有效数字	第二位有效数字	第三位有效数字	倍率	允许误差
黑	0	0	0	10^0	—
棕	1	1	1	10^1	$\pm1\%$
红	2	2	2	10^2	$\pm2\%$
橙	3	3	3	10^3	—
黄	4	4	4	10^4	—
绿	5	5	5	10^5	$\pm0.5\%$
蓝	6	6	6	10^6	$\pm0.25\%$

（续表）

颜色	第一位有效数字	第二位有效数字	第三位有效数字	倍率	允许误差
紫	7	7	7	10^7	$\pm0.1\%$
灰	8	8	8	10^8	$\pm0.05\%$
白	9	9	9	10^9	—
金	—	—	—	10^{-1}	5%
银	—	—	—	10^{-2}	10%

由表 1-11 可知，第一位有效数字棕色表示 1，第二位有效数字紫色表示 7，第三位有效数字绿色表示 5，倍率银色表示 10^{-2}，允许误差红色表示 $\pm2\%$。图 1-4 所示电阻的标称阻值为 $175\times10^{-2}=1.75\ \Omega$。

1.1.4 电阻的检测与选用

1）电阻的检测

对于电阻元器件的检测，主要是通过测量其阻值，并与其标称阻值进行比较，进而确定其性能的好坏。

常用的测量电阻方法有电压-电流法、电流表内接法和使用万用表测量电阻法。实验室里通常采用的是使用万用表测量电阻的方法。下面以 MF47 型指针式万用表为例，介绍使用万用表测量电阻的方法。

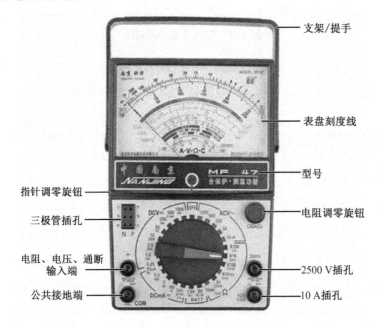

图 1-5　MF47 型指针式万用表

图 1-5 为 MF47 型指针式万用表,使用时要求水平放置,以免指针因重力作用影响测量结果。使用 MF47 型指针式万用表测量电阻的基本步骤如下:

（1）机械调零

万用表未工作时,其指针的初始位置应指向最左端电压/电流为 0（电阻为∞）,即机械零位。如果指针的初始位置不在机械零位,这时要进行机械调零。方法是使用螺丝刀旋转位于万用表中间位置的"指针调零旋钮",使指针位于机械零位。

（2）置电阻挡

旋转挡位开关置于"Ω"测量标识区域,并将万用表红表笔插入"电阻、电压、通断输入端"（V/Ω）插孔,黑表笔插入"公共接地端"（COM）插孔。

（3）量程选择

根据所测元件阻值选择合适的挡位。由于欧姆挡刻度的非线性关系,它的中间一段分度较为精细,因此应使指针指示值尽可能落到刻度的中段位置,即全刻度起始的 20%～80% 弧度范围内,以使测量更准确。

（4）欧姆调零

将两支表笔相互短接,万用表的指针应向右偏转并指向最右端的零位（电阻零位）。如指针未能指向电阻零位,这时要进行欧姆调零。方法是将两支表笔短接,同时旋转位于万用表中间偏右方的"电阻调零按钮",使得指针位于电阻零位。

注意：两支表笔短接的时间不宜过长,以减少对万用表内部电池的损耗;每次改变量程,都需要重新进行欧姆调零。

（5）电阻阻值测量

将两支表笔并接在被测电阻的两只引脚上,进行电阻测量。测得的电阻值应与该电阻标称阻值相符。根据电阻误差等级,测出的阻值与标称阻值之间的误差不能超出允许误差范围。如果测出的阻值与标称阻值间的差值超出允许误差范围,则说明该电阻变值了,不能正常使用。

注意：测量电阻时,两手不能同时捏住电阻引脚（不能将人体电阻接入电路）;不能带电或"在线"测电阻,以免损坏万用表或影响测量精度。

2）电阻的选用

在了解电阻的性能、主要参数,掌握电阻的检测方法的基础上,进行电阻的选用。电阻选用的基本步骤如下:

（1）计算（估算）电路中需要选用的电阻阻值;

（2）计算电路中需要选用的电阻消耗的可能功耗,注意要保留一定的裕度;

（3）根据阻值和功耗选择合适的系列和封装。

电阻选用的基本注意事项如下:

（1）尽量选用常用的、公用的、低成本的电阻。

（2）满足功率要求。选择电阻的额定功率应高于实际消耗功率的 2 倍以上。

（3）满足特定工作性能要求。比如,在高频电路中,对电阻的无感性、安装方式和产品的小体积化都可能提出较高的要求。减小电阻尺寸有利于减小高频电路尺寸,有利于提高高频电路的性能。

1.2　电感元件

电感是一种能够存储磁场能量的电子元件,又称电感线圈,是由导线一圈靠一圈地缠绕在绝缘管上制成,导线彼此互相绝缘,中间的绝缘管可以是空心的,也可以是铁芯或磁粉芯。电感用 L 表示,单位有亨利(H)、毫亨利(mH)、微亨利(μH)。电感具有通低频、阻高频特性,主要用于调谐、振荡、耦合、匹配、滤波、陷波、延迟、补偿及偏转等电路。

1.2.1　电感的分类及命名方法

1) 电感的分类

电感有多种分类方式,按结构构造,可分为线绕式电感和非线绕式电感(多层片状、印刷电感等),也可分为固定式电感和可调式电感;按贴装方式,可以分为贴片式电感和插件式电感;按导磁体性质,可以分为空芯电感、铁氧化电感、铁芯电感和铜芯电感;按工作性质,可以分为天线电感、振荡电感、扼流电感、陷波电感和偏转电感;按工作频率,可以分为高频电感、中频电感和低频电感。图 1-6 是常见的四种电感的实物图。

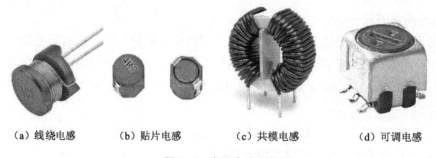

（a）线绕电感　　　（b）贴片电感　　　（c）共模电感　　　（d）可调电感

图 1-6　常见电感实物图

2) 电感的命名方法

电感的型号一般由四部分组成:

第一部分,主称,用字母表示,L 表示线圈,ZL 表示高频或低频阻流圈;

第二部分,特征,用字母表示,G 表示高频;

第三部分,型式,用字母表示,X 表示小型;

第四部分,区别代号,用数字或字母表示。

例如：LGX 表示小型高频电感。

各个厂家对固定电感的型号命名方法有所不同,有的生产厂家用 LG 加产品序号;有的厂家用 LG 加字母后缀,其后缀数字 1 表示卧式;2 表示立式;E 表示耳朵形环氧树脂包封。也有厂家采用 LF 加数字和字母做为后缀。

例如:LF10RD01 表示低频电感,10 为特征尺寸,RD 为工字形瓷芯,01 表示产品序号。

1.2.2　电感的主要参数及计算方法

电感的主要参数有电感量、允许误差、感抗、品质因数、固有电容和直流电阻、额定电流、稳定性等。

1) 电感量 L 及其允许误差

线圈的电感量 L 也称作自感系数,是表示电感元件自感应能力的一种物理量。当通过一个线圈的磁通(即通过某一面积的磁力线数)发生变化时,线圈中便会产生电势,称为感应电势。感应电势的大小与磁通的变化率和线圈的匝数成正比。当线圈中通过变化的电流时,线圈产生的磁通随之发生变化,磁通掠过线圈,线圈两端产生的感应电势,称为自感电势。自感电势的方向总是阻止电流变化的,犹如线圈具有惯性,这种电磁惯性的大小用电感量 L 来表示。

电感量 L 的大小,主要取决于线圈的圈数(匝数)、绕制方式及磁芯材料。L 的经验计算公式如下:

$$L = k\mu_0\mu_s \frac{N^2 A}{l} \tag{1-8}$$

式中,L 为电感量(H);μ_0 为真空磁导率$=4\pi\times 10^{-7}$;μ_s 为线圈内部磁芯的相对磁导率,空心线圈 $\mu_s=1$;N 为线圈圈数;A 为线圈的截面积(m^2);l 为线圈的长度(m);k 为系数,取决于线圈半径 r 与长度 l 的比值($2r/l$)。

系数 k 与 $2r/l$ 的关系见表 1-12。

表 1-12　系数 k 与 $2r/l$ 的关系表

$2r/l$	0.1	0.2	0.3	0.4	0.6	0.8	1.0	1.5	2.0	3.0	4.0	5.0	10	20
k	0.96	0.92	0.886	0.85	0.79	0.74	0.69	0.6	0.52	0.43	0.37	0.32	0.2	0.12

电感的实际电感量与标称电感量之间的差值,称为误差,这一误差在国家标准规定的允许范围内的,称为允许误差(又称精度)。对于不同用途的电感,允许误差的要求差别很大。对于振荡线圈,允许误差要求较高,通常为 0.2%～0.5%;而对于耦合线圈和高频扼流线圈,允许误差要求较低,通常为 10%～15%。

2) 感抗 X_L

电感线圈的自感电势总是阻止线圈中电流的变化,故线圈对交流电有阻力的作用,阻力的大小用感抗 X_L 来表示。X_L 与线圈的电感量 L 和交流电的频率 f 成正比,计算公式如下:

$$X_L = 2\pi f L \tag{1-9}$$

式中，X_L 为电感的感抗（Ω）；f 为交流变化频率（Hz）；L 为电感的电感量（H）。

当线圈通过高频电流时，X_L 很大；当线圈通过低频电流时，X_L 很小；当线圈通过直流电时，X_L 等于 0。线圈的这种特性正好与电容相反，因此可以利用电感元件和电容元件组成各种高频、中频和低频滤波器，以及调谐回路、选频回路、阻流圈电路等。

3）品质因数（Q 值）

品质因数指电感在某一频率的交流电压工作时，线圈所呈现的感抗和电感器的总损耗电阻的比值，是衡量电感质量的重要参数，用字母"Q"表示。其计算公式如下：

$$Q = \frac{X_L}{R} = \frac{2\pi f L}{R} \tag{1-10}$$

式中，Q 为品质因数；X_L 为电感的感抗（Ω）；f 为电路工作频率（Hz）；L 为电感的电感量（H）；R 为电感的总损耗电阻（包括直流电阻、高频电阻及介质损耗电阻）（Ω）。Q 值反映电感损耗的大小，Q 值越高，损耗功率越小，电路效率越高，频率选择性越好。一般调谐回路要求 Q 值高，对耦合电感的 Q 值要求可以低一些；对高频和低频阻流圈，则无要求。

4）直流电阻（DCR）和自共振频率（SRF）

电感在直流电流下测得的电阻值，称为电感的直流电阻（DCR），DCR 值越小，电感的性能越好。

电感线圈匝与匝之间的导线，通过空气、绝缘层和骨架而存在着分布电容；屏蔽罩之间，多层绕组的层与层之间，绕组与底板之间也都存在着分布电容。以空芯电感为例，其等效电路图如图 1-7 所示。

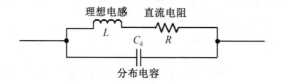

理想电感　　直流电阻

L　　　R

C_d

分布电容

图 1-7　空芯电感等效电路图

从电感等效电路来看，在直流和低频工作情况下，电感的电阻影响不大，R 值可以忽略不计，C_d 的容抗很小，也可以忽略不计，此时，电感可以看成是理想型。当工作频率提高到某一定值时，容抗、感抗在数值上达到相等，即满足式（1-11），此时的电感达到其固有频率（自共振频率 SRF），产生共振。自共振频率计算公式如下：

$$2\pi f L = \frac{1}{2\pi f C_\mathrm{d}} \tag{1-11}$$

$$f = \frac{1}{2\pi \sqrt{LC_\mathrm{d}}} \tag{1-12}$$

式中，f 为自共振频率 SRF（Hz）；L 为电感的电感量（H）；C_d 为电感的分布电容（F）。

当电感达到自共振频率时,电感的有效电感值为 0,品质因数 Q 为 0,这是一种临界状态。如果工作频率继续提高,超过其自共振频率,此时分布电容的作用凸显,电感丧失其感性,变成容性。为避免高频时电感的性质改变,必须想方设法减小电感的分布电容。目前常用的方法有减小电感骨架直径,用细导线绕制线圈,或采用间绕法,蜂房式绕法等。

5) 额定电流和饱和电流

电感在正常工作时,允许通过电感的连续最大直流电流称为额定电流。若工作电流超过额定电流,电感会因发热而改变原有参数,严重时甚至会烧坏。电感的额定电流主要与绕制电感的铜线线径有关,线径越大,电感的额定电流越大;电感的额定电流还受电感的散热能力影响,散热能力越好,额定电流越大。影响电感散热能力的因素主要有电感的型式、形状、尺寸等。

对于线绕电感,其额定电流的经验计算公式如下:

$$I_R = D \times 5 \times Q \tag{1-13}$$

式中, I_R 为电感的额定电流(A); D 为电感的线径(mm); Q 为线股数。

根据电感额定电流值,可以把电感分为五个等级,分别用字母 A、B、C、D、E 来表示。各个等级对应的额定电流见表 1-13。

表 1-13　电感额定电流等级及其对应的额定电流值

额定电流等级	A	B	C	D	E
额定电流(mA)	50	150	300	700	1 600

对于铁芯电感,除了要注意其额定电流外,还要关注其饱和电流。铁芯电感的饱和电流是在电感上加一特定量的直流偏压电流,使电感的电感值下降 10%(铁氧体磁芯)或 20%(铁粉芯),这个外加的直流偏压电流被称为该电感的饱和电流。铁芯电感的饱和电流通常需要通过实验测得。

6) 温度系数与稳定性

温度变化会使电感线圈出现几何变形、分布电容和漏电损耗增加等现象,进而改变其性能,我们称之为电感的稳定性受到破坏。电感的稳定性,通常用电感温度系数来衡量。

电感温度系数是指在不同的温度变化条件下线圈的程度变化,是评定线圈性能的重要参数,通常用 α_L 表示,其计算公式如下:

$$\alpha_L = \frac{L_2 - L_1}{L_1(T_2 - T_1)} \tag{1-14}$$

式中, α_L 为电感温度系数(衡量电感量相对于温度的稳定性); T_1 为室温(℃); T_2 为正负极限温度(℃); L_1 为室温 T_1 下测得的电感量(H); L_2 为正负极限温度下测量的电感量(H);

为了提高电感的稳定性,可以采用热绕方法制作线圈。即将绕制线圈的导线通上电流,使导线变热后再绕制线圈,这样可以使线圈冷却后收缩而紧贴在骨架上,不易发生受热后变形,相应地提高了电感的稳定性。

1.2.3 电感的标识方法

常用的电感标识方法有直标法、文字符号法、数码法和色标法。

1) 直标法

直标法是将电感的标称电感量用数字和文字符号直接标在电感体上面,同时用字母表示额定工作电流,再用Ⅰ、Ⅱ、Ⅲ表示允许偏差。

图1-8是采用直标法标识的电感,其电感量为 10 μH,误差为 ±10%(Ⅱ级),额定工作电流为 150 mA(C级)。

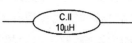

图1-8 电感直标法

2) 文字符号法

文字符号法是由数字和文字符号组成,按照一定的规律把电感的标称值和偏差值标示在电感上面。如图1-6(b)中贴片电感采用的就是这种标识方法。这种标识方法通常用于小功率电感,单位一般是 μH(1 μH=10^{-6} H)或 pH(1 pH=10^{-12} H),分别用"R"和"n"表示小数点。图1-6(b)中的电感标识为是 4R7,表示其电感量为 4.7 μH。

3) 色环法

电感的色环法与电阻的色环法类似,都是用不同颜色的色环标识在电感上。用色环标识的时候,一般露出电感体本色较多的一端为末环,它的另一端就是第一环。电感通常有四个色环,各个色环的含义与四色环电阻类似,即前2个色环代表有效数字,第3个色环表示倍率,第4个色环表示误差等级。但需要注意的是:采用色环标识在电阻上面,其单位是欧姆(Ω);而标识在电感上面,其单位是微亨(μH)。

图1-9为采用色环法标识的电感。

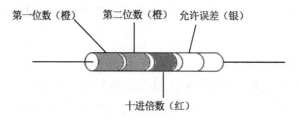

图1-9 电感色标法

各色环颜色代表的数值见表1-14色环电感系统表。

表1-14 色环电感系统表

颜色	第一位有效数字	第二位有效数字	倍率	允许误差
黑	0	0	10^0	±20%
棕	1	1	10^1	

（续表）

颜色	第一位有效数字	第二位有效数字	倍率	允许误差
红	2	2	10^2	
橙	3	3	10^3	
黄	4	4	10^4	
绿	5	5	10^5	
蓝	6	6	10^6	
紫	7	7	10^7	
灰	8	8	10^8	
白	9	9	10^9	
金			10^{-1}	$\pm5\%$
银			10^{-2}	$\pm10\%$

　　将表 1-14 与表 1-10 相比较,发现二者除了单位不同,对允许误差为 $\pm20\%$ 的表示方法也不同。对于电阻,允许误差 $\pm20\%$ 用无色来表示,而电感,则用黑色来表示。

4）数码表示法

　　数码表示法与文字符号表示法比较类似,只不过它是用三位阿拉伯数字来表示电感量。三个数中,从左数前面两位是有效数字,第三位(也是最后一位)表示倍率。数码表示法多用于小功率贴片式电感,其单位是微亨(μH)。

1.2.4　电感的检测与选用

1）电感的检测

　　对于电感的检测,通常分两个步骤,一是初步判断其好坏,二是对其品质进行检测。

　　初步判断电感的好坏,通常采用测量直流电阻法。将万用表调至欧姆挡,用两个表笔直接连接电感两端,测其直流电阻。如果测得的直流电阻为无穷大(∞),则可以判断电感线圈开路;如果测得的直流电阻为 0 或明显小于其标称阻值,则可判断电感线圈短路。无论是开路还是短路,这样的电感都是坏的,不能使用。如果测得的直流电阻与其标称阻值一样,则可以初步判断电感线圈是好的。

　　在初步判断电感是好的情况下,还需要对电感的品质进行检测。

　　反映电感品质的主要参数为电感量和品质因数值。电感量的测量通常采用直流偏置法,即通过直流偏置产生一个使电感偏离其正常工作状态的测试条件,然后用 LCR 测量仪进行电感量的测量。品质因数的测量通常采用 Q 表法(电压比法),其基本原理是被测件与 Q 表内部调谐电容器(及辅助电感)组成谐振回路,通过谐振电压和激励电压之比在谐振电压表上利用直接刻度得出谐振回路的直读 Q 值。

　　LCR 测量仪、Q 表都属于专门的仪器,普通实验室一般不具备,而且一般的电子电路对电感的品质要求不高,因此在实际工作中,一般不进行电感品质的检测。

2) 电感的选用

选用电感时,首先应考虑其性能参数(电感量、额定电流、品质因数等)及外形尺寸是否符合要求。对于系列化生产的电感产品,了解其不同生产工艺、材料,掌握其性能特点,也是选用电感时必须重视的环节。

实际应用中,各种小型的固定电感和色环电感之间,只要电感量、额定电流相同,外形尺寸相近,可以直接代换使用。半导体收音机中的振荡线圈,虽然型号不同,但只要其电感量、品质因数及频率范围相同,也可以相互代换。电视机中的行振荡线圈,应尽可能选用同型号、同规格的产品,否则会影响其安装及电路的工作状态。电视机的偏转线圈一般与显像管及行、场扫描电路配套使用,但其规格、性能参数相近,即使型号不同,也可相互代换。

1.3 电容元件

当一个导体被另一个导体所包围,或者由一个导体发出的电场线全部终止在另一个导体的导体系时,这两个导体与其中间绝缘介质所组成的元件称为电容器。电容器是一种储存电量和电能(电势能)的元件,在电路中主要起耦合、旁路、滤波等作用。

1.3.1 电容的分类及命名方法

1) 电容的分类

根据结构、介质材料、极性、作用不同,可把电容分成多类。按结构可分为固定电容、可变电容、微调电容;按介质材料可分为有机介质电容、复合介质电容、无机介质电容、气体介质电容、电解质电容;按极性可分为有极性电容和无极性电容;按作用分为耦合电容、滤波电容、旁路电容、信号调谐电容等。表 1-15 列出了常用固定电容的名称及主要特点。

表 1-15 常用的固定电容的名称及主要特点

名称	主要特点
纸介电容	价格低,损耗较大,体积较大
云母电容	耐高压、高温,性能稳定,体积小,漏电小,损耗小,电容量小
油质电容	耐压高,电容量大,体积大
陶瓷电容	耐高温,性能稳定,体积小,漏电小,电容量小
涤纶电容	体积小,漏电小,质量轻
聚苯乙烯电容	漏电小,损耗小,性能稳定,精密度较高
金属膜电容	体积小,电容量较大,击穿后有自愈能力
铝电解电容	电容量大,有极性,漏电大,损耗较大
钽电解电容	体积小,漏电小,有极性,稳定性好,价格较高

图 1-10 是常见的 4 种固定电容的实物图。

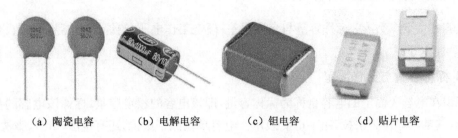

　　(a) 陶瓷电容　　　　(b) 电解电容　　　　(c) 钽电容　　　　(d) 贴片电容

图 1-10　常见电容实物图

2）电容的命名方法

电容器的型号一般由 4 部分组成；

第一部分，主称，用字母 C 表示；

第二部分，材料，用字母表示；

第三部分，分类，用数字表示，个别类型也用字母表示；

第四部分，序号，用数字表示。

各部分符号的含义见表 1-16。例如：CC22 表示高频管型电容。

表 1-16　电容型号各部分符号含义

第一部分		第二部分		第三部分					第四部分
主　称		材　料		分　类					
符号	含义	代号	含义	代号	含义				序　号
					瓷介电容	云母电容	有机电容	电解电容	
C	电容	A	钽电容	1	圆形	非密封	非密封	箔式	用数字表示
		C	高频陶瓷	2	管型	非密封	非密封	箔式	
		D	铝电容	3	叠片	密封	密封	烧结非固体	
		E	其他材料电解	4	独石	密封	密封	烧结粉固体	
		G	合金电容	5	穿心			穿心	
		H	纸膜复合	6	支柱等				
		I	玻璃釉	7				无极性	
		J	金属化纸介	8	高压	高压	高压		
		N	铌电解	9			特殊	特殊	
		O	玻璃膜	G	高功率型				
		Q	漆膜	J	金属化型				
		T	低频陶瓷	Y	高压型				
		V	云母纸	W	微调型				
		Y	云母						
		Z	纸介						

1.3.2 电容的主要参数及计算方法

电容的主要参数有：标称容量与允许误差、额定工作电压、绝缘电阻、温度系数、电容损耗、频率特性等。

1）标称容量与允许误差

标识在电容表面上的电容量称为标称容量，即该电容的额定容量，标称该电容的最大储存电量，其基本单位为法拉，用字母 F 表示。电容单位除了法拉，还有毫法（mF）、微法（μF）、纳法（nF）和皮法（pF），它们间的换算关系如下：

$$1\,F = 10^3\,mF = 10^6\,\mu F = 10^9\,nF = 10^{12}\,pF \tag{1-15}$$

实际电容量的计算公式如下：

$$C = Q/U \tag{1-16}$$

式中，C 为电容量（F）；Q 为电容极板所存的电荷（C）；U 为电容两端电压（V）。

电容的实际电容量与标称电容量间的偏差称为误差，这一误差在国家标准规定的允许范围内，称为允许误差（又称精度）。电容的允许误差通常分为 5 个等级，分别为：±1%（00 级）、±2%（0 级）、±5%（Ⅰ级）、±10%（Ⅱ级）和±20%（Ⅲ级）。除了这 5 个等级，还有一些其他精度的电容，用特定字母标注。表 1-17 为电容允许误差标注字母及其含义。

表 1-17　电容允许误差标注字母及含义

字母	含义	字母	含义
X	±0.001%	D	±0.5%
Y	±0.002%	F	±1%
E	±0.005%	G	±2%
L	±0.01%	J	±5%
P	±0.02%	K	±10%
W	±0.05%	M	±20%
B	±0.1%	N	±30%
C	±0.25%	H	±100%

2）额定工作电压

电容的额定工作电压是指在规定温度范围内，电容长时间工作而不会引起介质电性能受到任何破坏的最大直流电压，又称耐压。电容正常工作时，实际所加直流电压的最大值不能超过额定工作电压。如果加在电容两端的是交流电压，则所加交流电压的最大值（峰值）不能超过电容的额定工作电压。

电容的额定工作电压的大小与电容的结构、介质材料和介质的厚度有关，一般来说，对于结构、介质相同，容量相等的电容器，其耐压值越高，体积也越大。对于钽、钛、铌、固体铝电解电容，其直流工作电压定义为在 85℃ 条件下能长期正常工作的直流电压。

电容常用的额定电压有：6.3 V、10 V、16 V、25 V、63 V、100 V、160 V、250 V、400 V、630 V、1 000 V、1 600 V、2 500 V 等。

3）温度系数

温度变化会引起电容容量的微小变化，常用温度系数来表示电容的这种特性。温度系数是指在一定温度范围内，温度每变化 1℃ 电容量的相对变化量，用字母 α_c 表示，计算公式如下：

$$\alpha_c = \frac{C_2 - C_1}{C_1(T_2 - T_1)} \times 100\% \tag{1-17}$$

式中，α_c 为温度系数；T_1 为变化前温度（℃）；T_2 为变化后温度（℃）；C_1 为对应温度 T_1 的电容量（F）；C_2 为对应温度 T_2 的电容量（F）。

温度系数主要与电容的结构和介质材料的温度特性等因素有关。一般电容的温度系数越大，电容量随温度变化也越大，为了使电子电路稳定工作，一般情况下应选用温度系数小的电容器。

4）漏电流和绝缘电阻

电容的介质不是完全绝缘的，当电容两端加直流电压时，在其内部产生的电流，称为漏电流，用字母 I_L 表示，单位为安培（A）。电容漏电流的计算公式如下：

$$I_L = kUC \tag{1-18}$$

式中，I_L 为电容漏电流（A）；k 为电容漏电流常数；U 为电容两端电压（V）；C 为电容的容量（F）。

一般电解电容的漏电流较大，其他介质的电容漏电流较小。当漏电流较大时，电容会发热；发热严重时，电容会因为过热而损毁。漏电流越大，其绝缘电阻越小。

将加在电容两端的电压与通过电容的漏电流之比定义为电容的绝缘电阻，其计算公式如下：

$$R = \frac{U}{I_L} = \frac{1}{kC} \tag{1-19}$$

式中，R 为电容绝缘电阻（Ω）；U 为电容两端电压（V）；I_L 为电容漏电流（A）；k 为电容漏电流常数；C 为电容的容量（F）。

电容的绝缘电阻与电容的介质材料和面积、引线的材料和长短、制造工艺和温度等因素有关。对于同一介质的电容，电容量越大，绝缘电阻越小。

电容绝缘电阻的大小和变化会影响电子设备的工作性能，电容绝缘电阻越高，其性能越好。比如云母电容器，其绝缘电阻阻值为几兆至几千兆欧姆。

5）损耗因数（$\tan\delta$）

在电场作用下，电容单位时间内因发热而消耗的能量称为电容的损耗。理想电容在电路中不应消耗能量,而实际电容则相当于一个理想电容并联一个等效电阻,如图 1-11 所示。

当电容工作时一部分电能通过电阻 R 变成无用有害的热能,造成电容的损耗。能量损耗主要由介质损耗和金属部分的损耗组成,通常用损耗角正切值——损耗因数来表示,其定义为有功损耗与无功损耗之比:

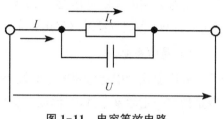

图 1-11　电容等效电路

$$\tan\delta = \frac{P}{P_n} = \frac{UI\sin\delta}{UI\cos\delta} \tag{1-20}$$

式中,$\tan\delta$ 为损耗因数;δ 为损耗角;P 为有功损耗(W);P_n 为无功损耗(var);U 为电容两端电压的有效值(V);I 为通过电容电流的有效值(A)。

损耗因数 $\tan\delta$ 表征电容损耗的大小,在交流、高频电路中是一个重要的参数。

6) 频率特性

电容的频率特性是指电容在交流电路中工作时,其电容量等参数随电磁场频率变化的性质。电容在高频电路工作时,随着工作频率的升高,绝缘介质的介电常数减小,电容量也会减小,同时电损耗增大,并会影响电容的分布参数,逐渐会呈现感性。表 1-18 列出了几种不同型号的电容的极限工作频率及其对应的等效电感。

表 1-18　不同类型电容的极限工作频率及其等效电感

电容器类型	极限工作频率(MHz)	等效电感(×$10^{-3}\mu$H)
大型纸介电容	1~1.5	50~100
中型纸介电容	5~8	30~60
小型纸介电容	50~80	6~11
中型云母电容	75~100	30~60
小型云母电容	150~250	4~6
中型片型瓷介电容	50~70	20~30
小型片型瓷介电容	15~200	3~10
片型瓷介电容	200~300	2~4
高频片型瓷介电容	2 000~3 000	1~1.5
CC10 型瓷介电容	400~500	
CC101 型瓷介电容	800	

为保证电容器的稳定性,一般应将电容极限工作频率选择在电容固有谐振频率的 1/3~1/2。

1.3.3　电容的标识方法

电容常用的标识方法有:直标法、字母表示法、数字表示法和色标法。

1）直标法

电容器的直标法是将电容的主要参数直接标注在电容的表面上。体积较大的电容大多采用此方法进行标识。图 1-12(a)是采用直标法标识的电解电容,其额定电压为 25 V,电容量为 2 200 μF,CD26 为其型号;图 1-12(b)是采用直标法标识的瓷介电容,电容量为 2 200 pF(不带小数点的数值,且无标注单位,其单位为 pF),J 表示允许误差±5%(Ⅰ级)。

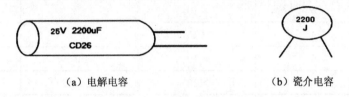

（a）电解电容　　　（b）瓷介电容

图 1-12　电容器的直标法

2）字母表示法

字母表示法是国际电工协会推荐的标注方法,是用 2～4 个数字和 1 个字母表示电容的容量。字母表示法用到的字母有 4 个,含义分别为:

p——表示微微法,也称皮法(pF),即 10^{-12}F;

n——表示千微微法,也称纳法(nF),即 10^{-9}F;

V——表示微法(μF),即 10^{-6}F;

m——表示千微法,也称毫法(mF),即 10^{-3}F;

图 1-13 给出了两个采用字母表示法标识的电容。字母前面的数字为电容容量的整数部分,字母后面的数字为电容容量的小数部分。4n7 表示 4.7 nF,p1 表示 0.1 pF。

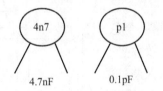

图 1-13　电容器的字母表示法

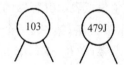

图 1-14　电容器的数字表示法

3）数字表示法

数字表示法又称为全码表示法,是用三位数来表示电容的容量大小,其单位为"pF"。三位数中前二位表示有效数字,第三位表示倍率,若第三位数为 9,则表示 10^{-1}。图 1-14 给出了两个采用数字表示法标识的电容。103 表示 10×10^3 pF;479 表示 47×10^{-1} pF,J 表示允许误差为±5%(Ⅰ级)。

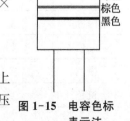

绿色
棕色
黑色

4）色标法

色标法是用不同颜色的色环或色点,按规定的方法在电容器表面上标志出其主要参数的标识方法。电容器的标称值、允许偏差及工作电压等参数均可采用颜色进行标识。图1-15是采用色环法标识的电容。

图 1-15　电容色标表示法

电容色标法各个颜色表示的含义见表 1-19。

表 1-19　电容色标法各颜色表示的含义

颜色	有效数字	倍率	允许误差／％	工作电压/V
棕	1	$\times 10^1$	± 1	
红	2	$\times 10^2$	± 2	
橙	3	$\times 10^3$		4
黄	4	$\times 10^4$		6.3
绿	5	$\times 10^5$	± 0.5	10
蓝	6	$\times 10^6$	± 0.25	16
紫	7	$\times 10^7$	± 0.1	25
灰	8	$\times 10^8$		32
白	9	$\times 10^9$	$-20\sim+50$	40
黑	0	$\times 10^0$		50
金		$\times 10^{-1}$	± 5	63
银		$\times 10^{-2}$	± 10	
无色			± 20	

由表 1-19 可知，图 1-15 所示电容的容量为 51×10^0 pF＝51 pF。

除了用色环，还可以用色点来标识电容，如图 1-16 所示。

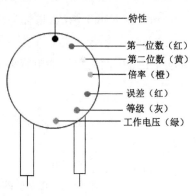

图 1-16　电容色点表示法

通常使用七个色点表示电容器的主要参数：第一个色点表示特性，通常被省略；第二、三个色点表示有效数字；第四个色点表示倍率（单位 pF）；第五个色点表示误差；第六个色点表示工作电压；第七个色点为等级。电容色点法各个颜色含义见表 1-20。

表 1-20　电容色点法各颜色含义表

颜色	标称容量			误差／％	工作电压/V	等级
	第一位数	第二位数	倍率			
棕色	1	1	$\times 10^1$	± 1	—	Z
红色	2	2	$\times 10^2$	± 2	250	Z
橙色	3	3	$\times 10^3$	—		
黄色	4	4	$\times 10^4$	—		

颜色	标称容量			误差/%	工作电压/V	等级
	第一位数	第二位数	倍率			
绿色	5	5	—	±5	500	—
蓝色	6	6	—	—	—	—
紫色	7	7	—	—	—	—
灰色	8	8	$\times 10^{-1}$	$-80 \sim +20$	—	Y
白色	9	9	$\times 10^{-2}$	±10	—	—
黑色	0	0	$\times 10^{0}$	±20	—	X

上表中的等级表示适用的温度范围，其中 X 为 $-55 \sim +85℃$，Y 和 Z 为 $-30 \sim +85℃$。

1.3.4　电容的检测与选用

1）电容的检测

实验室常用的电容检测方法有熔断器简易检测法、万用表检测法和兆欧表检测法。

（1）熔断器简易检测法

用熔断器（其熔丝的额定电流 $I_n = 0.8/C(A)$，C 为电容容量）和待检测的电容串联接在 220 V 的交流电源上，如果熔断器熔丝爆断，说明电容器内部已经短路。如果熔断器熔丝不爆断，经过几秒钟充电后，切断电源。用带绝缘把的螺丝刀把电容两极短路放电，有火花发生说明电容是好的。反之，表示电容器的电容量已经变小或开路。用此方法判断电容器的好坏应重复几次才能得到正确的结论。

（2）万用表检测法

对于容量为 $0.01\ \mu F$ 及以上的固定电容，可用万用表的 $R \times 1 k$ 挡直接测试电容器有无充电过程、有无内部短路或漏电，并可根据指针向右摆动的幅度大小估计出电容的容量。测试操作时，先用两表笔任意触碰电容的两引脚，然后调换表笔再触碰一次，如果电容是好的，万用表指针会向右摆动一下，随即向左迅速返回无穷大位置。电容的容量越大，指针摆动幅度越大。如果反复调换表笔触碰电容两引脚，万用表指针始终不向右摆动，说明该电容的容量已低于 $0.01\ \mu F$ 或者已经消失。测量中，若指针向右摆动后不能再向左回到无穷大位置，说明电容漏电或已经击穿。

（3）兆欧表检测法

可以使用模拟或数字兆欧表对电容进行检测，方法是：将兆欧表设置为其最高欧姆（Ω）挡，在此设置下，将仪表导线连接到电容端子，此时仪表会产生小电流；连接导线后几秒钟，观察：对于模拟兆欧表，如果电容良好，则仪表指针将从低读数开始，并随着电容中电荷的积累，指针将稳步攀升至无穷大；如果电容损坏，则指针根本不会动。对于数字兆欧表，如果电容良好，则数字显示屏上的数字将稳定增加，直到电容器放电为止，其恢复至 0 并再次开始爬升；如果电容损坏，则数字显示屏上的电阻读数很小，甚至可能为 0，而且它不会改变，这意味着电容器内部的绝缘材料已磨损。最好进行多次测试以验证结果。

2）电容的选用

电容的准确选用需要注意以下几点：

（1）电容量设计确定

从能量转换的角度看，低频运作的转换器需要用大的电容量来存储两个工作周期之间的电荷，这时要采用电解电容；当把转换器的频率明显提高以后，就可以选择陶瓷电容来代替电解电容。电解电容只能用于直流偏置场合，如直流电源滤波、音频 OTL 放大器、交流小信号耦合等，不能工作在反向直流偏置下（电解电容在极性接反后很容易发生爆炸）。

（2）电容的工作耐压

当电容器工作于脉动电压下时，交直流分量总和须小于额定电压。在交流分量较大的电路中，电容器耐压应有充分的裕量，在滤波电路中，电容的耐压值不要小于交流有效值的 1.42 倍。一般非电解电容的额定电压比实际电子电路的电源电压高很多，但高耐压电容用于低电压电路时，其额定的电容量会减小。由于高耐压一般有高价格，且体积也明显加大，选择时应加以综合考虑。

（3）其他性能要求

电容的种类很多，根据其制作材料和工艺的差别，有不同的适用场合；电容工作电流的变化率、电容的等效串联电阻和等效串联电感是选择的关键参数。一般对要求不高的低频电路和直流电路，通常选用低频瓷介（CT）电容；对要求较高的中高频、音频电路，可选用塑料薄膜（CB、CL 型）电容；高频电路一般选用高频瓷介（CC 型）电容。对电源滤波、退耦、旁路等电路中需要用到的大容量电容，可选铝电解电容；钽（铌）电解电容的性能稳定可靠，但价格较高，通常用在要求高的定时、延时电路中。

（4）安装空间体积要求

传统的圆柱状铝电解电容的体积明显大于其他电容，新工艺下铝电解电容已有多种贴片式小封装。在无明确的性能和经济要求时，各种材质电容的可选余地较大，作为产品时电容必然应有一个综合性价比最佳的选择。

1.4　半导体二极管

二极管是用半导体材料（硅、硒、锗等）制成的一种电子器件，是最早诞生的半导体器件之一，其应用非常广泛。二极管具有单向导电性能，当二极管的阳极和阴极通正向电压时，二极管导通；当二极管的阳极和阴极通反向电压时，二极管截止。二极管的导通和截止，相当于开关的接通与断开。在各种电子电路中，利用二极管和电阻、电容、电感等元器件进行合理的连接，可以构成不同功能的电路，如对交流电整流，对调制信号检波、限幅和钳位以及对电源电压的稳压等。

1.4.1　二极管的基本结构及分类

1）二极管的基本结构

采用不同的掺杂工艺,通过扩散作用,将 P 型半导体与 N 型半导体制作在同一块半导体(通常是硅或锗)基片上,在它们的交界面处形成的空间电荷区称为 PN 结。由 P 区引出的电极称为阳极,由 N 区引出的电极称为阴极,PN 结具有单向导电性。二极管就是由一个 PN 结加上相应的电极引线及管壳封装而成,其基本结构如图 1-17 所示。

图 1-17　二极管基本结构图

2）二极管的分类

二极管有多种分类方法,按材料可分为锗二极管、硅二极管;按 PN 结的结构可分为点接触型二极管(主要用于小电流的整流、检波、开关等电路)和面接触型二极管(主要用于功率整流);按封装方式可分为玻璃外壳二极管、金属外壳二极管、塑料外壳二极管和环氧树脂外壳二极管;按用途可分为普通二极管、整流二极管、稳压二极管、开关二极管、发光二极管、磁敏二极管、变容二极管、隧道二极管等。

表 1-21 列出了几种常用二极管的应用特点。

表 1-21　几种常用二极管的应用特点

名称	主要应用特点
开关二极管	由导通变为截止或由截止变为导通所需的时间比一般二极管短,主要用于电子计算机、脉冲和开关电路中
稳压二极管	工作在反向击穿状态,主要用于无线电设备和电子仪器中作直流稳压,在脉冲电路中作为限幅器
变容二极管	相当于可变电容,工作在反向截止状态。其结电容随加在管上的反向电压大小而变化。主要用于调谐电路
发光二极管	正向压降在 1.8～2.5 V,主要用于电路电源指示、通断指示或数字显示,有不同颜色,高亮管也可用于照明
整流二极管	体积小,造价低,工作频率较低,主要用于电源整流电路
快恢复二极管	新型二极管,开关特性好,反向恢复时间短、正向电流大、体积小。可广泛用于脉宽调制器、开关电源、不间断电源中,作高频、高压、大电流整流、续流及保护二极管用
整流桥堆	由 2 个或 2 个以上整流二极管组合成电源整流桥路,主要为了缩小体积和便于安装

常用二极管的电路符号及实物图分别如图 1-18 和图 1-19 所示。

(a) 普通二极管　　　(b) 稳压二极管　　　(c) 变容二极管　　　(d) 发光二极管

图 1-18　常用二极管电路符号图

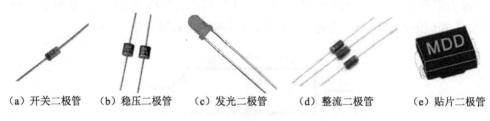

（a）开关二极管　（b）稳压二极管　（c）发光二极管　　（d）整流二极管　　（e）贴片二极管

图 1-19　常用二极管实物图

1.4.2　二极管的主要特性

1）伏安特性曲线

二极管具有单向导电性,其伏安特性曲线如图 1-20 所示。

由图 1-20 所示的二极管伏安特性曲线可知:

(1) 当外加正向偏置电压 $U < U_{th}$ 时,正向电流为零;

(2) 当外加正向偏置电压 $U \geqslant U_{th}$ 时,开始出现正向电流,并按指数规律增长;

(3) 当电流趋于无穷大时,二极管处于完全导通状态;

(4) 当外加反向偏置电压 $U_{BR} < U < 0$ 时,反向电流很小且基本不随反向电压变化而变化;

(5) 当外加反向偏置电压 $U \leqslant U_{BR}$ 时,反向电流急剧增加,二极管反向击穿。

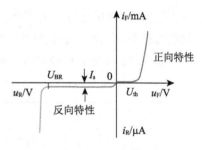

图 1-20　二极管伏安特性曲线

2）正向特性

由二极管伏安特性曲线可知,当二极管外加正向电压时所表现出来的特性,称为二极管的正向特性。在正向特性的起始部分,正向电压很小,不足以克服 PN 结内电场的阻挡作用,正向电流几乎为零,这一段称为死区。这个不能使二极管导通的最大正向电压称为死区电压(也称"开启电压")。硅二极管的死区电压约为 0.5 V,锗二极管的死区电压约为 0.1 V。

当正向电压大于死区电压时,PN 结内电场被克服,二极管正向导通,电流随电压增大而迅速上升。在正常使用的电流范围内,导通时二极管的端电压几乎维持不变,这个电压称为二极管的正向电压。

当二极管两端的正向电压超过一定数值 U_d 时,内电场很快被削弱,特性电流迅速增长,二极管正向导通。U_d 叫作门槛电压或阈值电压(也称为"导通电压"),硅二极管的正向导通电压约为 0.6~0.8 V,锗二极管的正向导通电压约为 0.2~0.3 V。

3) 反向特性

由二极管伏安特性曲线可知,当二极管外加反向电压时所表现出来的特性,称为二极管的反向特性。在反向特性的起始部分,外加反向电压不超过一定范围时,通过二极管的电流是少数载流子漂移运动所形成的反向电流。由于反向电流很小,二极管处于截止状态。这个反向电流又称为反向饱和电流或漏电流。

一般硅二极管的反向电流比锗二极管的反向电流小得多,小功率硅二极管的反向饱和电流在 $nA(10^{-9}A)$ 数量级,小功率锗二极管的反向饱和电流在 $\mu A(10^{-6}A)$ 数量级。二极管的反向饱和电流受温度影响很大,温度升高时,半导体受热激发,少数载流子数目增加,反向饱和电流也随之增加。

4) 反向击穿特性

由二极管伏安特性曲线可知,当外加反向电压超过某一数值时,反向电流会突然增大,这种现象称为电击穿。引起电击穿的临界电压称为二极管的反向击穿电压。电击穿时二极管失去单向导电性。如果二极管没有因电击穿而引起过热,则单向导电性不会被永久破坏,在撤除外加电压后,其性能可恢复;如果二极管在发生电击穿时引起过热,造成了二极管热击穿,这种破坏是永久性的,二极管受到损坏。因此,使用时应避免二极管外加的反向电压过高。

反向击穿按机理分为齐纳击穿和雪崩击穿。在高掺杂浓度的情况下,因势垒区宽度很小,反向电压较大,破坏了势垒区内共价键结构,使价电子脱离共价键束缚,产生电子-空穴对,致使电流急剧增大,这种击穿称为齐纳击穿。如果掺杂浓度较低,势垒区宽度较宽,不容易产生齐纳击穿。当反向电压增加到较大数值时,外加电场使电子漂移速度加快,从而与共价键中的价电子相碰撞,把价电子撞出共价键,产生新的电子-空穴对。新产生的电子-空穴被电场加速后又撞出其他价电子,载流子雪崩式地增加,致使电流急剧增加,这种击穿称为雪崩击穿。无论哪种击穿,若对其电流不加限制,都可能造成 PN 结永久性损坏。

1.4.3　二极管的主要参数

用来表示二极管的性能好坏和适用范围的技术指标,称为二极管的参数。不同类型的二极管有不同的特性参数。下面介绍几种常用二极管的主要参数。

1) 最大整流电流 I_F

最大整流电流 I_F 是二极管在额定功率下允许通过的最大正向平均电流值,其与 PN 结面积及外部散热条件等有关。因为电流通过管子时会使管芯发热,温度上升,温度超过容许限度(硅管为 141℃ 左右,锗管为 90℃ 左右)时,就会使管芯过热而损坏。所以在规定散热条件下,通过二极管的电流不要超过二极管最大整流电流值。

2) 正向电压降 U_d

正向电压降 U_d 是二极管通过额定正向电流时,在两极间所产生的电压降。由二极管的伏安特性可知,正向电压降就等于二极管的正向导通电压。

3) 最高反向工作电压 U_{BRM}

加在二极管两端的反向电压高到一定值时,会将管子击穿,失去单向导电能力。为了保证使用安全,规定了最高反向工作电压值。例如,IN4001 二极管的反向耐压为 50 V,IN4007 管的反向耐压为 1 000 V。

4) 反向电流 I_R

反向电流是指二极管在常温(25℃)和最高反向电压作用下,流过二极管的反向电流。I_R 越小,二极管的单向导电性能越好。I_R 与温度密切相关,温度每升高 10℃,I_R 增大约 1 倍。例如 2AP1 型锗二极管,在 25℃时 I_R 若为 250 μA,温度升高到 35℃时,I_R 将上升到 500 μA,依此类推,在 75℃时,I_R 将达到 8 mA,不仅失去了单向导电特性,管子还会因过热而损坏。硅二极管比锗二极管在高温下具有较好的稳定性。例如 2CP10 型硅二极管,在 25℃时,I_R 仅为 5 μA,温度升高到 75℃时,I_R 也不过 160 μA。因此,对于高温工作条件,应选用硅二极管。

5) 反向击穿电压 U_B

反向击穿电压是通过二极管的反向电流急剧增大到出现击穿现象时的反向电压值。最高反向工作电压 U_{BRM} 一般要小于反向击穿电压 U_B。

6) 动态电阻 R_d

二极管的动态电阻是指在静态工作点 Q 附近电压的变化量与相应电流的变化量之比,即 $R_d = dv/di$。二极管正向的动态电阻在小电流时比较大,随着电流的增大动态电阻逐渐减小;二极管反向的动态电阻在击穿前很大,击穿后很小。

7) 最高工作频率 f_{max}

最高工作频率是指二极管正常工作时允许通过交流信号的最高频率。实际应用时,不能超过此频率,否则二极管的单向导电性将显著退化。因为二极管与 PN 结一样,其结电容由势垒电容组成,所以 f_{max} 的值主要取决于 PN 结结电容的大小。

8) 电压温度系数 α_{uz}

电压温度系数是稳压二极管的一个重要参数,其含义为:温度每升高 1℃,对应的稳压二极管稳定电压的相对变化量。α_{uz} 为 6 V 左右的稳压二极管,其温度稳定性较好。

1.4.4 二极管的检测与选用

1) 二极管的极性判别及性能检测

根据二极管正向电阻小、反向电阻大的特点,用数字或模拟万用表可判别二极管极性和性能好坏。

(1) 使用模拟万用表,对整流、变容、开关、稳压二极管进行检测

将万用表量程置于欧姆挡(用 $R \times 100$ 或 $R \times 1$ k 挡),将红、黑表笔接触二极管两引脚:

① 若指针偏转幅度大,与黑表笔相接的一端为正,与红表笔相接的一端为负;

② 若指针无偏转,与红表笔相接的一端为负,与黑表笔相接的一端为正;

③ 若正反向电阻都很大,二极管两端开路;

④ 若正反向电阻都很小,二极管两端短路;

⑤ 若正反向电阻相差不大,二极管失效。

(2) 使用模拟万用表,对发光二极管进行检测

发光二极管除低压型外,其正向导通电压一般大于 1.8 V。模拟万用表中有两节内置电池,分别为 9 V(对应 $R\times10$ k 挡)和 1.5 V(对应除 $R\times10$ k 挡以外的其他挡位)。使用1.5 V的电池并不能把发光二极管点亮,因此在检测发光二极管时要使用 $R\times10$ k 挡来测量其正、反向电阻。一般正向电阻应小于 30 kΩ,反向电阻应大于 1 MΩ。若正、反向电阻均为零,则说明内部击穿短路;若正、反向电阻均为无穷大,则说明内部开路。

使用 $R\times10$ k 挡可以检测发光二极管的正、反向电阻,但不能检测其否正常发光。因为 $R\times10$ k 挡的电池电压虽然较高,但其内阻太大,提供的正向电流很小,通常达不到发光二极管所需的正常工作电流,管子不会正常发光。

如果要检测发光二极管的发光情况,可以采用双表法(两个表的型号最好相同)。操作方法是将两个表分别调至 $R\times1$ 或 $R\times10$ 挡,再将两个表串联使用。这样两个表输出电压和电流均能满足发光二极管的正常工作要求。

(3) 使用数字万用表判断二极管的极性

把数字万用表的量程置在二极管挡,两表笔分别接触二极管两个电极,对一般硅二极管,若表头显示 0.5~0.7 V,则红表笔接触的是二极管正极;对发光二极管,表头显示 1.8 V 左右,则红表笔接触的是二极管正极。若表头显示为"1",则黑表笔接触的为二极管正极。

(4) 使用数字万用表进行稳压二极管稳压值的测量

稳压二极管的稳压值可用如图 1-21 所示的电路来测量,图中的电源可用直流电源或模拟万用表内的高压电池(9 V)。电路设计要求电源电压要大于稳压二极管的稳压值,即稳压二极管工作在反向击穿状态。然后用数字万用表电压挡直接测量稳压二极管稳压值。

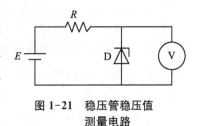

图 1-21　稳压管稳压值
测量电路

2) 常用二极管的选用

不同类型的二极管有不同的特性参数,因此在选用不同类型的二极管时,需要注意其主要参数。

(1) 整流二极管、开关二极管

整流二极管和开关二极管有两个相同的主要参数,即最大整流电流 I_F 和最高反向工作电压 U_{BRM}。

选用整流、开关二极管时,电路中实际流过二极管的电流不能超过其最大整流电流 I_F,

二极管两端的反向电压不能高于其最高反向工作电压 U_{BRM}。

对于开关二极管和快恢复二极管,因其工作于脉冲电路,还需特别注意其反向恢复时间,实际应用时尽量选取反向恢复时间短的二极管。

(2)稳压二极管

稳压二极管的主要参数有稳定电压 U_Z、最大工作电流 I_{ZM}、动态电阻 R_Z 和稳定电流 I_Z 等。

根据电路要求选择稳压值,一般原则是稳压二极管的稳定电压值 U_Z 应与实际电路的基准电压值基本相同。如电路中稳压源的基准电压为 6 V,则可选稳定电压为 6~7.5 V 的稳压二极管。用于过电压保护电路的稳压二极管,其稳定电压值 U_Z 的选定依据电路的保护电压的大小,U_Z 不能选得过大或过小,否则将起不到过电压保护的作用。

稳压二极管在使用时应注意正、负极的接法,因为稳压管是在反向电压状态下工作,所以稳压管的正极应与电源负极相接,稳压管的负极应与电源的正极相接。流过稳压管的反向电流(最大工作电流)不能超过其参数值 I_Z,否则会导致二极管因过热而损坏。为防止过流损坏,可采用稳压管与限流电阻串联的方法进行保护。

(3)发光二极管

发光二极管的主要参数有正向工作电压 U_F、最大正向电流 I_{FM}、反向耐压 U_R 和发光强度 T_V。常用的发光二极管,其正向工作电压 U_F 为 1.8~2.5 V,若超过正常工作电压范围,二极管可能被击穿,小于正常工作电压,二极管不发光;其最大正向电流 I_{FM} 通常为20 mA~40 mA,使用时一般要串接保护电阻。发光二极管反向耐压是指允许施加到二极管两端的最大反向电压,U_R 一般为 5 V,超过此值,发光二极管可能被击穿。

发光强度是二极管的一个特有参数,其计算公式如下:

$$T_V = \frac{\Phi}{S} \tag{1-21}$$

式中,T_V 为发光强度,单位为坎德拉(cd);Φ 为光通量,以人眼对光的感觉量为基准,单位为流明(lm);S 为以球心为顶点在球表面切割等于球半径平方的面积的立体角,单位为球面度(sr)。

由式(1-21)可知,发光强度表示光源在某球面度立体角(该物体表面对点光源形成的角)内发射出 1 lm 的光通量,1 cd=1 lm/sr。发光二极管的发光强度 T_V 一般为 0.3 mcd~1.0 mcd(1 mcd=10^{-3}cd)。

1.5 晶体三极管

晶体三极管是由两个背靠背做在一起的 PN 结加上相应的电极引线封装组成,具有电压、电流和功率放大作用,是电子电路中十分重要的器件之一。使用三极管可以组成放大、开关、振荡等多种功能的电子电路,同时也是制作各种集成电路的基本单元电路。

1.5.1　三极管的基本结构及分类

1）三极管的基本结构

晶体三极管是在一块半导体基片上制作两个相距很近的 PN 结,两个 PN 结把整块半导体分成三部分,中间部分是基区,两侧部分是发射区和集电区,排列方式有 NPN 和 PNP 两种。从三个区引出相应的电极,分别为基极 b、发射极 e 和集电极 c,如图 1-22 所示。

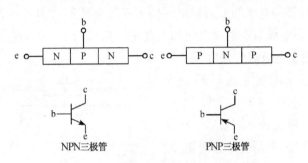

图 1-22　三极管基本结构及符号示意图

发射区和基区之间的 PN 结叫发射结,集电区和基区之间的 PN 结叫集电结。基区很薄,而发射区较厚,杂质浓度大,PNP 型三极管发射区"发射"的是空穴,其移动方向与电流方向一致,故发射极箭头向里;NPN 型三极管发射区"发射"的是自由电子,其移动方向与电流方向相反,故发射极箭头向外。发射极箭头的指向也是 PN 结在正向电压下的导通方向。

2）三极管的分类

三极管有多种分类方法,按材料可分为硅管和锗管;按 PN 结不同组合方式,可分为PNP 管和 NPN 管;按结构工艺可分为合金型、扩散型、台面型和平面型等三极管;按功率大小可以分为大功率管、中功率管、小功率管;按工作频率可分为高频管、中频管、低频管;按功能和用途可以分为放大管、开关管、低噪管、高反压管等;按安装方式可以分为插件三极管和贴片三极管。图 1-23 为插件式三极管和贴片式三极管的实物图。

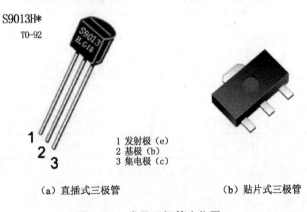

1 发射极（e）
2 基极（b）
3 集电极（c）

（a）直插式三极管　　　　　　　　（b）贴片式三极管

图 1-23　常见三极管实物图

1.5.2 三极管的主要特性

1) 基本电气特性

三极管的基极 b 与发射极 e 之间就是一个 PN 结,因此其输入特性曲线与二极管的伏安($U-I$)特性相同(见 1.4.2 节)。本节重点介绍三极管的输出特性。

下面以 NPN 型三极管为例,对三极管的基本输出电气特性进行分析。如图 1-24 所示电路,在 NPN 型三极管的基极与发射极之间接入直流电源 E,由此产生基极电流 I_b,方向由基极流向发射极;在集电极与发射极之间加入直流电源 $E_c(E_c>0)$,在集电极与发生极间将产生电流 I_c,方向由集电极流向发射极。

对图 1-24 中各个电气量进行测量分析,可以得出以下结论:

(1) 三极管集电极电流 I_c 的大小不受集电极电压 E_c 的控制,而是受基极电流 I_b 的控制;

(2) $I_c=\beta I_b$, β 为三极管的放大倍数;$U_{ce}=E_c-I_cR_c$, R_c 为 c、e 间等效电阻;

(3) 三极管发射极电流 $I_e=I_c+I_b=\beta I_b+I_b=(\beta+1)I_b$;

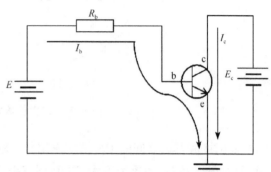

图 1-24 三极管基本输出特性分析电路

(4) I_b 通常较小(微安级),I_c 与 I_e 近似相等。

PNP 型三极管与 NPN 型三极管的主要区别在于输出,PNP 是高电平输出,NPN 是低电平输出,二者除了电源极性不同外,其工作原理及特性均相同,在此不再赘述。

2) 三种工作状态

三极管有三种工作状态,分别为截止状态、放大状态和饱和状态,每种工作状态对应的条件及特点见表 1-22。

表 1-22 三极管三种工作状态对应的条件及特点

工作状态		截 止	放 大	饱和导通
条件		$I_b\approx 0, U_{be}\leqslant 0$	$0<I_b<I_{cs}/\beta$	$I_b\geqslant I_{cs}/\beta$
工作特点	偏置情况	发射结和集电结均为反偏	发射结正偏,集电结反偏	发射结和集电结均为正偏
	集电极电流 I_c	$I_c\approx 0$	$I_c=\beta I_b$	$I_c=I_{cs}\approx E_c/R_c$
	c、e 间管压降 U_{ce}	$U_{ce}\approx E_c$	$U_{ce}=E_c-I_cR_c$	$U_{ce}=U_{ces}$
	c、e 间等效电阻 R_c	很大,相当于开关断开	可变	很小,相当于开关闭合

注:表中 I_{cs} 为集电极饱和电流,U_{ces} 为集电极与发射极间的饱和电压。

(1) 截止工作状态

三极管基极接反向电压,基极电流 $I_b\approx 0$,此时集电极电流 $I_c=I_{ceo}\approx 0(I_{ceo}$ 为穿透电流,极小),根据三极管输出电压与输出电流关系式 $U_{ce}=E_c-I_cR_c$,集电极与发射极间的电压 $U_{ce}\approx E_c$,三极管截止。$U_{be}\leqslant 0$,$U_{bc}<0$,发射结和集电结均为反偏,c、e 间的截止电阻 $R_{ce}(=U_{ce}/I_c)$ 接近于无穷大,c、e 间视为开路,相当于开关断开。

（2）放大工作状态

三极管基极接正向电压,$U_{be}>0$,$U_{bc}<0$,$0<I_b<I_{cs}/\beta$,三极管处于放大状态,发射结正偏,集电结反偏。此时,I_b 与 I_c 成唯一对应关系：当 I_b 增大时,I_c 也增大；I_b 增大一倍,I_c 也增大一倍；I_c 受 I_b 控制,满足 $I_c=\beta I_b$,β 为大于 1 的常数,称为三极管的放大倍数。

（3）饱和导通状态

当加在三极管发射结的电压大于 PN 结的导通电压,并在基极电流增大到一定程度时 $(I_b\geqslant I_{bs}=I_{cs}/\beta)$,集电极电流不再随着基极电流的增大而增大,而是处于某一定值附近不怎么变化,这时三极管失去电流放大作用,集电极与发射极之间的电压很小,集电极与发射极之间相当于开关闭合状态,这种状态称为饱和导通状态。此时,三极管发射结和集电结均为正偏。集电极与发射极间的饱和电压 U_{ces} 很小,I_{cs} 很大,因此 c、e 间的饱和电阻 $R_{ce}(=U_{ces}/I_{cs})$ 很小。所以当三极管进入饱和导通状态时, c、e 间可视为短路,即相当于开关闭合。根据三极管输出电压与输出电流关系式：$U_{ce}=E_c-I_cR_c$,$I_{bs}=I_{cs}/R_c\beta=E_c-U_{ces}/R_c\beta\approx E_c/\beta R_c$。

对于硅三极管,其基极与发射极间电压 $U_{be}\approx 0.7$ V 时,三极管就处于饱和导通状态,此时三极管的压降 U_{ce} 为 0.1～0.3 V 左右。

1.5.3　三极管的主要参数

三极管的参数反映了三极管各种性能的指标,是分析三极管电路和选用三极管的依据。三极管的参数主要有四个：电流放大系数、极间反向电流、频率参数和极限参数。

1）电流放大系数

（1）共发射极电流放大系数 β

共发射极电流放大系数 β 表示三极管在共射极连接时,某工作点处直流电流 I_c 与 I_b 的比值,当忽略 I_{cbo} 时,β 的计算公式如下：

$$\beta=I_c/I_b \tag{1-22}$$

式中,I_c 为集电极电流（A）；I_b 为基极电流（A）。

由式(1-22)可见,三极管的基极电流 I_b 微小的变化就能引起集电极电流 I_c 较大的变化,这就是三极管的放大作用。常用的中小功率三极管的 β 值约在 20～250 之间。

（2）共基极电流放大系数 α

共基极电流放大系数 α 表示三极管在共基极连接时,某工作点处直流电流 I_c 与 I_e 的比值。在忽略 I_{cbo} 的情况下,α 的计算公式如下：

$$\alpha=I_c/I_e=\beta/(1+\beta) \tag{1-23}$$

式中，β 为共发射极电流放大系数。

由式(1-23)可见，β 越大，α 越接近于 1。

2) 极间反向电流

(1) 集电极-基极间反向饱和电流 I_{cbo}

集电极-基极间反向饱和电流 I_{cbo} 是指发射极开路，在集电极与基极之间加上一定的反向电压时，所对应的反向电流。在一定温度下，I_{cbo} 是一个常量。随着温度升高 I_{cbo} 将增大，它是影响三极管工作热稳定的主要因素。在相同环境温度下，硅管的 I_{cbo} 比锗管的 I_{cbo} 小得多。

(2) 集电极-发射极间穿透电流 I_{ceo}

集电极-发射极间穿透电流 I_{ceo} 是指基极开路，集电极与发射极之间加一定的反向电压时，所对应的集电极电流。该电流好像从集电极直通发射极一样，故称为穿透电流。I_{ceo} 与 I_{cbo} 的关系满足：

$$I_{ceo} = (1 + \beta) I_{cbo} \tag{1-24}$$

式中，I_{cbo} 为集电极-基极间反向饱和电流(A)；β 为共发射极电流放大系数。I_{ceo} 和 I_{cbo} 一样，也是衡量三极管热稳定性的重要参数。

3) 频率参数

在实际的放大电路中总是存在一些电抗性元件，如电感、电子器件的极间电容以及接线电容与接线电感等。因此，放大电路的输出和输入之间的关系必然和信号频率有关。三极管的频率参数是反映三极管电流放大能力与工作频率关系的参数，用以表征三极管的频率适用范围。

(1) 共射极截止频率 f_β

三极管的共发射极电流放大系数 β 是频率的函数。在中频段 $\beta = \beta_0$，几乎与频率无关，但是随着频率的增高，β 值下降。当 β 值下降到中频段的 0.707 倍时，所对应的频率称为共射极截止频率，用 f_β 表示。三极管的工作频率超过截止频率 f_β 时，其电流放大系数 β 值将随着频率的升高而下降。

在放大器电路中，在高频端和低频端各有一个截止频率，分别称为上截止频率和下截止频率。两个截止频率之间的频率范围称为通频带。

(2) 特征频率 f_T

当三极管的 β 值下降到 $\beta = 1$ 时所对应的频率，称为特征频率，用 f_T 表示。在 $f_\beta \sim f_T$ 的范围内，β 值与频率 f 之间几乎呈线性关系：f 越大，β 值越小；当工作频率 $f > f_T$ 时，三极管便失去了放大能力。

通常将特征频率 $f_T \leqslant 3\,\text{MHz}$ 的三极管称为低频三极管；将 $f_T \geqslant 30\,\text{MHz}$ 的三极管称为高频三极管；将 $3\,\text{MHz} < f_T < 30\,\text{MHz}$ 的晶体管称为中频管。

4) 极限参数

(1) 最大允许集电极耗散功率 P_{CM}

最大允许集电极耗散功率 P_{CM} 是指三极管因集电结受热而引起晶体管参数的变化不超过所规定的允许值时，集电极耗散的最大功率。当实际功耗 P_c 大于 P_{CM} 时，三极管的参数将发生变化，严重情况下甚至会烧坏三极管，因此需要特别注意。P_c 的计算公式下：

$$P_c = I_c U_{ce} \tag{1-25}$$

式中，I_c 为集电极电流（A）；U_{ce} 为集电极与发射极间的电压（V）。

（2）最大允许集电极电流 I_{CM}

当集电极电流 I_c 很大时，共发射极电流放大系数 β 值会下降。一般规定在 β 值下降到额定值的 2/3（或 1/2）时所对应的集电极电流称为最大允许集电极电流，用 I_{CM} 表示。当 $I_c > I_{CM}$ 时，β 值已减小到不实用的程度，而且可能会烧毁三极管。因此在选用三极管时，集电极电流 I_c 不能超过 I_{CM} 的值。

（3）集电极-发射极反向击穿电压 U_{ceo}

基极开路时，允许加在集电极与发射极之间的最高电压值，用 U_{ceo} 表示。集电极电压过高，会使三极管击穿，所以加在集电极的电压即直流电源电压 U_c 不能高于 U_{ceo}。一般应取 U_{ceo} 高于电源电压的一倍。

1.5.4　三极管的检测与选用

1）三极管的极性判别及性能检测

用万用表判别三极管极性的依据是：NPN 型三极管基极到发射极、基极到集电极均为 PN 结的正向，而 PNP 型三极管基极到集电极、基极到发射极均为 PN 结反向。下面分别介绍使用模拟万用表和数字万用表进行三极管极性判别。

（1）使用模拟万用表判断三极管极性

① 判断三极管的基极

对于功率在 1 W 以下的中小功率三极管，可使用万用表的 $R \times 100$ 或 $R \times 1k$ 挡测量，对于功率大于 1 W 的大功率管，用万用表的 $R \times 1$ 或 $R \times 10$ 挡测量。

将黑表笔接触三极管的某一管脚，用红表笔分别去接触三极管的另两个管脚，若表头指针偏转大，则与黑表笔接触的管脚为三极管的基极，该三极管为 NPN 型三极管；将红表笔接触三极管的某一管脚，用黑表笔分别去接触三极管的另两个管脚，若表头指针偏转大，则与红表笔接触的管脚为三极管的基极，该三极管为 PNP 型三极管。

② 判别三极管的发射极 e 和集电极 c

以 NPN 型三极管为例，确定基极后，假定其余的两个管脚中的一个管脚为集电极 c，将黑表笔接到该管脚，红表笔接到另一管脚，同时用手捏住 c、b 两极（但不能相碰），记录测试阻值。然后作相反假设，即红黑表笔调换，同时用手捏住 c、b 两极（此时 c 极与前次的不同），记录测试阻值。将两次测得的阻值进行比较，阻值小的那一次假设成立，即那次正确假设下，黑表笔接触的是三极管的集电极 c，余下的管脚是三极管的发射极 e。

对于 PNP 型三极管，则有相反的特性，不再赘述。

（2）使用数字万用表判断三极管极性

① 将数字万用表量程开关置于二极管挡,将红表笔接三极管的某一个管脚,黑表笔分别接触其余两个管脚,若两次表头都显示 $0.5\sim0.8$ V(硅管),则该三极管为 NPN 型三极管,且红表笔接的是基极;将黑表笔接三极管的某一个管脚,红表笔分别接触其余两个管脚,若两次表头都显示 $0.5\sim0.8$ V(硅管),则该管为 PNP 型三极管,且黑表笔接的是基极。

② 判别三极管发射极 e 和集电极 c

将数字万用表量程开关置于 h_{FE} 挡。对于小功率三极管,在确定了基极及管型后,分别假定另外两电极,直接插入三极管测量孔,读放大倍数 h_{FE} 的值并记录。两次假定对应两个 h_{FE} 值,h_{FE} 值大的那次假设成立。

注意:用 h_{FE} 挡区分中小功率三极管的 c、e 极时,如果两次测出的值都很小(几到几十),说明被测三极管的放大能力很差,这种三极管不宜使用;在测量大功率三极管的 h_{FE} 值时,若为几至几十,属正常。

2) 三极管在路检测

所谓“在路检测”,是指不将三极管从电路中拆下,直接在电路板上进行测量(电路断电),以判断其好坏。以 NPN 型三极管为例,用数字万用表二极管挡,将红表笔接被测三极管的基极 b,用黑表笔依次接发射极 e 和集电极 c,若数字万用表表头两次都显示 $0.5\sim0.8$ V,则认为管子是好的。若表头显示值小于 0.5 V,则需检查三极管外围电路是否有短路的元器件,如没有短路元件则可确定三极管被击穿损坏;若表头显示值大于 0.8 V,则很可能是被测三极管相应的 PN 结有断路损坏,此时需要将三极管从电路中拆下复测。

注意:若被测管 PN 结两端并接有小于 700 Ω 电阻,而测得的数字偏小时,则不要盲目认为三极管已损坏。此时可将电阻的一只引脚从电路中拆除,然后再对三极管进行测试。在路检测必须在断电的状态下进行。

3) 常用三极管的选用

由于三极管的种类繁多且用途各异,合理地选用三极管是保证电路正常工作的关键。下面介绍常用三极管选用的一般步骤:

（1）根据电路的具体要求,选用不同类型的三极管

三极管用途广泛,常用于高频/中频放大电路、功率放大电路、电源电路、振荡电路、秒脉冲数字电路等,由于电路的功能不同,构成电路所需要的三极管的特性及类型也不同。比如高频放大电路需要选用高频小功率的三极管,如 S9018 等,也可选用高频低噪声小功率三极管,如 S9013、S8050 等。

（2）根据电路的具体要求,合理选择三极管的技术参数

三极管的参数较多,选用时需要考虑三极管的主要技术参数是否满足电路的需求。三极管的主要技术参数有:电流放大系数 h_{FE}、集电极最大电流 I_{CM}、集电极最大耗散功率 P_{CM}、特征频率 f_T 等。

对于特殊用途的三极管,除了满足上述要求,还必须满足对特殊三极管的参数要求。比

如选用光敏三极管时,要考虑光电流、暗电流和光谱范围等是否满足电路要求。

(3) 根据整机的尺寸,合理选择三极管外形及封装形式

三极管的外形有圆形、方形、高筒形、扁平形等,封装形式有金属封装、塑料封装等。近年来采用了表面封装工艺的三极管,其体积很小,进一步促进了整机的小型化。因此选用三极管时,在满足型号、参数的基础上,要适当考虑外形和封装形式。在安装位置允许的前提下,优先选用小型化产品和塑封产品,以减小整机尺寸,降低成本。

1.6 电位器

电位器是一种三端元件,也可作为二端元件使用。当作为二端元件使用时,其作用相当于一个可变电阻器。由于它在电路中的作用是获得与输入电压(外加电压)成一定关系的输出电压,因此称之为电位器。

1.6.1 电位器的基本结构及分类

1) 电位器的基本结构

电位器通常由电阻体和可移动的电刷组成,具有三个引出端,其中电阻体有两个固定引出端,第三个引出端连接转轴或滑柄,通过手动调节转轴或滑柄,改变动触点在电阻体上的位置,进而改变动触点与任一个固定端之间的电阻值,从而改变电压与电流的大小。

电位器的结构及基本原理图如图 1-25 所示。

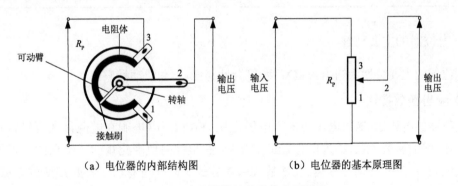

（a）电位器的内部结构图　　　　　（b）电位器的基本原理图

图 1-25　电位器的结构及基本原理图

2) 电位器的分类

电位器按电阻体的材料,可以分为线绕、合成碳膜、金属玻璃釉、有机实心和导电塑料等类型;按使用特点,可以分为通用、高精度、高分辨力、高阻、高温、高频、大功率等类型;按阻值调节方式,可以分为可调型、半可调型和微调型。为克服电刷在电阻体上移动接触对电位器性能和寿命带来的不利影响,还有一些无触点非接触式电位器,如光敏电位器、磁敏电位器等。图 1-26 是市面上常见电位器实物图。

表 1-23 列出了几种常用电位器的特点及主要应用。

图 1-26　常见电位器实物图

表 1-23　几种常用电位器的特点及主要应用

种类	特点及主要应用
线绕电位器	精度高、稳定性好、温度系数小,接触可靠,耐高温,功率负荷能力强。但阻值范围不够宽、高频性能差、分辨力不高,高阻值线绕电位器易断线、体积较大、售价较高。广泛应用于电子仪器、仪表中
合成碳膜电位器	阻值范围宽、分辨力较高、工艺简单、价格低廉,但动噪声大、耐潮性差。适合作函数式电位器,在消费类电子产品中大量应用
有机实芯电位器	阻值范围较宽、分辨力高、耐热性好、过载能力强、耐磨性较好、可靠性较高,但耐潮热性和动噪声较差。一般制成小型半固定形式,在电路中作微调用
金属玻璃釉电位器	阻值范围较宽、分辨力高、耐热性好、过载能力强、耐磨性较好、可靠性较高,电阻温度系数小,但动态接触电阻大、等效噪声电阻大。多用于半固定的阻值调节
导电塑料电位器	阻值范围宽、线性精度高、分辨力高,耐磨寿命特别长。温度系数和接触电阻较大,多用于自动控制仪表中的模拟和伺服系统
多圈精密可调电位器	步进范围大,精度高,多用于工控及仪表电路

1.6.2　电位器的主要特性

电位器的主要特性为输出函数特性、符合性、分辨力和滑动噪声。

1) 输出函数特性

电位器的电压比(输出电压与输入电压之比)和行程比(电刷在电阻体上所经行程与总行程之比)间的函数关系,称为电位器的输出函数,也称阻值变化规律。常用的电位器的输出函数关系有三种,分别为直线式、指数式和对数式。此外还有适于特殊用途的正弦、余弦等函数形式。

2) 符合性

符合性又称符合度,是指电位器的实际输出函数特性与所要求的理论函数特性之间的符合程度。用实际特性和理论特性之间的最大偏差的绝对值与外加总电压的百分数表示。电位器的符合性可以代表电位器的精度。对于直线式电位器,符合性用直线表示,其允许偏差范围称为线性精度。

3) 分辨力

分辨力是指电位器对输出电压或阻值的最精细调节能力,表征电刷的最小移动所能产生的输出量变化。分辨力的高低取决于电位器的理论精度。对于线绕电位器和线性电位器来说,分辨力是用动触点在绕组上每移动一匝所引起的电阻变化量与总电阻的百分比表示。对于具有函数特性的电位器来说,由于绕组上每一匝的电阻不同,故分辨力是个变量。此时,电位器的分辨力一般是指函数特性曲线上斜率最大一段的平均分辨力。电位器的分辨力对仪器或控制系统的调节精度有重要影响。

4) 滑动噪声

滑动噪声是电位器特有的噪声,在改变电阻值时,由于电位器电阻分配不当、转动系统配合不当以及电位器存在接触电阻等原因,会使动触点在电阻体表面移动时,输出端处除有用信号外,还伴有随着信号起伏不定的噪声。线绕电位器的滑动噪声用等效噪声电阻表示;非线绕电位器的滑动噪声用动噪声或平滑性表示。

对于线绕电位器,除了上述的动触点与绕组间的接触噪声外,还有分辨力噪声和短接噪声。分辨力噪声是由电阻变化的阶梯性所引起的,而短接噪声则是当动触点在绕组上移动而短接相邻线匝时产生的,它与流过绕组的电流、线匝的电阻以及动触点与绕组间的接触电阻成正比。

1.6.3　电位器的主要参数

电位器的主要参数有标称阻值、允许偏差、零位电阻、额定功率、阻值变化特性、分辨率、机械寿命、启动力矩和转动力矩等。

1) 标称阻值和允许偏差

电位器是一种特殊的电阻,其具备与普通电阻相同的参数——标称阻值和允许偏差。电位器的标称阻值是电位器两个固定片端之间的阻值,其标识方法与电阻类似,具体见1.1.3节。电位器的允许偏差定义与精度等级与电阻相同,见1.1.2节。一般线绕电位器的允许偏差有±1%、±2%、±5%及±10%四种,而非线绕电位器的允许偏差有±5%、±10%及±20%三种。

2) 零位电阻和额定功率

零位电阻是指电位器的最小阻值,即动片端与任一固定片端之间的最小阻值,单位为欧姆。电位器的额定功率指在交、直流电路中,当大气压为87~107 kPa 时,在规定的额定温度下,电位器的两个固定端上长期允许耗散的最大功率。选用时应注意,电位器的额定功率不等于中心抽头与固定端的功率。

3) 阻值变化特性

电位器的阻值变化特性是指电位器的阻值随滑动片触点旋转角度(或滑动行程)之间的变化关系,即阻值输出函数特性。这种变化关系可以是任何函数形式,常用的有直线式(X型)、对数式(D型)和指数式(Z型)。在实际应用中,直线式电位器适用于作分压器;指数式电位器适用于作收音机、录音机、电唱机、电视机中的音量控制器;对数式电位器适用于作音调控制等。

4）分辨率

电位器的分辨率又称电位器的分辨力,对于线绕电位器来讲,当动接点每移动一圈时,电位器的输出电压变化量与输出电压的比值称为分辨率。而对于直线式线绕电位器,其理论分辨率为绕线总匝数的倒数,并以百分数表示。电位器的总匝数越多,分辨率越高。

5）机械寿命

电位器的机械寿命也称磨损寿命,常用机械耐久性表示。电位器机械寿命主要与它的种类、结构、材料及制作工艺有关,不同的种类、结构以及工艺制造出来的成品的差距很大。通常在选用电位器时,需要根据其相关的规格参数来判断该产品是否符合使用要求。

6）启动力矩和转动力矩

启动力矩是指转轴在旋转角范围内启动时需要的最小力矩;转动力矩是指维持转轴匀速旋转需要的力矩。在自动控制装置中与伺服电机配合使用的电位器要求其启动力矩要小,转动灵活,而用于电路调节的电位器则要求其启动力矩和转动力矩都不能太小,选用时需要特别注意。

1.6.4　电位器的检测与选用

1）电位器的检测

（1）标称阻值的检测

选用万用表电阻挡的适当量程,将红黑两表笔分别接在电位器两个固定片端,测量其总阻值是否与标称阻值相同。若测得的阻值为无穷大或较标称阻值大,说明该电位器已开路或变值损坏。若所测阻值与标称值相符,再将红黑两表笔分别接电位器中心头与两个固定端中的任一端,慢慢转动电位器手柄,使其从一个极端位置旋转至另一个极端位置。此过程中对于正常的电位器,万用表表针指示的电阻值应从标称阻值(或 0 Ω)连续变化至 0 Ω(或标称阻值)。整个旋转过程中,表针应平稳变化,而不应有任何跳动现象。若在调节电阻值的过程中表针有跳动现象,则说明该电位器存在接触不良的故障。

（2）带开关电位器的检测

先旋转电位器轴柄,检查开关是否灵活,接通、断开时是否有清脆的“喀哒”声。再用万用表 R×1 Ω 挡,将红黑两表笔分别接电位器开关两个外接焊片,旋转电位器轴柄,使开关接通,万用表上指示电阻值应由无穷大(∞)变为 0 Ω。关断开关,万用表指针应从 0 Ω 返回“∞”处。测量时应反复接通、断开电位器开关,观察开关每次动作时万用表指针的反应。若开关在“开”的位置阻值不为 0 Ω,在“关”的位置阻值不为无穷大,则说明该电位器的开关已损坏。

（3）双连同轴电位器的检测

选用万用表电阻挡的适当量程,分别测量双连电位器上两组电位器(即 A、C 和 A′、C′之间)的电阻值是否相同且与标称阻值是否相符。若不相符,则说明该电位器已损坏;若相符,再用导线分别将电位器 A、C′及电位器 A′、C 短接,用万用表测量中心头 B、B′之间电阻值,在理想情况下,无论电位器转轴转到什么位置,B、B′两点之间的电阻值均应等于 A、C 或 A′、C′两点之间的电阻值。若万用表指针有偏转,则说明该电位器的同步性能不良。

2) 电位器的选用

(1) 根据使用要求选用电位器

根据应用电路具体要求选择电位器的电阻体材料、结构、类型、规格、调节方式。

(2) 合理选择电位器的电参数

根据电路要求合理选择电位器的电参数,包括额定功率、标称阻值、允许偏差、分辨率、最高工作电压、动噪声等。

(3) 根据阻值变化规律选用电位器

各种电源电路中的电压调节、放大电路的工作点调节、副亮度调节及行/场扫描信号调节用电位器,均应使用直线式电位器。音响器材中的音调控制用电位器应选用指数式电位器,音量控制用电位器可选用对数式电位器。

1.7　模拟集成电路

在电子学中,将电路(主要包括半导体设备,也包括被动组件等)小型化后制造在半导体晶圆表面上,由此形成的器件称为集成电路或芯片。世界上第一块集成电路是由基尔比于 1958 年研制成功,从此开启了集成电路时代,为后续开发电子产品的各种功能铺平了道路,使微处理器的出现成为可能,开创了电子技术历史的新纪元。

集成电路按其功能、结构的不同,可以分为模拟集成电路和数字集成电路两大类。模拟集成电路是用来产生、放大和处理各种模拟信号(指幅度随时间连续变化的信号)的电路,是微电子技术的核心技术之一,能对电压或电流等模拟量进行采集、放大、比较、转换和调制;数字集成电路是用来产生、放大和处理各种数字信号(指在时间和幅度上离散变化的信号,如 VCD、DVD 重放的音频信号和视频信号)的电路,其设计大部分是通过使用硬件描述语言在 EDA 软件的控制下自动的综合产生,只是为了处理或传输的方便,并不能直接用于实际。实际应用中多为二者的结合,即把模拟信号先转换为数字信号,输入到容量大、速度快、抗干扰能力强、保密性好的现代化数字系统处理后,再重新转换为模拟信号输出。

1.7.1　模拟集成电路的基本结构及分类

1) 模拟集成电路的基本结构

模拟集成电路是采用一定的工艺,将一个电路中所需的所有三极管、二极管、电阻、电容、电感等元件和布线互连在一起,制作在一小块或几小块半导体晶片或介质基片上,并封装在一个管壳内,成为具有所需电路功能的微型结构。其基本电路包括电流源、单级放大器、滤波器、反馈电路、电流镜电路等,由它们组成的高一层次的基本电路为运算放大器、比较器,更高一层次的电路有开关电容电路、锁相环、ADC/DAC 等。

模拟集成电路的基本结构如图 1-27 所示。

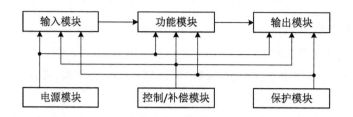

图 1-27　模拟集成电路基本结构图

模拟集成电路的主要特点：

（1）电路结构与元件参数具有对称性

尽管集成电路元器件的参数精度不高，但是相同元器件的制作工艺相同，当它们的结构相同且几何尺寸相同时，它们的特性和参数就比较一致。因此，在模拟集成电路中住往采用结构对称或元件参数彼此匹配的电路形式，利用参数补偿的原理来提高电路的性能。

（2）用有源器件代替无源器件

由于集成化的晶体管占用的芯片面积小，参数也易于匹配，因此在模拟集成电路中常常用双极型晶体管或场效应管等有源器件来代替电阻、电容等无源元件。

（3）采用复合结构的电路

由于复合结构电路的性能较佳且制作难度不大，因此在模拟集成电路中多采用诸如复合晶体管、共发射极-共基极组合或共集电极-共基极组合等复合结构电路。

（4）外接少量分立元器件

目前集成电路工艺水平尚不适合制作电感元件，而且大容量的电容和阻值较小或较大的电阻元器件也较难集成，因此，模拟集成电路在应用时还需外接一些电感、电阻和电容等元件。对于某些需要在不同的应用条件下调整偏置的模拟集成电路，还需要外接部分分立元器件。

2）模拟集成电路分类

模拟集成电路按其制造工艺可分为半导体集成电路、膜集成电路和混合集成电路，其中膜集成电路又分为厚膜集成电路和薄膜集成电路；按集成度高低可分为小规模集成电路（集成 50 个以下元器件）、中规模集成电路（集成 50～100 个元器件）和大规模集成电路（集成 100 个以上元器件）；按导电类型分为双极型集成电路和单极型集成电路，其中双极型集成电路制作工艺复杂，功耗较大，代表集成电路有 TTL、HTL、STTL 等，单极型集成电路制作工艺简单，功耗较低，易制成大规模集成电路，代表集成电路有 NMOS、PMOS 等。

根据输出信号与输入信号之间的响应关系，又可以将模拟集成电路分为线性集成电路和非线性集成电路两大类。线性集成电路的输出与输入信号之间的响应通常呈线性关系，其输出的信号形状与输入信号相似，只是被按固定的系数进行了放大。非线性集成电路的输出信号对输入信号的响应呈现非线性关系,比如平方关系、对数关系等。常见的非线性电路有振荡器、定时器、锁相环电路等。根据用途模拟集成电路又可以分为三类:第一类是通用型电路,如运算放大器、相乘器、锁相环路、有源滤波器和数模与模数变换器等;第二类是专用型电路,如音响系统、电视接收机、录像机及通信系统等专用的集成电路系列;第三类是单片集成系统,如单片发射机、单片接收机等。

模拟集成电路形式有数据转换器、运算放大器、非线性放大器、多路模拟开关、智能功率控制等,还包括由电荷耦合器件构成的电路、开关电容电路和开关电流电路。这些电路应用模拟抽样技术,又称为抽样数据电路。它们易于得到稳定、准确的时间常数,易于实现高精度的计算,多用于对模拟信号的处理和通信系统中。

1.7.2　模拟集成电路的设计过程及命名方法

1) 模拟集成电路的设计过程

模拟集成电路(又称"芯片")设计指在一块较小的单晶硅片上集成许多晶体管及电阻、电容等元器件,并按照多层布线或隧道布线的方法,将元器件组合成完整的电子电路的整个设计过程。模拟集成电路设计是一门非常复杂的专业,电脑辅助软件的成熟,让此设计过程得以加速。在模拟集成电路生产流程中,模拟集成电路多由专业设计公司进行规划、设计,比如联发科、高通、Intel 等知名大厂,自行设计芯片,提供不同规格、效能的芯片给下游厂商选择。

模拟集成电路设计过程如下:

(1) 制定规格。首先根据芯片目的、效能做出大方向设定,进而查看要符合的协定,最后确立具体制做方法,将不同功能分配成不同单元,并确立各单元间连接方法。

(2) 电路设计。使用硬件描述语言(HDL)进行电路设计,内容包括:根据设计指标选择适当的架构(并行或串行,差分信号或单端信号),根据架构决定电路的各种组合,根据交、直流参数决定适当的晶体管大小及偏置,根据环境决定负载种类及负载值。

(3) 电路模拟。依据所给定的元件模型验证所设计电路的功能及指标,根据模拟结果决定布局原则(如电源线宽度、电池数量等),依据工艺产生方式制定电路的工作区间及限制。

(4) 版图设计与验证。将 HDL 代码导入电子设计自动化工具(如 EDA 等)中,将 HDL 代码转换成逻辑电路,再将其转换为图形描述格式,即设计工艺过程需要的各种各样的掩膜版。版图验证是检查版图中的错误。

2) 模拟集成电路的命名方法

模拟集成电路型号主要由前缀、序号和后缀三部分组成,其中前缀是厂家代号或种类器件的厂标代号,序号包括国际通用系列型号和代号。下面以我国国标规定的模拟集成电路为例,介绍其命名方法。

按照最新的国标规定,我国生产的模拟集成电路型号由五部分组成,各部分具体含义见表 1-24。

表 1-24　模拟集成电路型号各部分符号含义

第一部分		第二部分		第三部分	第四部分		第五部分	
字头符号		电路类型		用数字和字符表示器件的系列和品种代号	用字母表示温度范围		用字母表示封装形式	
符号	含义	符号	含义		符号	含义	符号	含义
C	符合国家标准	T	TTL 电路	TTL 分为：54/74XXX 54/74HXXX 54/74LXXX 54/74LSXXX 54/74ASXXX 54/74ALSXXX 54/74FXXX CMOS 分为：400 系列 54/74HCXXX 54/74HCTXXX	C	0～70℃	F	多层陶瓷扁平
		H	HTL 电路		G	−25～70℃	B	塑料扁平
		E	ECL 电路		L	−25～85℃	H	黑陶瓷扁平
		C	CMOS 电路		E	−40～85℃	D	多层陶瓷双列直插
		M	存储器		R	−55～85℃	J	黑陶瓷双列直插
		F	线性放大器		M	−55～125℃	P	塑料双列直插
		W	稳压器				S	塑料单列直插
		B	非线性电路				K	金属菱形
		J	接口电路				T	金属圆形
		AD	A/D 电路				C	陶瓷芯片载体
		DA	D/A 电路				E	塑料芯片载体
		D	音响电视电路				G	网络阵列

注：凡是家用电器专用集成电路(音响类、电视类)的型号，一律采用四部分组成，将第一部分的字母省去，用 DX××形式。

除上述国家标准外，在我国还广泛使用以其他型号命名方法命名的集成电路，以及一些进口的集成电路，它们的命名规则可翻阅相关资料，本书不做介绍。

1.7.3　模拟集成电路的典型应用

模拟集成电路在设计和工艺技术方面独树一帜，具有体积小、重量轻、引出线和焊接点少、寿命长、可靠性高、性能好、成本低、便于大规模生产等优点，在技术发展水平、产品种类、性能等多方面满足信息化技术的需要，广泛应用于工业、民用电子设备，在军事、通信、遥控等领域也有广泛应用。

模拟集成电路在电子系统中主要执行对模拟信号的接收、混频、放大、比较、乘除运算、对数运算、模拟-数字转换、采样-保持、调制-解调、升压、降压、稳压等功能。下面以运算放大器电路和比较器电路为例，加以介绍。

1) 运算放大器电路

(1) 运算放大器电路的基本组成结构

模拟集成运算放大器电路主要由输入级、中间级、偏置电路和输出级四个模块组成，其基本组成结构如图 1-28 所示。

图 1-28 中各模块的基本要求如下：

图 1-28 模拟集成运算放大器电路基本结构图

输入级：也称前置级，对其基本要求是输入电阻高、差模电压增益大、共模信号抑制能力强、静态电流和失调偏差小的差分放大电路；

中间级：要求能够提供足够高的电压增益，多采用 CE 或共源放大电路，放大倍数可达几千倍；

偏置电路：采用恒源电路，为各级放大电路提供合适的静态电流，确定静态工作点；

输出级：用于提高输出功率、降低输出电阻、减小非线性失真和增大输出电压的动态范围，同时需要具备过压、过流保护。

（2）运算放大器电路的主要应用

常用的低功耗运算放大器有 LM324、LM358，常用的高阻抗运算放大器有 TL082、TL074、CA3140，常用的精密运算放大器有 OP07、OP27、ICL7650 等。下面以 LM358 为例进行简要说明。

LM358 是双运算放大器。内部包括两个独立、高增益、内部频率补偿的运算放大器，适合电源电压范围很宽的单电源使用，也适用于双电源工作模式。其使用范围包括传感放大器、直流增益模块和其他所有可用单电源供电的使用运算放大器的场合。LM358 引脚图如图 1-29 所示。

LM358 的主要特性及技术参数见表1-25。

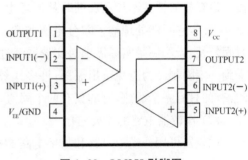

图 1-29 LM358 引脚图

表 1-25 LM358 的主要特性及技术参数

特 性	技 术 参 数
内部频率补偿	
直流电压增益高	约 100 dB
单位增益频带宽	约 1 MHz
电源电压范围宽	单电源（3～30 V），双电源（±1.5～±15 V）
低功耗电流	适合于电池供电
低输入偏流	
低输入失调电压和失调电流	
共模输入电压范围宽	
差模输入电压范围宽	等于电源电压范围
输出电压摆幅大	$0～V_{CC}-1.5$ V

目前 LM358 多用于红外线探测报警装置,常用于家庭、办公室、仓库、实验室等比较重要场合的防盗报警。

2) 比较器电路

(1) 比较器电路的基本工作原理

对两个或多个数据项进行比较,以确定它们是否相等,或确定它们之间的大小关系及排列顺序称为比较。能够实现这种比较功能的电路或装置称为比较器。比较器通常以电压作为输入信号,即将一个模拟电压信号与一个基准电压相比较,输出则为二进制信号 0 或 1,当输入电压的差值增大或减小且正负符号不变时,其输出保持恒定。其基本工作原理图如图1-30所示。

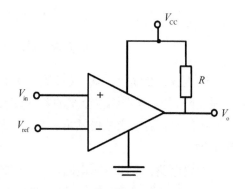

图 1-30 比较器基本工作原理图

图 1-30 中,"+"为同相输入端,"−"为反相输入端,V_o 为输出端,V_{cc} 为外接电源(单电源比较器)。其基本工作原理为:当 $V_{in} > V_{ref}$ 时,V_o 输出高电平;当 $V_{in} < V_{ref}$ 时,V_o 输出低电平。

比较器可以看作是一个 1 位模/数转换器(ADC),即放大倍数接近"无穷大"的运算放大器。运算放大器在不加负反馈时从原理上讲可以用作比较器,但由于运算放大器的开环增益非常高,它只能处理输入差分电压非常小的信号。而且,一般情况下,运算放大器的延迟时间较长,无法满足实际需求。比较器经过调节可以提供极小的时间延迟,但其频响特性会受到一定限制。为避免输出振荡,许多比较器还带有内部滞回电路。比较器的阈值是固定的,有的只有一个阈值,有的具有两个阈值。

(2) 比较器电路的主要应用

比较器可用作模拟电路和数字电路的接口,还可以用作波形产生和变换电路等。常用的专业电压比较器有 LM339、LM393,其切换速度快,延迟时间短,可用于专门的电压比较场合。下面以 LM393 为例进行简要说明。

LM393 是双电压比较器集成电路,是高增益、宽频带器件。LM393 的输出负载电阻能衔接在可允许电源电压范围内的任何电源电压上,不受 V_{cc} 端电压值的限制。输出部分的陷电流被可能得到的驱动和器件的 β 值所限制。当达到极限电流(16 mA)时,输出晶体管将退出而且输出电压将很快上升。当负载电流很小时,输出晶体管的低失调电压(约 1.0 mV)允许输出箝位在零电平。LM393 的引脚图如图 1-31 所示。

LM393 的主要特性及技术参数见表1-26。

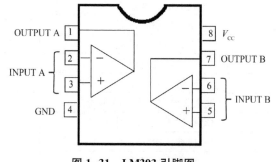

图 1-31 LM393 引脚图

表 1-26　LM393 的主要特性及技术参数

特　性	技 术 参 数
工作电源电压范围宽，单、双电源均可工作	单电源：2～36 V，双电源：±1～±18 V
消耗电流小	$I_{CC} = 0.4$ mA
输入失调电压小	$V_{IO} = \pm 2$ mV
共模输入电压范围宽	$V_{IC} = 0 \sim V_{CC} - 1.5$ V
输出与 TTL，DTL，MOS，CMOS 等兼容	
输出可以用开路集电极连接"或"门	
工作温度范围宽	0℃～+70℃

LM393 的两个输入端电压差大于 10 mV 时，其输出端就能从一种状态可靠地转换到另一种状态，因此 LM393 常用于弱信号检测。

注意：LM393 的输出端相当于一个不接集电极电阻的晶体三极管，在使用时输出端与正电源间必须接入一个电阻（称为上拉电阻，阻值 3～15 kΩ）。

1.7.4　模拟集成电路的检测与选用

1) 模拟集成电路的检测

常用的模拟集成电路的检测方法有观察法、表测法、排错法。

（1）观察法：外观检查，看有无烧糊、烧断、起泡、插口锈蚀等。

（2）表测法：用万用表欧姆挡测量电源端（+5 V）与地端（GND）之间的电阻，如阻值很小（低于 50 Ω），则判定元器件内部存在短路。

（3）排错法：根据芯片手册，检查输入、输出端是否有信号（波形），如有入无出，再检查控制信号（时钟）等有无信号，如有信号，则说明此芯片损坏，如无信号，则需要追查该芯片的前一级的芯片是否损坏。

2) 模拟集成电路的选用

选用模拟集成电路，需要注意以下几点：

（1）注意型号识别，全面了解其功能、内部结构、电特性、外形封装等。

（2）注意所选模拟集成电路的各项电性能参数及指标，确保使用过程中不越限。

（3）注意安装方向。一般规律是集成电路引脚朝上，以缺口（或打有一个点"。"或竖线条）为准，引脚按逆时针方向排列。

（4）空引脚不能擅自接地。

（5）注意引脚能承受的应力与引脚间的绝缘，电源与地线以及其他输入线之间要留有足够的空隙。

（6）各引脚加电要同步。CMOS 电路尚未接通电源时，绝不可以将输入信号加到 CMOS 电路的输入端。如果信号源和 CMOS 电路各用一套电源，则应先接通 CMOS 电源，再接通信号源电源,关机时应先切断信号源电源,再关掉 CMOS 电源。

(7) 不允许大电流冲击,正常使用和测试时的电源应附加电流限制电路。

(8) 注意供电电源的稳定性。

(9) 不能带电插拔集成电路。

(10) 集成电路及其引线应远离脉冲高压源。

思考题

1. 色环电阻分为几类,读色环的规则是什么?

2. 如何利用指针式万用表判断三极管的类型,以及判断出基极、集电极、发射极?

3. 稳压管工作在什么状态下?

4. 安装有极性电容时要注意什么? 如何测量有极性电容的正、反向漏电阻?

5. 电感的特点是什么? 电容的特点是什么?

6. 如何判断电感的好坏? 如何去测量线圈的电感量和品质因数?

7. 空载电流的作用是什么?

8. 如何检测电位器的好坏?

9. 谈谈模拟集成电路的设计原则和应用。

第 2 章

基于 Altium Designer 的电路设计

导读

　　Altium Designer 软件是 Altium 公司推出的一体化电子产品开发系统,是一款功能强大的软件,提供了所有设计任务所需的工具。其中包含原理图设计、电路仿真、信号完整性分析、PCB 设计等。它易于学习、便于使用的特点备受工业界和学术界的追捧,应用非常广泛。该软件目前的最高版本为 Altium Designer 21.3.1,本教材所采用的软件版本为 Altium Designer 16.1.7。

2.1　原理图封装设计

　　用于构建电路原理图的器件符号称之为原理图封装,原理图封装储存在原理图库中。用于构建 PCB 图的器件符号称之为 PCB 封装,PCB 封装存储在 PCB 图库中。它们之间的关系,可以用图 2-1 进行描述。

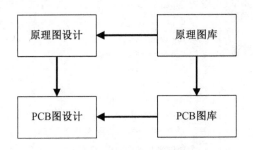

图 2-1　封装和封装库的支撑关系

2.1.1　创建单个部分原理图器件符号

　　在原理图库中创建新器件是很直观的。首先要准备好对应的器件手册,以 LT1222 为例,创建以下步骤:

1）找到器件原理图封装信息

例如 LT1222 的原理图的封装图，如图 2-2 所示。

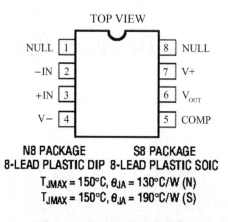

图 2-2　LT1222 原理图封装

2）在原理图库中增加新器件

（1）选择"Tools"→"New Component"，如图 2-3 所示。

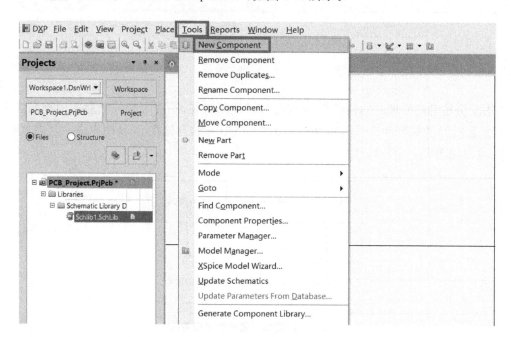

图 2-3　新建一个原理图库元件

在弹出的对话框中填写器件信息，如图 2-4 所示。

（2）绘制原理图符号外框，如图 2-5 所示。

（3）添加元器件管脚，如图 2-6 所示。注意捕获点所在位置。

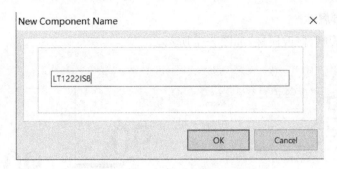

图 2-4　为新建的元件添加一个名称

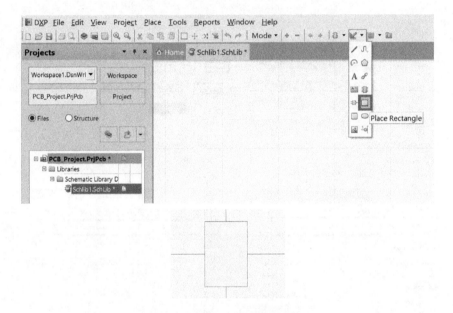

图 2-5　绘制原理图符号外框

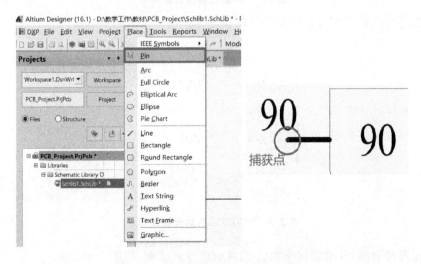

图 2-6　给元器件封装添加器件管脚

（4）修改管脚属性

双击元器件管脚，修改属性，如图 2-7 所示。

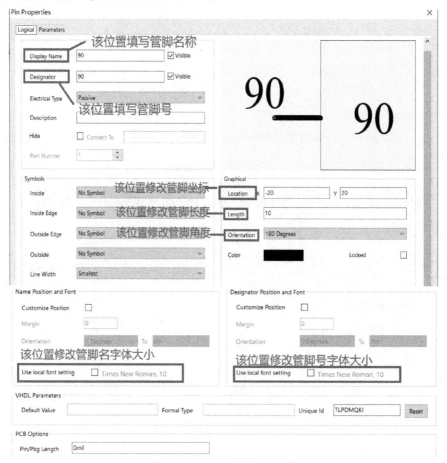

图 2-7　修改元器件管脚属性

添加管脚后的元器件封装如图 2-8 所示。

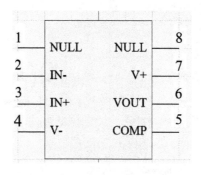

图 2-8　添加管脚后的元器件封装

双击元器件管脚，观察添加参数后 PIN 脚属性对话框，如图 2-9 所示。

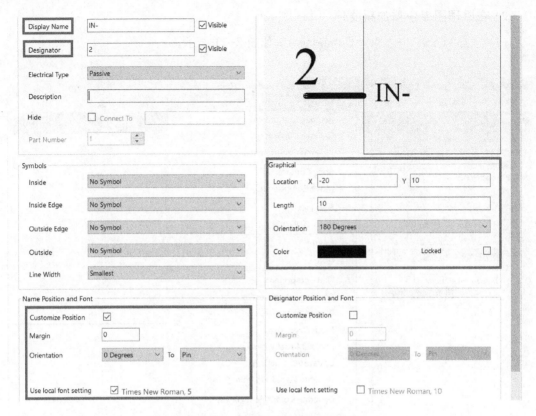

图 2-9　元器件管脚属性对话框

2.1.2　创建多个部分原理图器件符号

1）找到器件原理图封装信息

以 OP284 为例，如图 2-10 所示。OP284 有两路运算放大器，为了后续原理图设计方便，我们将该器件的原理图封装拆解为两部分构成。

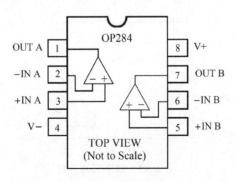

图 2-10　OP284 原理图封装图

2) 在原理图库中增加新器件

（1）选择"Tools"→"New Component"，如图 2-11 所示。

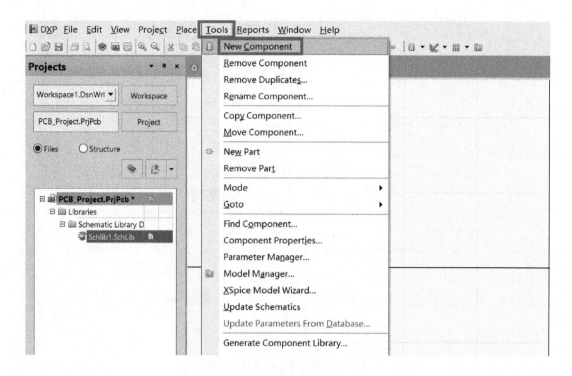

图 2-11　在原理图库创建新器件

在弹出的对话框中填写器件信息，如图 2-12 所示。

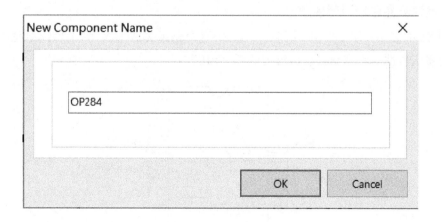

图 2-12　填写器件信息

（2）绘制原理图符号第一部分外框，如图 2-13 所示。点击如图 2-13 所示加框位置（Place Polygons），绘制运放第一部分外框。

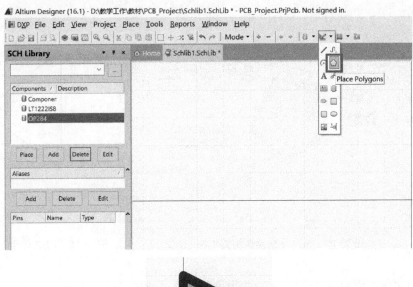

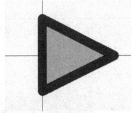

图 2-13　在原理图库绘制器件外框

右击所创建的符号，在弹出的菜单中点击"Properties"选项，如图 2-14 所示。

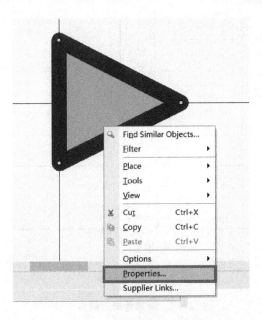

图 2-14　修改器件外框属性

如图 2-15 所示，在弹出的对话框中勾选"Transparent"，去掉"Draw Solid"，在"Border Width"中选择"Small"，得到如图 2-16 所示外框。

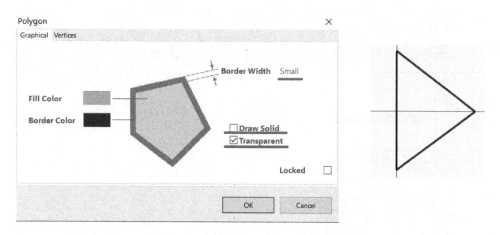

图 2-15　修改外框具体相关属性　　　　　　　　图 2-16　修改属性后外框形状

在以上基础上增加器件管脚，点击"Place"→"Pin"，如图 2-17 所示。

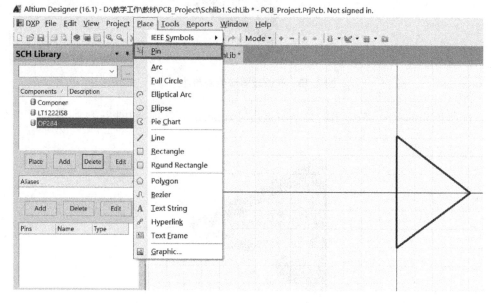

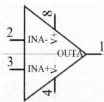

图 2-17　增加管脚后器件封装

点"Tools"→" New Part",如图 2-18 所示。

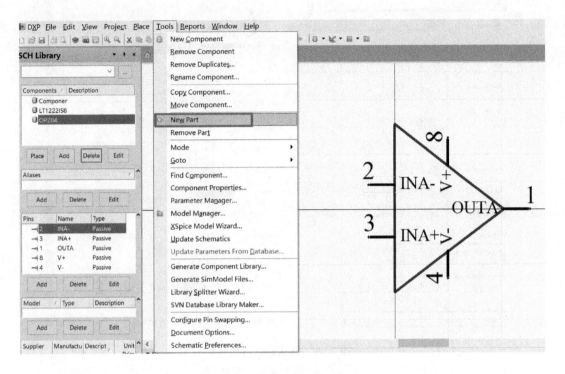

图 2-18　创建器件封装新的 Part

应用与上述相同的方式绘制原理图封装的第二部分,如图 2-19 所示。

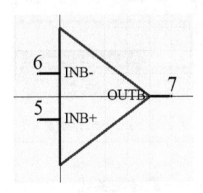

图 2-19　器件封装新的 Part

双击上述管脚,打开管脚属性对话框,如图 2-20 所示。

最后,可以在原理图封装库中看到 OP284 由 Part A 和 Part B 构成,如图 2-21 所示。

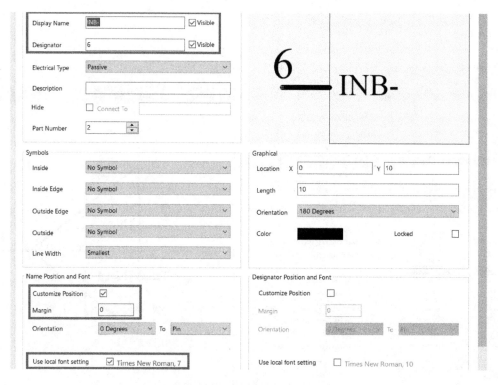

图 2-20　管脚属性对话框

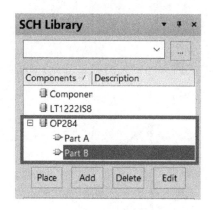

图 2-21　OP284 原理图封装构成

2.2　60 进制计数器设计——原理图实现

2.2.1　原理图开发环境介绍

1）网络标识的作用范围

在使用 Altium 进行多页设计时，首先要搞清楚多页之间信号是如何连接的。

点击"Project"→"Project Options"→ "Options",在如图 2-22 所示的"Net Identifier Scope"下拉菜单中可以选择网络标识符的作用范围,此处选择"Global(Netlabels and ports global)",这时的网络标识符是全局的,可以跨页进行识别、连接。

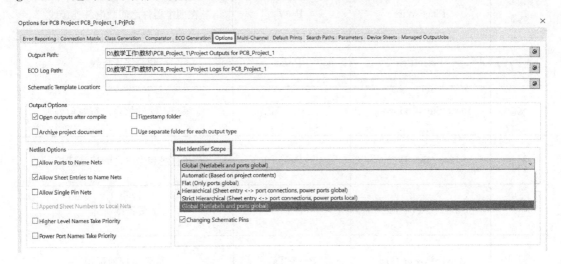

图 2-22　原理图开发环境设置

2) 原理图上网络的互联

通常,原理图设计时使用电气线对电子元器件进行连接,如图 2-23 所示。

图 2-23　原理图器件直接连线

也可使用网络标号的方式对电子元器件进行连接,这样可避免冗繁的走线,如图 2-24 所示。R30 与 R31 的网络标号相同,则说明这两个器件有电气连接关系。

图 2-24　原理图采用网标连线

3) 电源、地的连接

如图 2-25 所示的这些标识属于全局属性,可以放置在任何需要电源或接地的位置。

4) 原理图设计工具

原理图设计工具的详细描述见表 2-1。

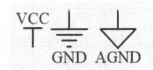

图 2-25　原理图采用地标识

表 2-1　原理图设计工具

图标	名称	快捷键	说明
	Place Wire	P-W	在两个器件之间画电气连接线
	Place Bus	P-B	画总线连接线
	Place Signal Harness	P-H-H	将每组不同的信号进行打包处理
	Place Bus Entry	P-U	在总线和走线之间建立连接
	Place Net Label	P-N	放置网络标号
	GND Power Port	P-O-Tab	放置全局地标识
	VCC Power Port	P-O-Tab	放置全局电源标识
	Place Part	P-P	放置电子元器件
	Place Sheet Symbol	P-S	放置页标识符
	Place Sheet Entry	P-A	放置页连接口标识符
	Place Port	P-R	放置端口
	Utility Tools	P-D	绘图工具,没有电气属性
	Alignment Tools	E-G	对齐工具,可以使原理图更加美观
	Power Sources	N/A	电源、地相关的选项
	Grids	V-G	设置格点大小

2.2.2　原理图设计

1）新建原理图工程文件

选择新建原理图工程文件，如图 2-26 所示。

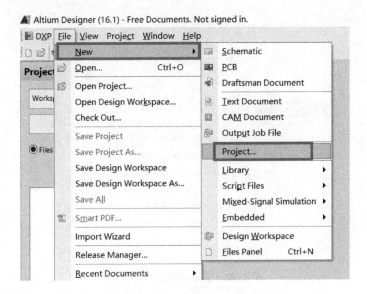

图 2-26　新建原理图工程文件

在弹出的对话框中选择框出的位置进行操作，如图 2-27 所示。

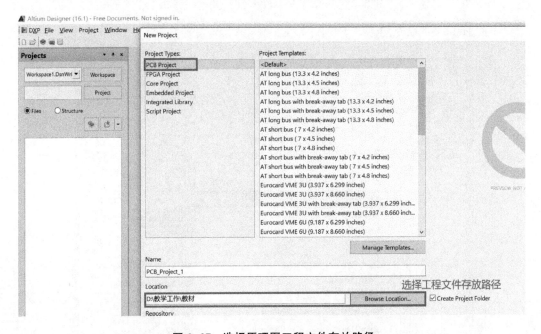

图 2-27　选择原理图工程文件存放路径

右击所生成的工程文件，如图 2-28 所示。

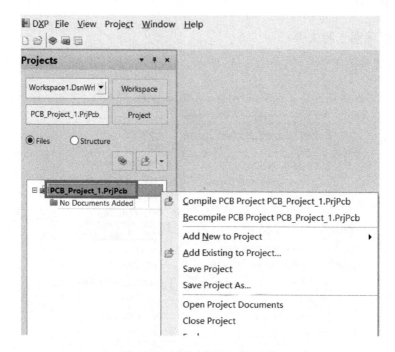

图 2-28　右击原理图工程文件

选择如图 2-29 中框出的位置进行操作。

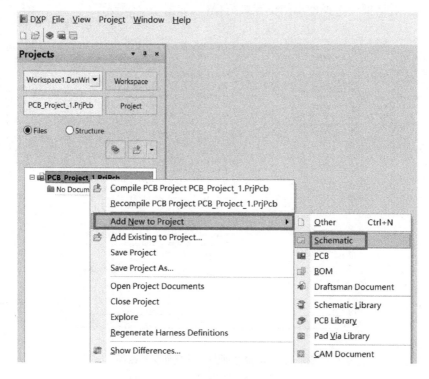

图 2-29　新建原理图文件

将生成的原理图保存到工程文件所在路径下面。

2）安装原理图库文件

（1）安装 AD 自带的原理图库文件

点击如图 2-30 中框出的位置选项进行操作。

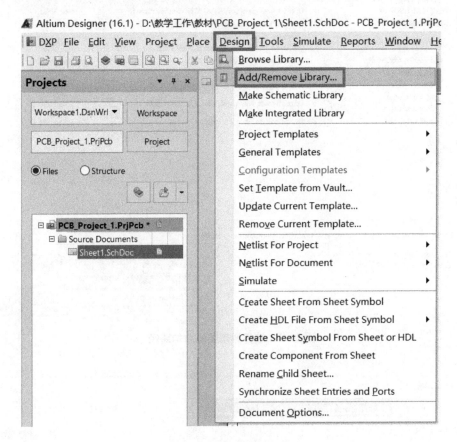

图 2-30　添加原理图库

在弹出的对话框中选择如图 2-31 中框出的选项。

选择自带原理图库存放路径（路径一般在 AD 的安装路径下面），选择如图 2-32 中框出的两个库文件进行添加。

安装之后，将出现如图 2-33 所示的两个库文件。

在原理图工程环境下，如图 2-34 最右边 Libraries 对话框中，可以看到这两个库文件。

（2）安装自制的原理图库文件

右击工程文件，在弹出的对话框中选择如图 2-35 中框出的选项进行操作。

在弹出的对话框中选择已经制作好的原理图库文件进行添加。添加完成后，原理图工程文件将如图 2-36 中框出部分所示。

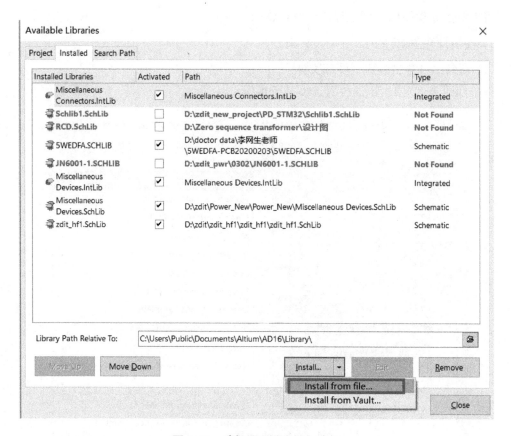

图 2-31　选择原理图库添加路径

图 2-32　选择原理图库文件

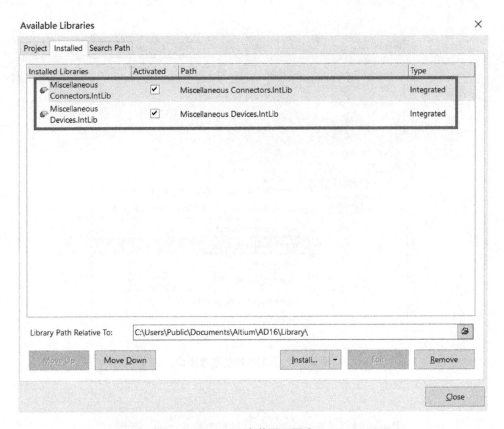

图 2-33　安装原理图库

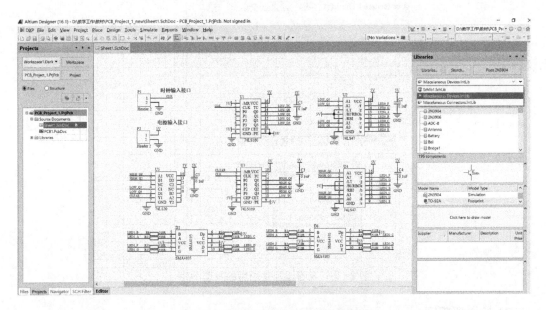

图 2-34　查看安装完成后的原理图库

图 2-35　添加自制的原理图库

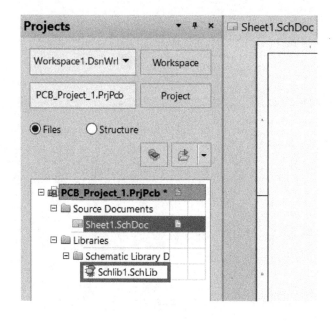

图 2-36　查看添加完成后的原理图库

3）绘制原理图

60 进制计数器采用清零法来实现，原理图绘制采用网格标号的形式。

（1）原理图连线设计

将所需的电子元器件调取到原理图绘制页面，如图 2-37 所示。

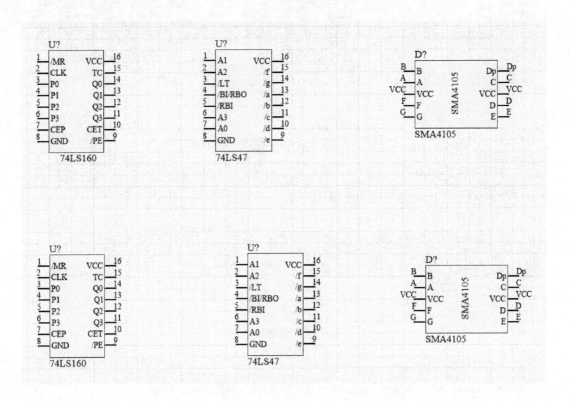

图 2-37　在原理图开发环境中调取原理图封装

使用 Place Wire 绘制电气连接线，使用 Place Net Label 放置网络标识，如图 2-38 所示。

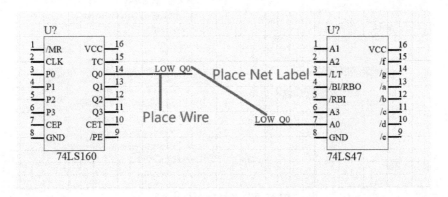

图 2-38　使用网络标号的方式绘制原理图

根据电路实现原理，按照以上方式完成电路原理图相关管脚设计，如图 2-39 所示。

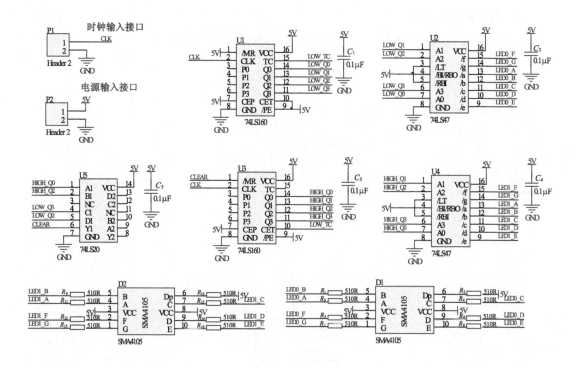

图 2-39　原理图绘制

（2）元器件位号标识

选择"Tools"→"Annotate Schematics…（T-A）"，如图 2-40 所示。

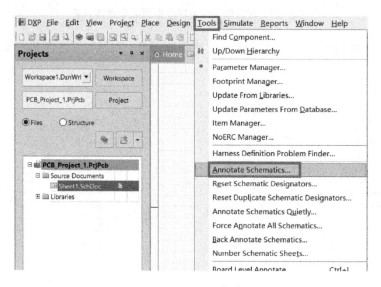

图 2-40　原理图位号标识

完成上述操作后，会弹出如图 2-41 所示的对话框。

图 2-41 中，各模块的功能如下：

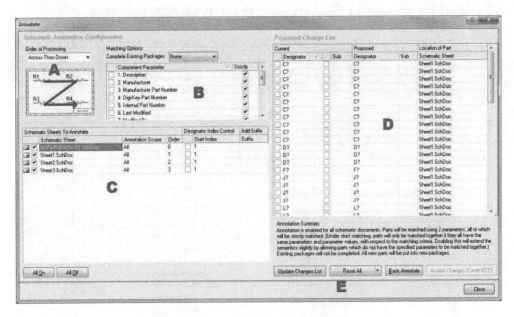

图 2-41　原理图位号标识对话框

A：选择通过什么样的顺序去给元器件标识位号。在图 2-41 所示的原理图中是选择从左到右，从上到下的顺序来标识元器件的位号。

B：这个区域对于大多数原理图设计而言不经常使用。

C：选择哪些页原理图在位号标识的范围内。图 2-41 中有 4 页原理图在位号标识的范围内。

D：显示了所有将要标识的元器件位号。

E：启动元器件位号标识工作，点击"Update Changes List"将开始标识元器件位号。

在工程文件下，点击"Update Changes List"，弹出如图 2-42 所示对话框，按顺序点击按钮，开始元器件位号标识。

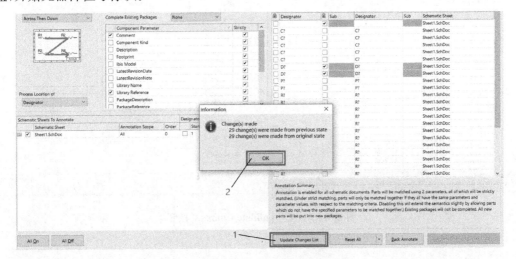

图 2-42　点击"Update Changes List"

点击框出的位置"Accept Changes(Create ECO)"按钮,如图 2-43 所示。

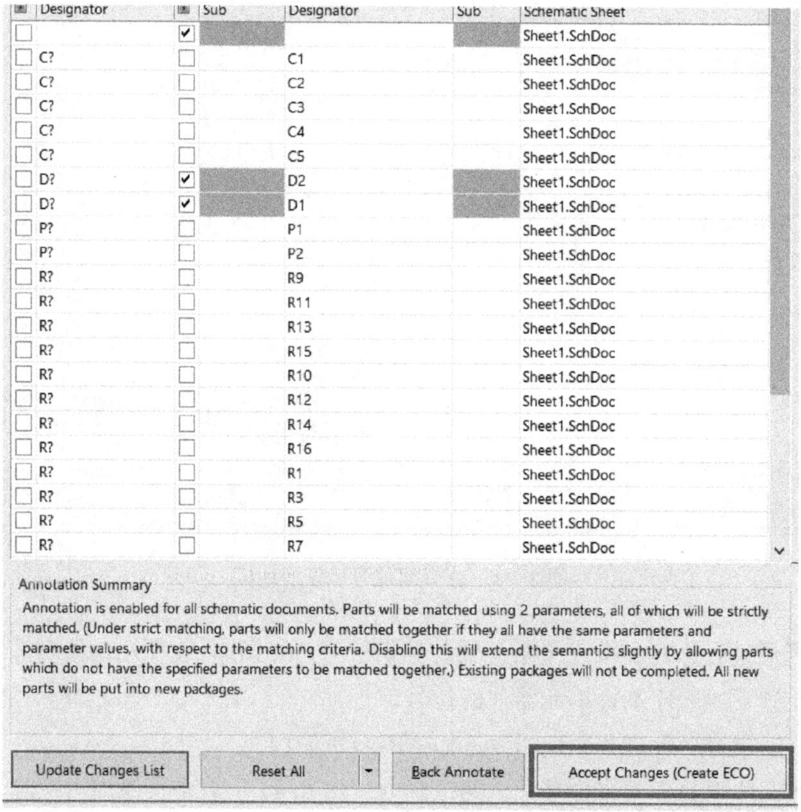

图 2-43   点击"Accept Changes(Create ECO)"

点击"Validate Changes"按钮,如图 2-44 所示。

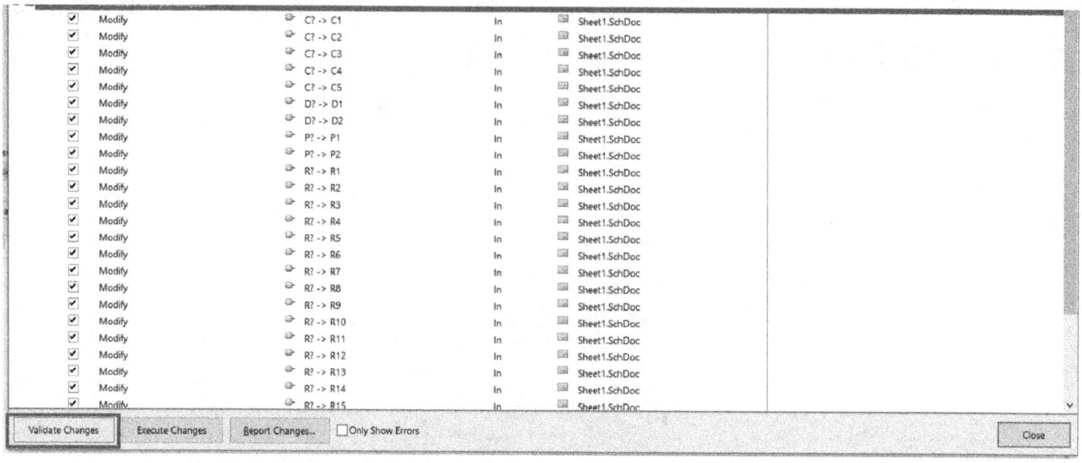

图 2-44   点击"Validate Changes"按钮

点击"Execute Changes"按钮,如图 2-45 所示。

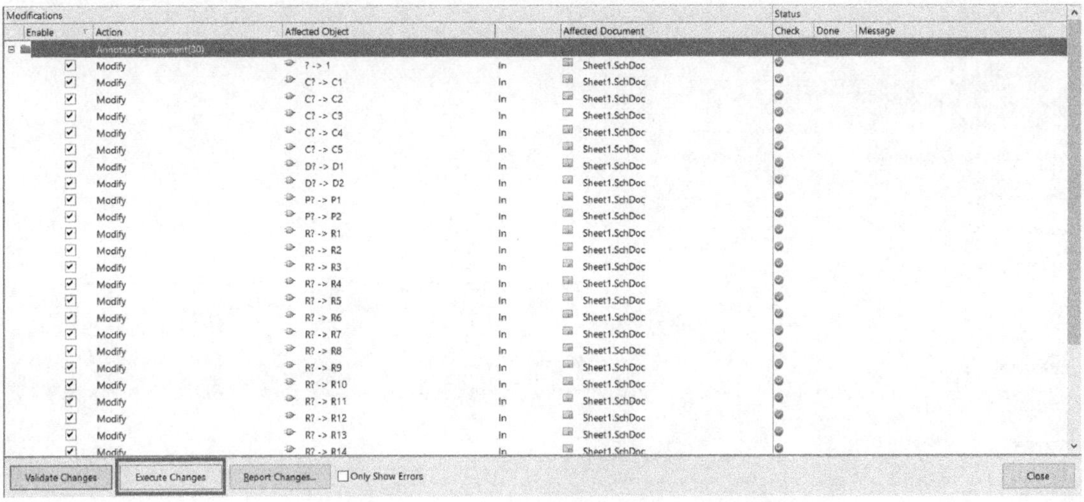

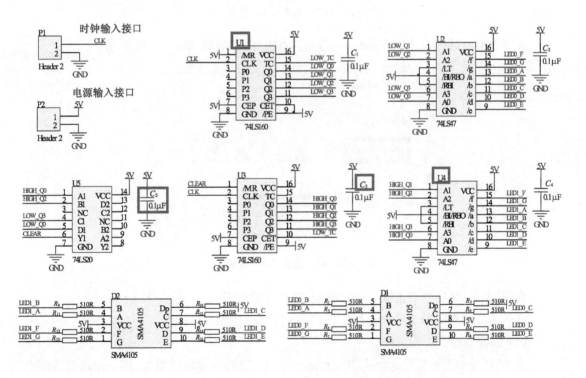

图 2-45　点击"Execute Changes"按钮

以上工作完成后,在图 2-46 中可以看到每个电子元器件都有了自己的位号。

图 2-46　位号标识后的原理图

（3）给原理图器件添加对应的 PCB 封装信息

双击电子元器件，在弹出的对话框中点击"Add"按钮，如图 2-47 所示。

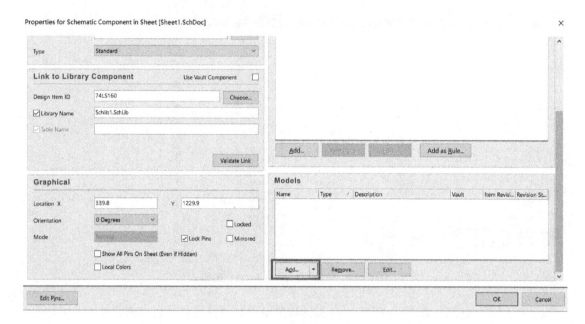

图 2-47　点击"Add"按钮

在弹出的对话框中选中"Footprint"，然后点击"OK"按钮，如图 2-48 所示。

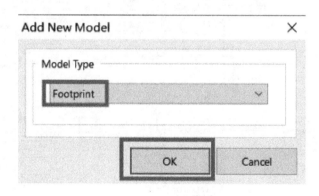

图 2-48　点击"OK"按钮

在弹出的对话框中点击"Browse"按钮，选择对应的 PCB 封装，如图 2-49 所示。

逐一完成原理图每个电子元器件的 PCB 封装添加工作。

（4）编译原理图工程文件

点击"Project"→"Compile PCB Project（C-C）"按钮，弹出对话框，逐一确认对话框中的告警和错误信息，如图 2-50 所示。

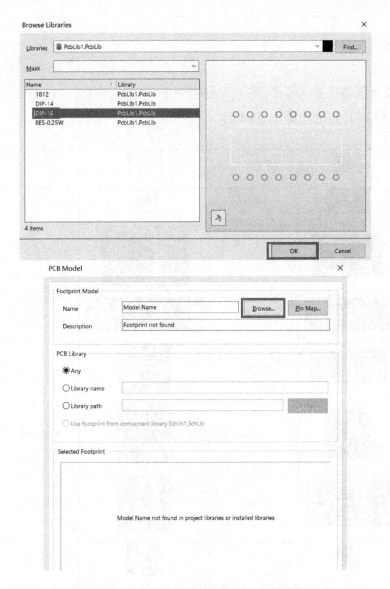

图 2-49　添加原理图器件对应的 PCB 封装信息

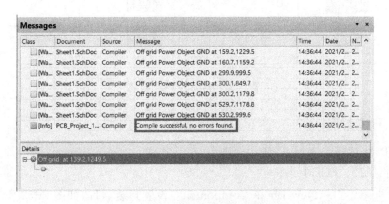

图 2-50　原理图工程文件编译信息

2.3 PCB 封装设计

不同的电子元器件可以对应于同一个 PCB 封装。

1）常见的 PCB 封装如图 2-51 所示

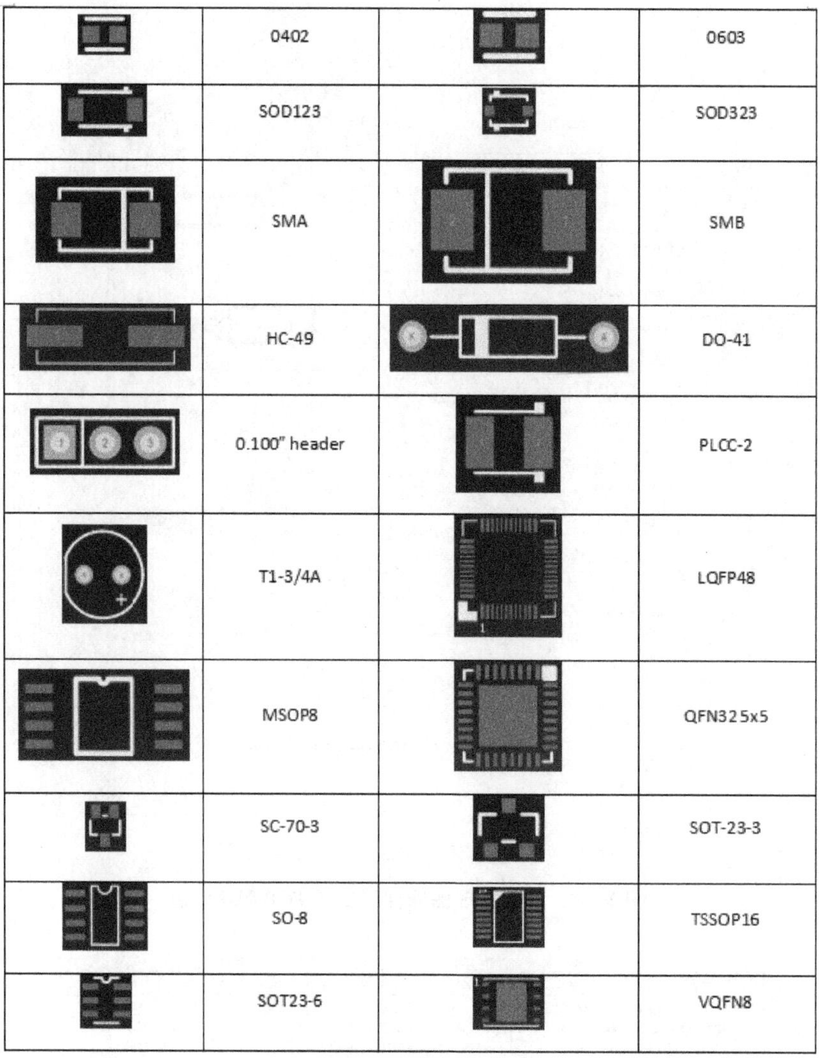

	0402		0603
	SOD123		SOD323
	SMA		SMB
	HC-49		DO-41
	0.100″ header		PLCC-2
	T1-3/4A		LQFP48
	MSOP8		QFN325x5
	SC-70-3		SOT-23-3
	SO-8		TSSOP16
	SOT23-6		VQFN8

图 2-51　常见的 PCB 封装

2）构建 PCB 封装

新建一个 PCB 封装库，具体操作如图 2-52 所示。

（1）制作 1812　PCB 封装

① 选择 "Tools"→"New Blank Component"，设置封装名称，如图 2-53 所示。

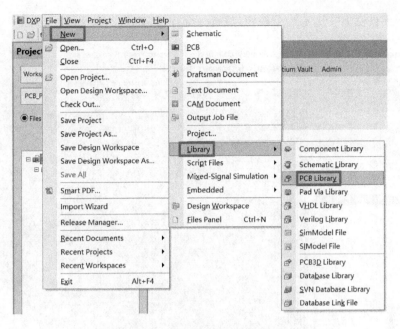

图 2-52　新建 PCB 封装库

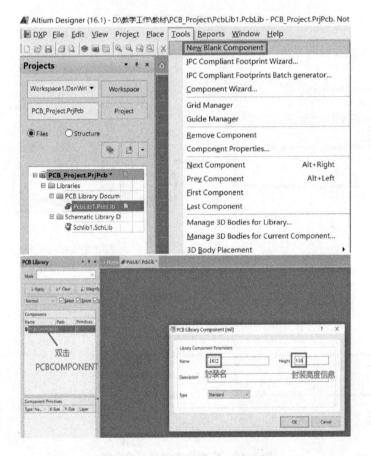

图 2-53　新建器件的 PCB 封装设置

② 点击工具栏上"Place Pad"按钮,放置一个焊盘,如图 2-54 所示。

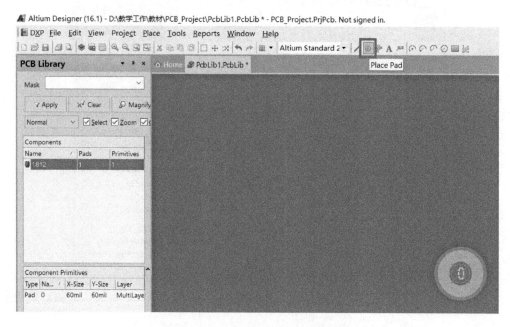

图 2-54　放置 PCB 封装焊盘

③ 单击该焊盘,如图 2-55 所示,修改框出部分的参数:

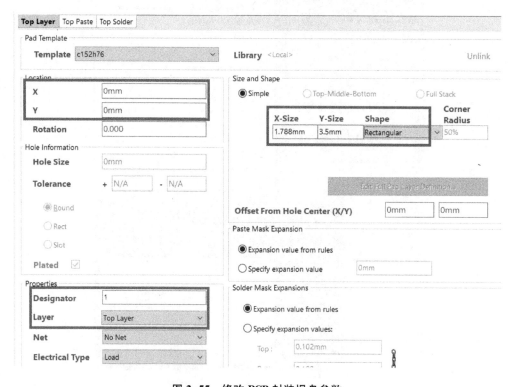

图 2-55　修改 PCB 封装焊盘参数

修改该焊盘的坐标位置在坐标原点：Location X, Y = 0,0;

修改该焊盘为器件的 1 脚：Designator = 1;

Layer 处选择"Top Layer"，表明该焊盘是表贴焊盘；

设定该焊盘的大小：X-Size 设为 70 mil（即 1.78 mm）；Y-Size 设为 138mil（即 3.5 mm）。

④ 复制该焊盘，修改图 2-56 中框出位置的参数。将"Designator"修改为 2，表示该焊盘是器件的 2 号管脚。1 号管脚坐标是(0,0)，两个焊盘的中心间距是 5.23 mm。因此修改 2 号管脚中心坐标为(5.23,0)，即 X 的位置为 5.23 mm。

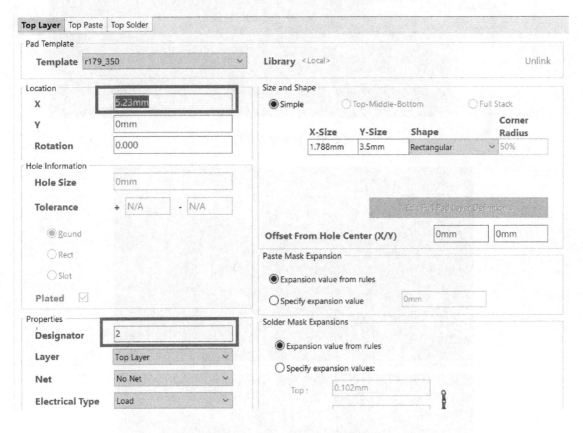

图 2-56　修改 PCB 封装焊盘坐标

⑤ 设置中心坐标在两个焊盘之间，如图 2-57 所示。

⑥ 点击"Top Overlay"，将工作界面切换到"Top Overlay（顶层丝印）"层，如图 2-58 所示。

⑦ 在"Top Overlay"层绘制一条直线（丝印线），修改直线参数，如图 2-59 所示。

⑧ 选中该线，按下"Ctrl+C"，当出现十字光标时，点击中线的尾端，如图 2-60 所示。按住空格键，可以对该线进行旋转，然后按如图 2-61 所示进行放置。

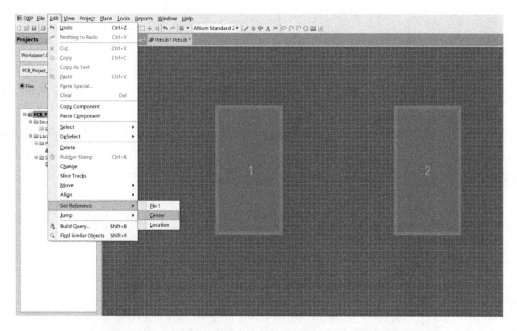

图 2-57 设置中心坐标

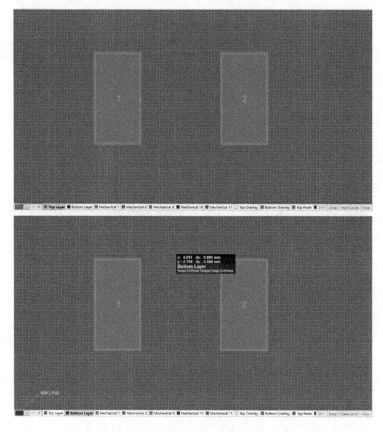

图 2-58 切换工作界面

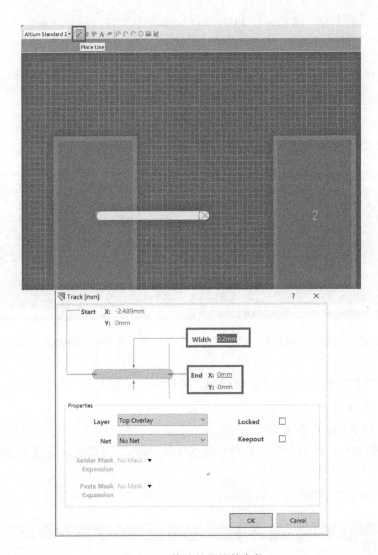

图 2-59　修改丝印线的参数

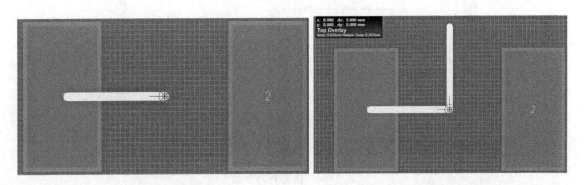

图 2-60　复制丝印线　　　　　　　　　图 2-61　旋转并放置丝印线

⑨ 两个焊盘的中心间距是 5.23 mm，焊盘长度是 1.8 mm，焊盘高度是 3.5 mm。因此，目前该器件的外形框大小是(5.23＋1.8)×3.5，横、纵坐标处理如下：

双击水平位置丝印框线，修改其始端横坐标为 $\dfrac{5.23+1.8}{2}=3.515$，纵坐标为 0。

双击垂直位置丝印框线，修改其末端纵坐标 $\dfrac{3.5}{2}=1.75$，横坐标为 0。

⑩ 采用复制粘贴的方法，将丝印线放置为如图 2-62 所示。

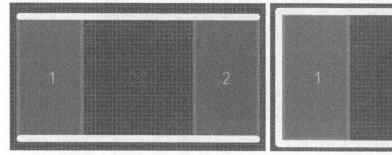

图 2-62 复制粘贴丝印线

图 2-63 补齐丝印线缺口

丝印线和焊盘有部分覆盖，需要做微调。微调方法主要是修改线段的横、纵坐标，将丝印缺口连接起来，如图 2-63 所示。

（2）制作 LQFP64 PCB 封装

LQFP64 封装每一行最外边的焊盘长度为 0.4 mm，里面焊盘长度是 0.28 mm，高度都是 1.5 mm。

① 选择"Tools"→"New Blank Component"，设置封装名称，如图 2-64 所示。

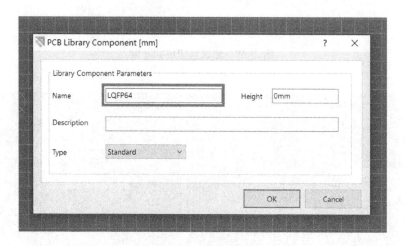

图 2-64 新建 PCB 封装

② 点击工具栏"Place"→"Pad"按钮，放置一个焊盘。修改焊盘尺寸，如图 2-65 所示。

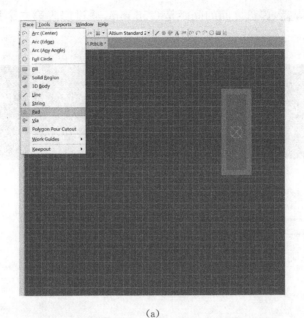

(a)

(b)

图 2-65 放置 PCB 封装焊盘并修改相关参数

③ 放置第二个焊盘，焊盘之间的间距是 0.56 mm，通过修改第二个焊盘坐标可以实现，如图 2-66 所示。

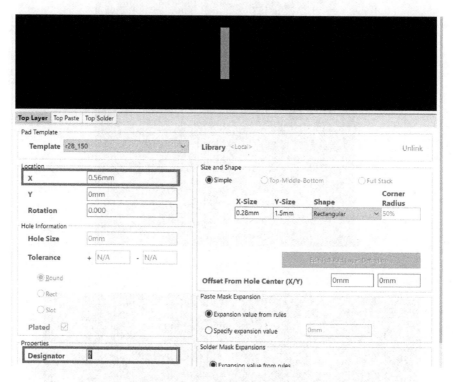

图 2-66　放置第二个 PCB 封装焊盘

④ 复制第二个焊盘，确保复制点捕获在焊盘的中心，然后点击"Edit"→"Paste Special"，如图 2-67 所示。

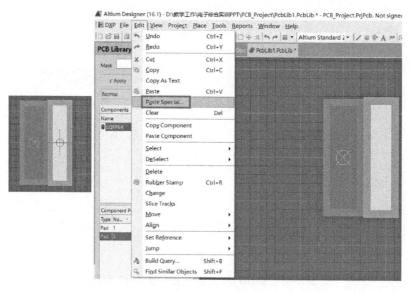

图 2-67　使用粘贴功能

在弹出的对话框中点击"Paste Array"按钮，如图 2-68 所示。

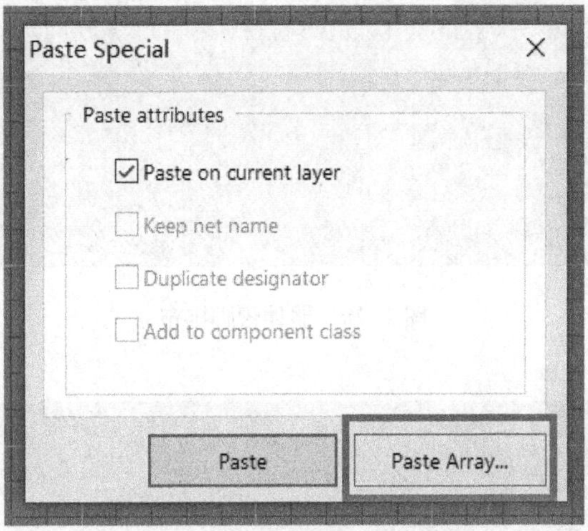

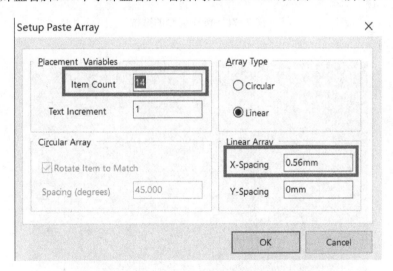

图 2-68　特殊粘贴功能对话框

在弹出的设置粘贴矩阵对话框的"Item Count"位置填写"14"，因为一边有 16 个管脚，其中 2 个大焊盘管脚，14 个小焊盘管脚，管脚间距 0.56 mm，如图 2-69 所示。

图 2-69　修改特殊粘贴功能对话框相关参数

关闭对话框，点击 2 号管脚，出现如图 2-70 所示管脚分布。选择 2 号管脚，删除多余的 2 号管脚。

⑤ 复制 1 号管脚，选择 2 号管脚作为复制参考点。选择 15 号管脚作为粘贴参考点。修改粘贴后的管脚为 16，如图 2-71 所示。

⑥ 上下两排焊盘的内沿间距是 10.3 mm，一个焊盘的高度是 1.5 mm。因此，上下两排焊盘的中心间距是 10.3 mm＋1.5 mm＝11.8 mm。如图 2-72 所示，复制焊盘 1，并修改它的中心点坐标为(0,11.8)。复制焊盘 2，以焊盘 1 为复制参考点，粘贴到上方。

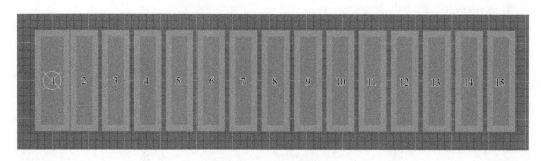

图 2-70　器件管脚排布

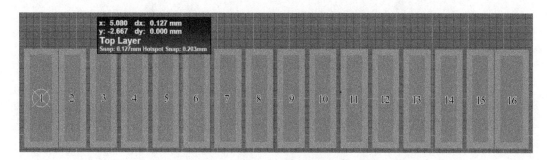

图 2-71　16 个管脚的排布

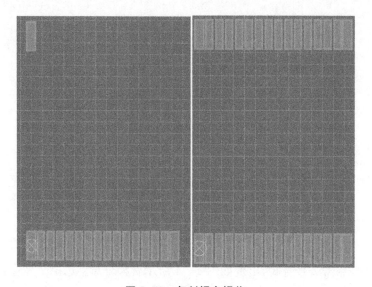

图 2-72　复制焊盘操作

⑦ 设置中心点，点击"Edit"→"Set Reference"→"Center"，如图 2-73 所示。

⑧ 选中全部管脚，按住"Ctrl"＋"C"键，选择中心点作为复制参考点，如图 2-74 所示。按住"Ctrl"＋"V"键，并按空格键旋转图形，选择中心点作为粘贴参考点，如图 2-75 所示。

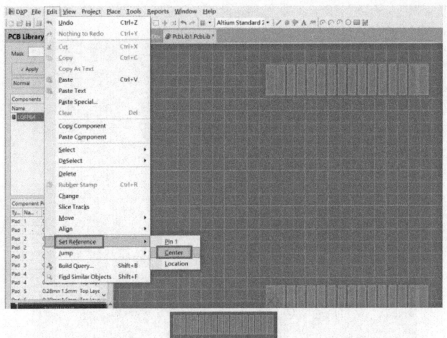

图 2-73　设置中心点

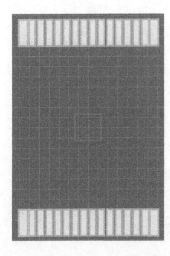

图 2-74　以中心点为参考点复制焊盘

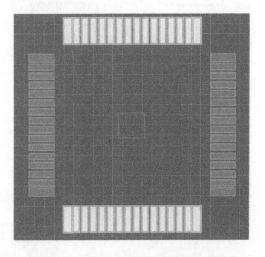

图 2-75　以中心点为参考点粘贴两边焊盘

修改管脚的标号,左下角是 1 脚,按照逆时针方向递增,直到 64 脚,如图 2-76 所示。

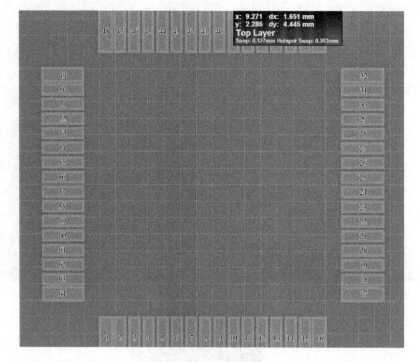

图 2-76　修改焊盘管脚

⑨ 添加丝印外框,标识 1 号管脚。在丝印层"Top Overlay"绘制丝印外框,X 坐标范围为 $-5.3 \sim 5.3$,Y 坐标为 5.3,如图 2-77 所示。

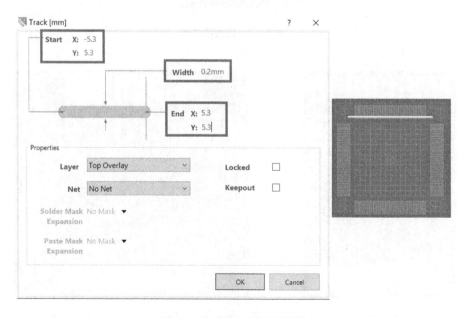

图 2-77　画一条水平丝印线

如图 2-78 所示，在左侧焊盘上方绘制水平丝印线，在长水平线的端点处画一条垂直的丝印线和下边丝印线相交。删除水平丝印线，复制垂直丝印线，旋转并粘贴。

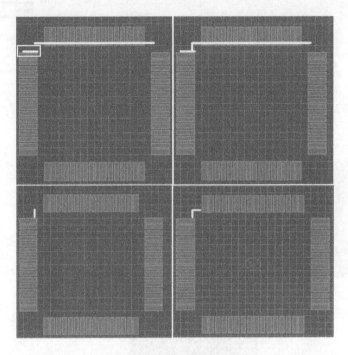

图 2-78　绘制丝印线拐角

复制直角丝印线，旋转后粘贴，粘贴参考点选中心点，完成后如图 2-79 所示。

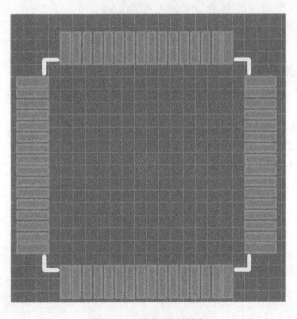

图 2-79　添加丝印外框

⑩ 如图 2-80 所示，点击"Place"→" String"，放置 1 号管脚标识，设置高度和宽度大小。

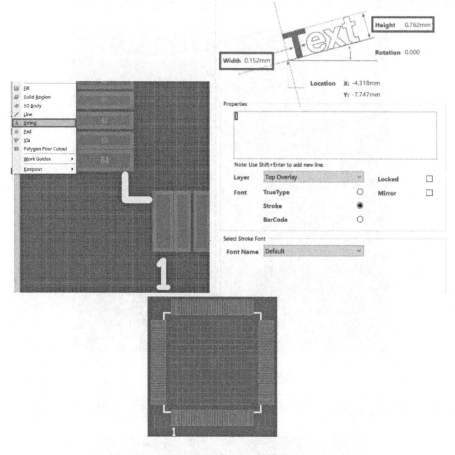

图 2-80　标识 1 号管脚

（3）制作 74LS160 PCB 封装

① 选择 "Tools"→"New Blank Component"，设置封装名称，如图 2-81 所示。

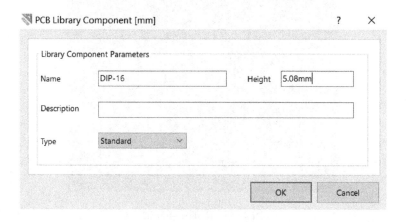

图 2-81　新建元器件封装

② 点击工具栏"Place Pad"按钮，放置一个焊盘。修改焊盘尺寸。根据器件手册，孔径信息如图 2-82 所示。

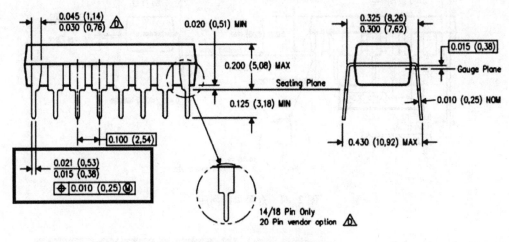

图 2-82　元器件封装参数

选择 0.53 mm＋0.3 mm＝0.83 mm 作为器件管脚孔径。单边孔环选择 0.2 mm，两边孔环 0.4 mm，孔外径为 0.83 mm＋0.4 mm＝1.23 mm。双击焊盘，如图 2-83 所示设置相关参数。

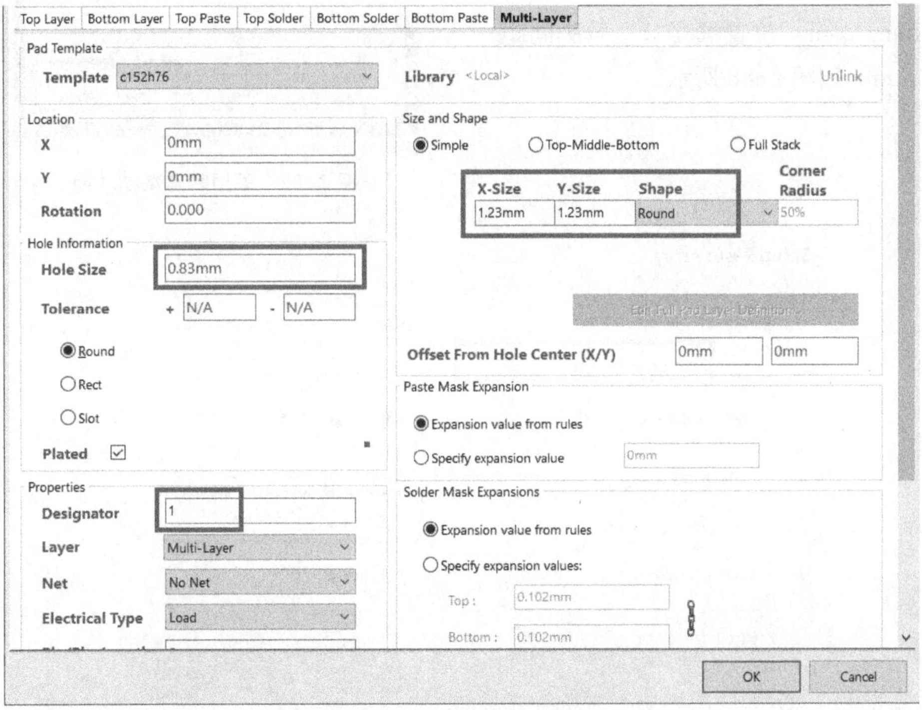

图 2-83　修改焊盘相关参数

③ 放置第二个焊盘，焊盘之间的间距是 2.54 mm，如图 2-84 所示。

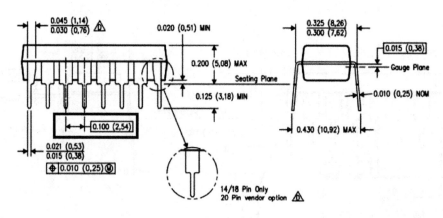

图 2-84　查看焊盘间距

④ 复制第二个焊盘，确保复制点捕获在焊盘的中心，然后点击"Edit"→"Paste Special"。在弹出的对话框点击"Paste Array"，如图 2-85 所示。

在弹出的 Setup Paste Array 对话框中的"Item Count"位置填写"7"，管脚间距为 2.54 mm，如图 2-86 所示。

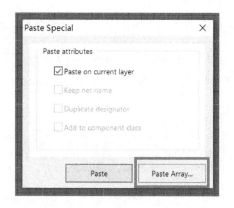

图 2-85　采用特殊粘贴功能

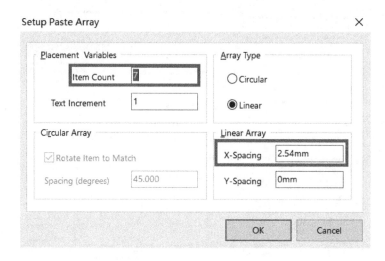

图 2-86　修改特殊粘贴相关参数

关闭对话框,点击 2 号管脚,出现如图 2-87 所示的管脚分布。

图 2-87　行特殊粘贴后焊盘展示

⑤ 根据器件手册,放置 16 号管脚,管脚间距为 10.92 mm,如图 2-88 所示。

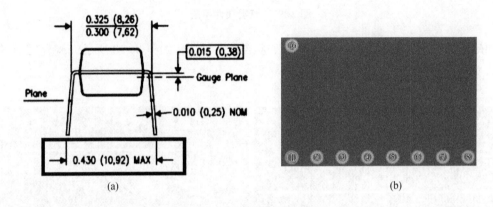

图 2-88　放置第 16 号管脚

⑥ 设置中心点"Edit"→"Set Reference"→"Center",如图 2-89 所示。

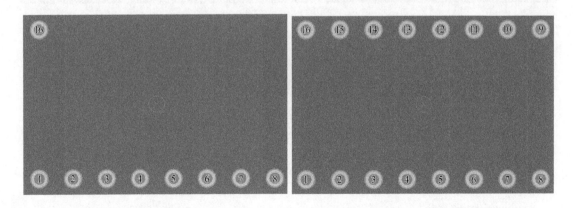

图 2-89　设置器件中心点　　　　图 2-90　依托中心点复制另外的管脚

⑦ 依托中心点复制器件管脚,进行粘贴操作,同时修改器件管脚,如图 2-90 所示。

⑧ 添加丝印外框,标识 1 号管脚。在丝印层"Top Overlay"绘制丝印外框。根据器件手册信息,A 为 19.69 mm,宽为 6.6 mm,如图 2-91 所示。

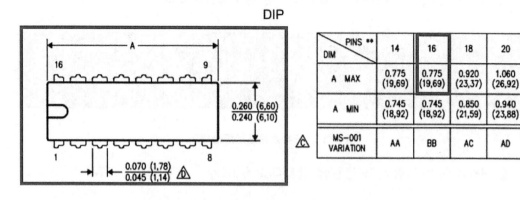

图 2-91　查看器件手册

依托器件中心,根据器件外框长、宽信息,绘制丝印线,如图 2-92 所示。调整完成丝印外框,如图 2-93 所示。

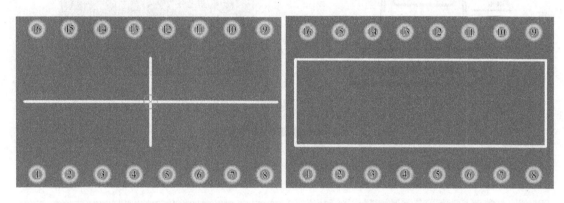

图 2-92　依托中心绘制丝印长宽　　　　　　图 2-93　完成丝印外框

2.4　60 进制计数器设计——PCB 实现

PCB 封装设计完后,下面开始 PCB 文件的设计。

1）创建 PCB 文件

新建 PCB 文件,如图 2-94 所示。

2）PCB 更新

点击"Design"→"Update PCB Document（D-U）",如图 2-95 所示。

点击"Validate Changes"按钮,图 2-96 所示。

点击 "Execute Changes"按钮,如图 2-97 所示。

PCB 器件导出,如图 2-98 所示。

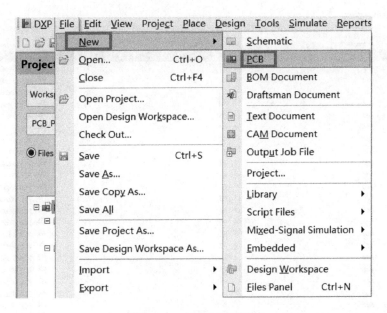

图 2-94　创建 PCB 文件

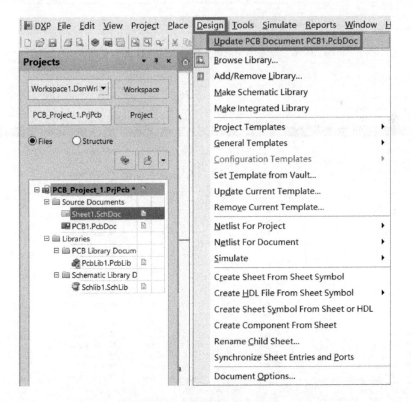

图 2-95　选择创建 PCB 文件

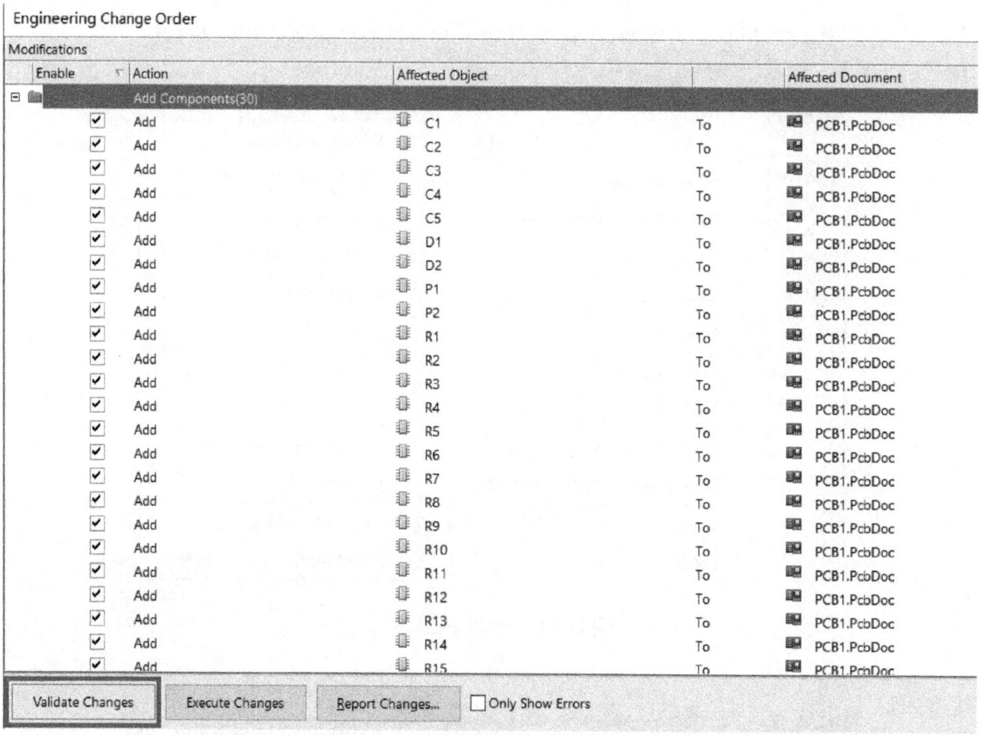

图 2-96   点击"Validate Changes"按钮(PCB 更新)

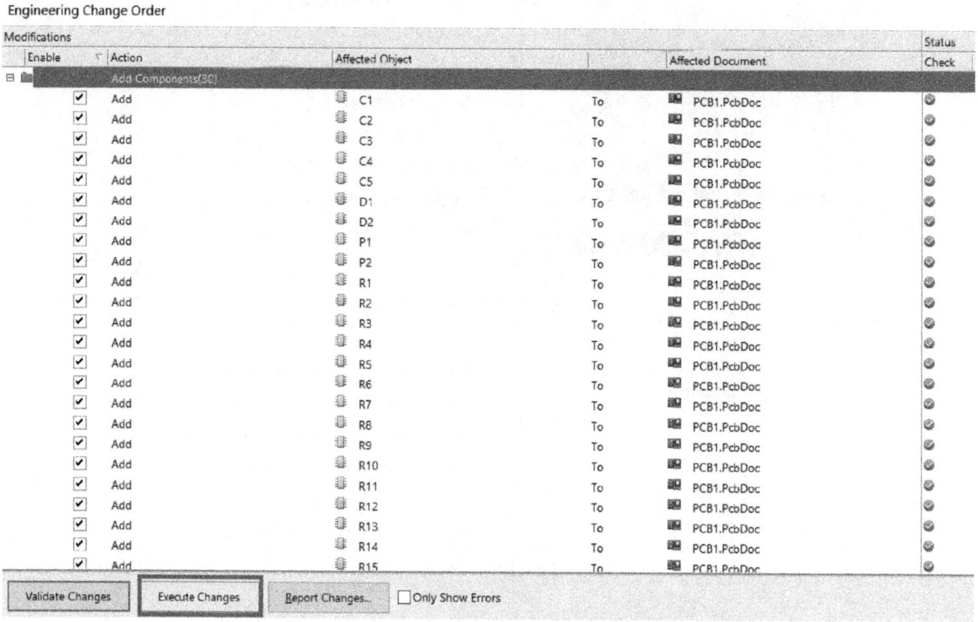

图 2-97   点击"Execute Changes"按钮(PCB 更新)

图 2-98　PCB 器件导出

3）在 Mechanical 1 层绘制板框，并导入 PCB 图

根据设计要求，点击"Place"→"Line"，在 Mechanical 1 层绘制电路板外框，外框尺寸为 122 mm×74 mm，如图 2-99 所示。

选中机械外框，如图 2-100 所示，点击"Design"→"Board Shape"→"Define from selected objects"，得到如图 2-101 所示的实际板图。

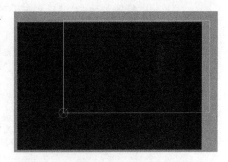

图 2-99　在机械 1 层绘制电路板外框

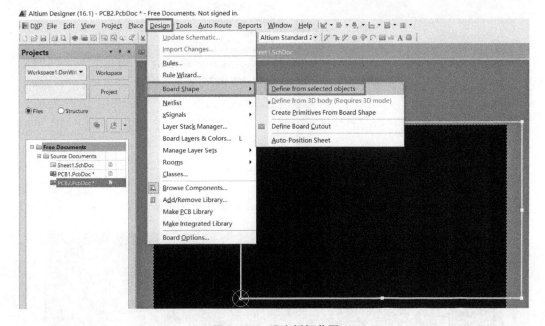

图 2-100　设定板框范围

图 2-101　实际板框图

点击原理图页面"Design"→"Update PCB Document",如图 2-102 所示。

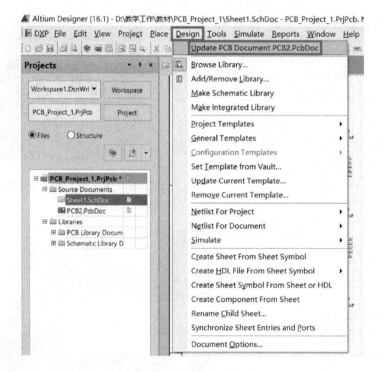

图 2-102　更新 PCB 文件

同上,点击"Validate Changes"和"Execute Changes",得到图 2-103。

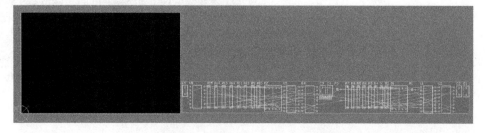

图 2-103　器件导入 PCB 开发环境

4）布局

根据信号流向，布置电子元器件。滤波电容靠近芯片电源管脚放置，信号线走 TOP 层。布局的时候要规划好走线方式，避免走不通，或者关键信号线走线质量较差。布局完成后打开飞线，仔细分析走线的合理性，如图 2-104 所示。

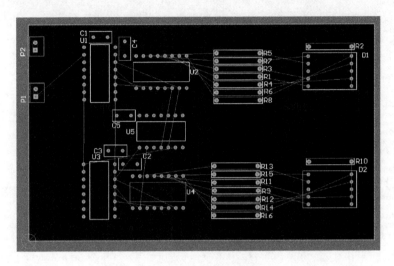

图 2-104　器件布局图

5）布线

点击"Design"→"Rules"，设定走线规则，如图 2-105 所示。

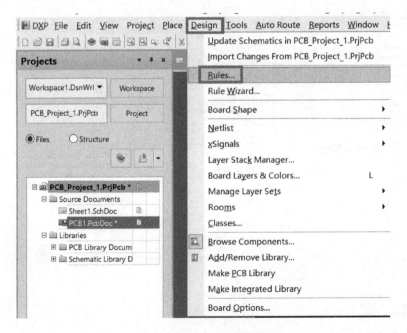

图 2-105　设定走线规则

设定走线间距为 0.254 mm，如图 2-106 所示。

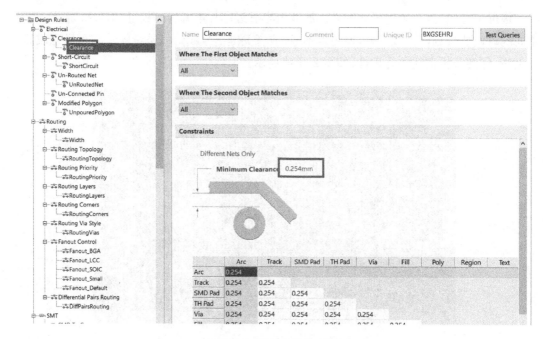

图 2-106 设定走线间距规则

设定走线宽度最小为 0.254 mm，正常使用 0.254 mm，最宽走线为 3 mm，如图 2-107 所示。

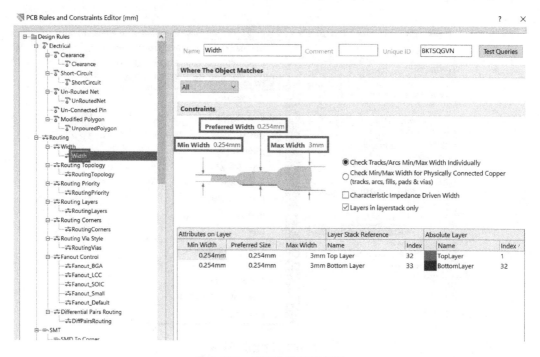

图 2-107 设定走线宽度规则

点击"Place"→"Interactive Routing",按照飞线关系进行拉线,如图 2-108 所示。

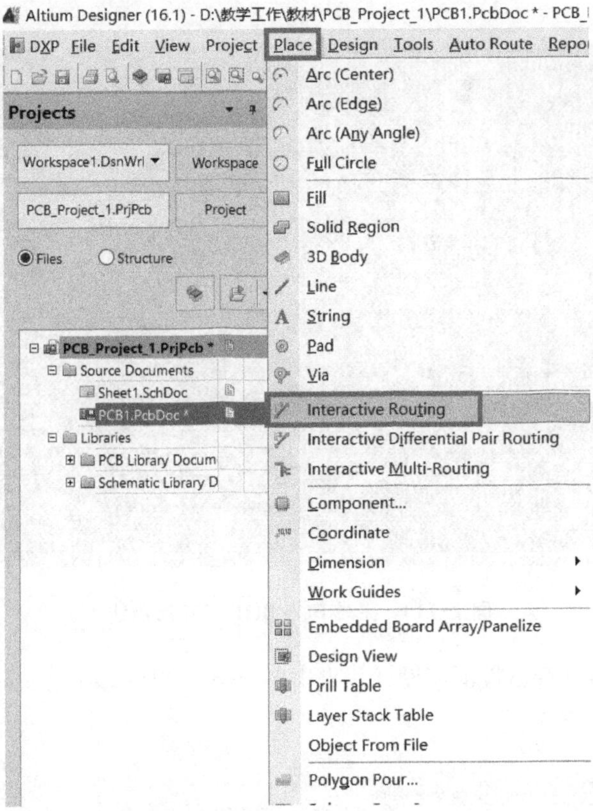

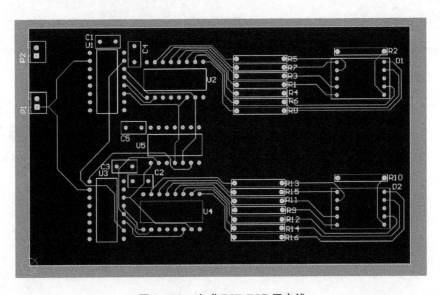

图 2-108 点击走线工具

走 TOP 层信号线,布线完成后,如图 2-109 所示。

图 2-109 完成 PCB TOP 层走线

切换到 BOTTOM 层,进行电源布线,电源线按照 2 mm 线宽进行设计,如图 2-110 所示。

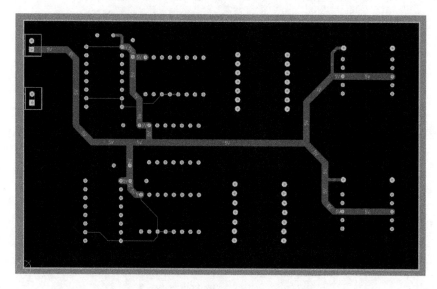

图 2-110　完成 PCB BOTTOM 层走线

在 BOTTOM 层进行整板覆铜设计。点击"Place"→"Polygon Pour",设计覆铜参数,如图 2-111 和图 2-112 所示。

图 2-111　点击覆铜工具　　　　**图 2-112　设定覆铜规则**

覆铜后,如图 2-113 所示。最后调整丝印,避免丝印和焊盘相接触,如图 2-114 所示。

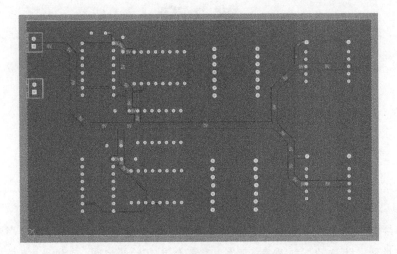

图 2-113　覆铜后的 BOTTOM 层

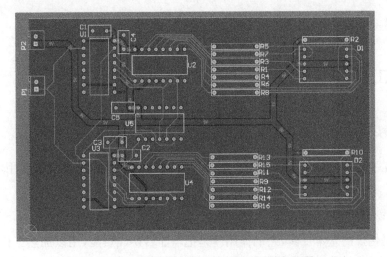

图 2-114　调整 TOP 层、BOTTOM 层丝印位置

思考题

1. 原理图绘制完成后,必须做详细的检查工作,如何检查原理图网络连接是否正确?

2. 如何在网上搜索芯片的数据手册?

3. 请制作 AD7921 的原理图封装。

4. PCB 的反焊盘、热焊盘是什么概念?

5. 阻焊层、钢网层是什么概念?

6. 板厂制作 PCB 一般要求的最小线宽是多少?

7. 走线的线间距、覆铜间距该如何设置?

第 3 章

焊 接 技 术

导读

　　手工焊接是电子产品组装过程中的重要工艺。焊接质量的好坏,直接影响电子产品的工作性能。优良的焊接质量,可为电路提供良好的稳定性、可靠性,不良的焊接方法会导致元器件损坏,给测试带来很大困难,有时还会留下隐患,影响电子设备的可靠性。

3.1　焊接工具

3.1.1　电烙铁

　　电烙铁是手工焊接电子元器件的主要工具,选择合适的电烙铁并合理使用,是保证焊接质量的关键。

　　1）电烙铁的种类

　　电烙铁是锡焊的基本工具,它的作用就是把电能转换成热能,用以加热工件,熔化焊锡,使元器件、焊盘、导线等牢固地连接在一起,具有使用灵活、操作方便、焊点质量易于控制、所需设备投资少等优点。

　　随着焊接技术的需要和不断发展,电烙铁的种类不断增加。按加热方式可分为直热式、恒温式、吸焊式、感应式、超声波式、气体燃烧式等电烙铁;按功能可分为单用式、双用式、调温式等。最常用的是单一焊接用的直热式电烙铁,它可分为内热式、外热式两种。

　　（1）内热式电烙铁

　　内热式电烙铁如图 3-1 所示,一般由烙铁头、烙铁芯、外壳、手柄、电源线等组成。由于烙铁的发热部分（烙铁芯）安装在烙铁头内部,其热量由内向外散发,故称为内热式电烙铁。内热式电烙铁常用的规格有 20 W、25 W、35 W、50 W 等,主要用于焊接小型元器件。内热式电烙铁具有升温快、体积小、重量轻、耗电低、热效率高的优点,它的热效率高达 $85\% \sim 90\%$,烙铁头的温度可达 350℃左右。20 W 的内热式电烙铁的实用功率相当于 $25 \sim 40$ W

的外热式电烙铁。由于烙铁芯内缠绕在密闭陶瓷管上的加热用镍铬电阻丝较细,很容易烧断,因此内热式电烙铁的寿命较短,不适合做大功率的电烙铁。

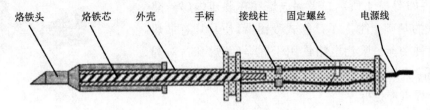

烙铁头　烙铁芯　外壳　手柄　接线柱　固定螺丝　电源线

图 3-1　内热式电烙铁

（2）外热式电烙铁

外热式电烙铁如图 3-2 所示,一般由烙铁头、烙铁芯、外壳、手柄、电源线及插头等部分组成。由于烙铁头安装在烙铁芯内部,即产生热能的烙铁芯在烙铁头外部,故称为外热式电烙铁。外热式电烙铁常用的规格有 25W、45W、75W、100W 等,既适用于焊接小型元器件,也适用于焊接大型元器件。外热式电烙铁具有构造简单、使用寿命长、经久耐用的优点,它在长时间工作时温度保持平稳,不易烫坏元器件,但其体积大、升温慢、热效率低。

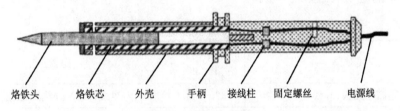

烙铁头　　烙铁芯　　外壳　　手柄　接线柱　固定螺丝　　电源线

图 3-2　外热式电烙铁

（3）恒温(可调)式电烙铁

直热式(外热、内热式)电烙铁的温度一般都超过了300℃,这对焊接晶体管、集成电路等是不利的。在质量要求较高的场合,通常需要恒温电烙铁,外观如图 3-3 所示。

恒温(可调)电烙铁的温度能自动调节保持恒定,根据控制方式的不同,分为磁控恒温电烙铁和电控恒温电

图 3-3　恒温(可调)式电烙铁

烙铁两种。电控恒温电烙铁是用热电偶作为传感元件来检测和控制烙铁头温度,当烙铁温度低于规定温度时,温控装置内的电子电路控制半导体开关元件或继电器接通电源,给电烙铁供电,使电烙铁温度上升,温度一旦达到预定值,温控装置自动切断。如此反复动作,使烙铁头基本保持恒温。磁控恒温电烙铁是借助于软磁金属材料在达到某一温度时会失去磁性这一特点,制成磁性开关来达到控温目的。目前采用较多的是磁控恒温电烙铁。

因恒温(可调)电烙铁采用断续加热,它比普通电烙铁节电 50％ 左右,并且升温速度快。由于烙铁头始终保持恒温,在焊接过程中不易氧化,可减少虚焊,提高焊接质量;烙铁头也不会产生过热现象,使用寿命长。

（4）吸锡电烙铁

吸锡电烙铁由烙铁体、烙铁头、橡皮囊和支架等部分组成,外观如图 3-4 所示。吸锡电烙铁在普通内(外)热式电烙铁的基础上融入了活塞式吸锡器,使其具有加热和吸锡两种功能。吸锡电烙铁用于拆焊(解焊)时,对焊点加热并除去焊接点上多余的焊锡。不足之处是每次只能对一个焊点进行拆焊。

图 3-4　吸锡电烙铁

2）电烙铁的选用

（1）电烙铁种类与功率的选用

电烙铁种类与规格繁多,在实际焊接中应根据不同场合、不同对象灵活选择电烙铁,可以更好地提高焊接质量和效率。一般的焊接首选内热式电烙铁,对于普通印制板电路的焊接应选用 20～25 W 内热式电烙铁或 30 W 的外热式电烙铁;对于大型元器件和直径较粗的导线的焊接可选用功率大的外热式电烙铁;当焊接时间长,元器件较少时,可选用寿命长的恒温电烙铁。具体电烙铁种类和功率的选用依据见表 3-1。

表 3-1　电烙铁种类和功率的选用依据

焊接对象	烙铁头温度/℃ (室温,220 V)	烙铁选用
印制电路板、导线	300～450	20W 内热式、30 W 外热式、恒温式
集成电路	250～400	20 W 内热式、恒温式
焊片、电位器、2～8 W 电阻、大功率管	350～450	35～50 W 内热式、50～75 W 外热式、恒温式
8 W 以上大电阻 Φ2 mm 以上导线等大元件	400～550	100 W 内热式、150～200 W 外热式
汇流排、金属板等	500～630	300 W 外热式
维修、调试一般电子产品	350～400	20 W 内热式、30 W 外热式、恒温式

（2）烙铁头的选用

为了保证焊接的可靠性,烙铁头的形状要适应焊接物的要求,如表 3-2 所示是几种常见烙铁头的形状及应用。在焊接过程中,可根据实际焊件种类灵活选择烙铁头的形状。其中,圆斜面适用于在单面板上焊接不太密集的焊点;凿式和半凿式多用于电器维修工作;尖锥式和圆锥式烙铁头适用于焊接高密度的焊点和小而怕热的元器件;弯头的电烙铁适用于大功率电烙铁。当焊件变化大时,可选用适用于大多数情况的斜面复合式烙铁头。

3）电烙铁的使用注意事项

（1）新的电烙铁在使用之前必须先给它蘸上一层锡(给电烙铁通电,在烙铁加热到一定温度时用锡条靠近烙铁头);用久了的电烙铁需要将烙铁头部锉亮,电烙铁通电后在烙铁头蘸上一点松香,待松香冒烟时再上锡。

表 3-2 几种常见烙铁头的外形

外观	形式	应用	外观	形式	应用
	圆斜面	通用		圆锥式	密集焊点
	凿式	长形焊点		斜面复合式	通用
	半凿式	较长焊点		弯形	大焊件
	尖锥式	密集焊点			

（2）电烙铁通电后，不用时应放在烙铁架上，但较长时间不用时应切断电源，防止高温"烧死"烙铁头。要防止电烙铁烫坏其他元器件，尤其是电源线，若其绝缘层被烙铁烧坏而不注意便容易引发安全事故。

（3）在使用过程中，应保持烙铁头的清洁，不能将烙铁头在硬物上敲打，以免震断电烙铁内部电热丝或引线从而产生故障。

（4）电烙铁使用一段时间后，可能在烙铁头部留有锡垢，在烙铁加热的条件下，可以用湿布轻擦。如有出现凹坑或氧化块，应用细纹锉刀修复或者直接更换烙铁头。

（5）焊接电路板时一定要掌握好时间，一般来说应在 1.5～4 s 内完成。

3.1.2 辅助工具

焊接常用的辅助工具有烙铁架、螺丝刀、尖嘴钳、斜口钳、剥线钳、镊子、吸锡器等，见表3-3，可根据实际情况选用。

表 3-3 辅助工具

辅助工具	外观	用途
烙铁架		烙铁架用于搁置烙铁，烙铁架底下的海绵用于清洗烙铁头
螺丝刀		螺丝刀又称起子，主要有一字（负号）和十字（正号）两种，常用于拧紧或者拆卸螺丝
尖嘴钳		尖嘴钳主要用来剪切较细的导线，以及给导线接头弯圈，剥塑料绝缘层等，它的刃口可以剪切细小的零件
斜口钳		斜口钳又名"斜嘴钳"，常用于剪去焊接完成后长引脚元器件引脚的多余部分

辅助工具	外　观	用　途
剥线钳		剥线钳用于剥除小直径的导线绝缘层。剥线钳的钳口部分设有几个刃口，用以剥落不同线径的导线绝缘层。剥线时注意不能剪断导线
镊子		镊子常用来夹取导线、元器件及集成电路的引脚等
吸锡器		吸锡器是用于拆焊的工具

3.2　焊接材料

焊接材料中有焊料和焊剂之分。能熔合两种或两种以上的金属，使之成为一个整体的易熔金属或合金都叫焊料；焊剂是一种能除去被焊金属表面氧化物，减小熔融焊料的表面张力，增加焊锡流动性的焊接辅助材料。

3.2.1　焊料

焊料是一种熔点低于被焊金属的合金。焊料熔化时，在被焊金属表面形成合金从而与被焊金属连接在一起。焊料按照成分可分为锡铅焊料、铜焊料、银焊料等；焊料按熔点又可以分为软焊料（熔点在 450℃以下）和硬焊料（熔点在 450℃以上）。

在一般电子产品装配中，通常使用锡、铅等低熔点合金材料作焊料，因此俗称"焊锡"。含锡 61.9%、铅 38.1%的焊锡是共晶焊锡。它的熔点和凝固点都是 183℃，是锡铅焊料里面品质最好的一种。

锡铅焊料是锡与铅按照一定比例熔合后形成的，它具有一系列锡和铅所不具备的优点。

（1）熔点低。各种不同成分的锡铅合金熔点均低于锡和铅的熔点，有利于焊接。

（2）冷却后机械强度高，抗氧化性好。

（3）熔化后表面张力小，增大了液态流动性，有利于焊接时形成可靠接头。

3.2.2　焊剂

焊剂有助焊剂和阻焊剂两种。

1）助焊剂

助焊剂通常是以松香为主要成分的混合物，是保证焊接过程顺利进行和致密焊点的辅助材料。助焊剂大体可以分为有机焊剂、无机焊剂和树脂剂三大类。其中以松香为主要成分的树脂焊剂在电子产品生产中占有重要的地位。

（1）常用助焊剂的要求

① 具备一定的化学活性，能够迅速去除表面氧化层的能力。

② 具有良好的热稳定性，保证在较高的焊锡温度下不分解失效。

③ 具有良好的湿润性，对焊料的扩展具有促进作用，保证较高的焊接质量。

④ 留存于基板的焊剂残渣对基板无腐蚀性。

⑤ 具备良好的清洗性。

⑥ 焊剂的熔点低于焊料，有助于发挥助焊剂的活化作用。

⑦ 不产生有害气体和刺激性气体。

（2）助焊剂的作用

① 去氧化层。去除被焊件的氧化层，是保证焊接质量的重要手段。

② 降低融化焊锡的表面张力，使焊锡能更好地附着在金属表面。图 3-5(a)中未使用助焊剂，而图 3-5(b)中使用了助焊剂，可明显看出助焊剂在焊接过程中的作用。

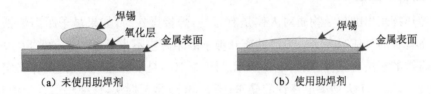

图 3-5　助焊示意

③ 防止氧化。液态焊锡及加热焊件金属都容易和空气中的氧气接触而氧化。助焊剂熔化后，漂浮在焊料表面，形成隔离层，因而防止了接触面的氧化。

④ 使焊点美观，保持焊点的光泽。

⑤ 加快热量从烙铁头向焊料和金属表面传递，顺利完成焊接。

2）阻焊剂

阻焊剂是一种耐高温的涂料。为了提高焊点质量，在焊接时可将不需要焊接的部位涂上阻焊剂，把它保护起来，仅在需要的焊接点上进行焊接，起到一种阻焊作用。

阻焊剂具有以下优点：

① 防止焊接出现桥连、短路及虚焊的现象，降低返修率，提高焊点质量。

② 由于印制电路板板面部分被阻焊剂覆盖，焊接时板面受到的热冲击小，降低了印制板的温度，使板面不容易起泡、分层，同时也起到保护元件和集成电路的作用。

③ 除焊盘外，其他部位不上锡，有助于节约焊料。

④ 使用带色彩的阻焊剂，可使印制电路板的板面显得整齐美观。

阻焊剂一般分为干模型阻焊剂和印料型阻焊剂，目前印料型阻焊剂被广泛使用。印料型阻焊剂可分为热固化和光固化两种，其中光固化型阻焊剂使用最多。

3.3 常用元器件的手工装焊

3.3.1 焊接准备

手工焊接是电子产品装配中的基本操作技能之一。手工焊接适合于产品试制、电子产品的小批量生产、电子产品的调试与维修以及某些不适合自动焊接的场合。

1）手工焊接的要点

（1）保证正确的焊接环境。一般采用坐姿焊接，工作台和座椅的高度要合适。使用电烙铁要配置烙铁架，一般放置在工作台右前方，电烙铁用后一定要稳妥放于烙铁架上，并注意元器件不要碰烙铁头。

（2）熟练掌握焊接的基本操作步骤及注意事项。

2）电烙铁的握法

焊剂加热挥发出的化学物质对人体是有害的，焊接操作时，如果鼻子距离烙铁头太近，则很容易将有害的气体吸入。一般烙铁离开鼻子的距离应不小于 30 cm，通常以 40 cm 左右为宜。电烙铁的握法有三种，如图 3-6 所示。图 3-6(a) 是反握法，该握法动作稳定，长时间操作不宜疲劳，适合于大功率电烙铁的操作；图 3-6(b) 是正握法，该握法适合于中等功率烙铁或带弯头电烙铁的操作；图 3-6(c) 是握笔法，该握法在焊接时比较灵活，不易疲劳，一般用于在印制电路板上焊接电子元器件。

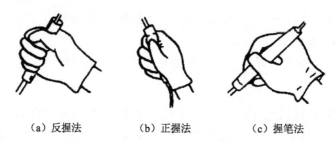

　　（a）反握法　　　　　（b）正握法　　　　　（c）握笔法

图 3-6　电烙铁的握法

3）焊锡丝的拿法

焊锡丝一般有两种拿法，如图 3-7 所示。焊接时，一般左手拿焊锡丝，右手拿电烙铁，两手配合工作。进行连续焊接时采用图 3-7(a) 的拿法，这种拿法可以连续向前送焊锡丝。图 3-7(b) 所示的拿法在只焊接几个焊点或断续焊接时适用，不适合连续焊接。

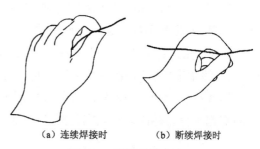

（a）连续焊接时　　　（b）断续焊接时

图 3-7　焊锡丝的拿法

3.3.2　元器件插装

为了提高印制电路板的焊接质量与美观性,大部分电子元器件在插装前引脚需弯曲成形,弯曲引脚可借助镊子对引脚整形。元器件引脚弯曲成形取决于自身的封装外形和在印制电路板上安装的位置或者整个印制电路板的安装空间。图 3-8 是印制电路板上元器件引脚弯曲成形的示例,各元器件在印制电路板上排列整齐,高低一致,并注意引脚极性。

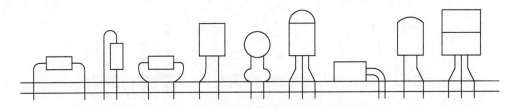

图 3-8　印制电路板上元器件引脚弯曲成形

(1) 电子元器件引脚的弯曲成形有以下几个注意事项:

① 所有元器件引线均不得从根部弯曲。因为制造工艺上的原因,根部容易折断,一般应留 1.5 mm 以上,如图 3-9 所示。

② 弯曲一般不能成死角,圆弧半径应大于引线直径的 1~2 倍。

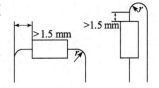

③ 尽量将元器件有字符的一面置于容易观察的位置。

图 3-9　元器件引脚弯曲成形

(2) 元器件插装形式分为以下两类:

① 贴板与悬空插装。贴板插装如图 3-10(a)所示,贴板插装稳定性好,插装简单,但不利于散热,且对某些安装位置不适应。悬空插装适应范围广,有利于散热,但插装较复杂,需控制一定高度以保持整齐、美观、稳固,无倾斜、变形现象。如图 3-10(b)所示,悬空高度一般取 2~6 mm。

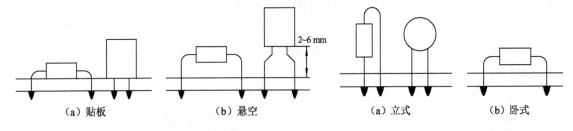

(a) 贴板　　　　**(b) 悬空**　　　　　　**(a) 立式**　　**(b) 卧式**

图 3-10　贴板与悬空插装　　　　　**图 3-11　立式和卧式插装**

② 立式和卧式插装。立式插装的元器件要求体积小,重量轻,不宜使用过大、过重的元器件。立式插装占用面积小,适用于排列密集紧凑的电子产品,如图 3-11(a)所示。色环电阻在立式插装时应使起始色环向上,以方便检查。与立式插装相比,卧式插装机械稳定性好、元器件排列整齐美观。如图 3-11(b)所示,卧式插装时尽量使两端引线的长度相等且对称,把元器件安放在两孔中央,排列要整齐。

3.3.3　手工焊接操作

1）手工焊接操作的基本步骤

为了得到良好的焊点,需要掌握好电烙铁的温度和焊接时间,选择恰当的烙铁头和焊点位置,还要正确地进行操作。正确的焊接操作分为五个步骤,简称焊接五步法,如图 3-12所示。

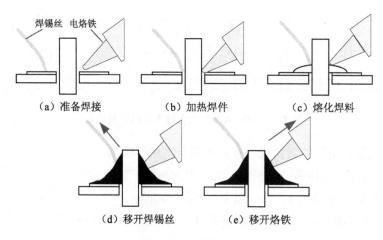

图 3-12　焊接五步法

（1）准备施焊

如图 3-12(a)所示,左手拿焊锡丝,右手握烙铁,烙铁头保持干净后与焊锡丝靠近元器件并认准位置,处于随时可以焊接的状态。

（2）加热焊件

如图 3-12(b)所示,烙铁头靠在元器件与焊盘之间的连接处,进行加热,时间约 2 s 左右。对于在印制板上焊接元器件,要保持元器件的引脚与焊盘同时均匀受热。

（3）送入焊锡丝

如图 3-12(c)所示,当元器件的焊点被加热到一定温度时,将焊锡丝从烙铁对面接触焊件,使焊料熔化并润湿元器件的焊点。

（4）移开焊锡丝

如图 3-12(d)所示,当焊锡丝熔化一定量后向左上 45°方向迅速移开焊锡丝。

（5）移开烙铁

如图 3-12(e)所示,当焊锡浸润焊盘和元器件的施焊部位已形成焊件周围的合金后,向右上 45°方向迅速移开电烙铁。从第(3)步开始到第(5)步结束,时间大约 2 s 左右。

电子产品整体焊接过程中,一般焊接的顺序是:先小后大、先轻后重、先里后外、先低后高、先普通后特殊的次序。即先焊分立元件,后焊集成电路,对外连线要最后焊接。焊接完成后,剪去多余引线,检查焊点,修补缺焊。

2）手工焊接的注意事项

手工焊接追求的根本目标是焊出连接可靠、对元器件和印制电路板无损伤且美观的焊点。手工焊接时必须注意以下事项。

（1）保持烙铁头的清洁

焊接时烙铁头长期处于高温状态，其表面很易氧化并沾上一层黑色杂质形成隔热层，使电烙铁失去加热作用。对明显受到氧化和存在污渍的元器件管脚或印制电路板受焊点，应进行清洁处理，以防造成焊点质量问题。

（2）加热要靠焊锡桥

提高烙铁头加热的效率，需形成热量传递的焊锡桥。焊锡桥是靠烙铁头上保留少量焊锡作为烙铁头与焊件之间传热的桥梁。

（3）采用正确的加热方法

增加接触面积加快传热，而不是用电烙铁对焊件施加力。应该让烙铁头与焊件形成面接触而不是点接触。

（4）掌握好加热时间

在保证焊料润湿焊件的前提下时间越短越好。焊接五步法对一般焊点而言用时大约 $2\sim3$ s。

（5）保持合适的温度

保持烙铁头在合适的温度范围。一般经验是烙铁头温度比焊料熔化温度高 50℃较为适宜。

（6）在焊锡凝固前必须保持元器件固定。

摇晃或抖动将造成焊点变形，或直接造成虚焊。使用镊子夹住元器件时，一定要等焊锡凝固后再移去镊子。

（7）焊锡量要适当

过量的焊锡会延长焊接时间，既浪费材料，加大焊点过热的可能性，又可能造成隐性短路；焊锡太少不仅焊点机械强度不够，也可能造成虚焊。

（8）焊剂不可过量

适量的焊剂是非常有必要的。焊剂的作用是助焊，但焊剂过多既延长焊接时间，污染空气，又会使得焊点周围不美观，绝缘受到影响，而且当加热时间不足时，又容易夹杂到焊锡中形成"夹渣"缺陷。

3）焊后处理

（1）剪去多余引线。

（2）焊接结束后，要检查印制电路板上所有元器件引脚的焊点，如果有漏焊、虚焊等现象，需进行修补。

（3）根据工艺要求选择清洗液清洗印制电路板。一般情况下使用松香焊剂后印制电路板不用清洗。涂过焊油或氯化锌的，要用酒精擦洗干净，以免腐蚀印制电路板。

3.3.4 手工焊接质量检查

焊接质量直接影响电子产品整机的正常工作,焊接质量要求可作为检验焊点的标准,需满足以下三个条件。

(1)焊点具有足够的机械强度。电子设备有时要工作在振动环境中,为保证元器件在工作中受到振动或冲击时不至脱落、松动,因此要求焊点要有足够的机械强度。

(2)焊点具有良好的导电性能。焊点应具有可靠的电气连接性能,防止出现虚焊、桥接等现象。

(3)焊点要保持光洁整齐的外观。一个良好焊点的外观应光滑、圆润、清洁、均匀、对称、整齐、美观,充满整个焊盘,并与焊盘大小比例合适。

典型的缺陷外观如图 3-13 所示,造成的缺陷原因如下。

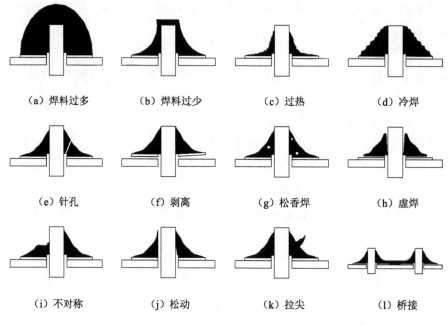

(a)焊料过多	(b)焊料过少	(c)过热	(d)冷焊
(e)针孔	(f)剥离	(g)松香焊	(h)虚焊
(i)不对称	(j)松动	(k)拉尖	(l)桥接

图 3-13　典型的焊点缺陷

(1)焊料过多:焊料面呈凸形,主要原因是焊料撤离过迟。

(2)焊料过少:焊接面积小于焊盘的 80%,焊料未形成平滑的过渡面。主要原因是焊锡流动性差或焊丝撤离过早、助焊剂不足、焊接时间太短。

(3)过热:焊点发白,无金属光泽,表面较粗糙,呈霜斑或颗粒状。主要原因是电烙铁功率过大,加热时间过长、焊接温度过高、过热。

(4)冷焊:表面较粗糙,无金属光泽,主要原因是烙铁头温度不够或是焊料凝固前焊件抖动。

(5)针孔:引线根部有喷火式焊料隆起,内部藏有空洞,目测或低倍放大镜可见有孔。主要原因是引线与焊盘孔间隙大、引线浸润性不良、焊接时间长、孔内空气膨胀。

（6）铜箔翘起或剥离：铜箔从印制电路板上翘起，甚至脱落。主要原因是焊接温度过高，焊接时间过长、焊盘上金属镀层接触不良。

（7）松香焊：焊缝中夹有松香渣。主要原因是焊剂过多或已失效、焊剂未充分挥发、焊接时间不够、加热不足、表面氧化膜未去除。

（8）虚焊：焊锡与元器件引线或与铜箔之间有明显黑色界线，焊锡向界线凹陷。主要原因是印制板和元器件引线未清洁好、助焊剂质量差、加热不够充分、焊料中杂质过多。

（9）不对称：焊锡未流满焊盘。主要原因是焊料流动性差、助焊剂不足或质量差、加热不足。

（10）松动：外观粗糙且焊角不匀称，导线或元器件引线可移动。主要原因是焊锡未凝固前引线移动造成空隙、引线未处理好、浸润差或不浸润。

（11）拉尖：焊点出现尖端或毛刺。主要原因是焊料过多、助焊剂少、加热时间过长、焊接时间过长、电烙铁撤离角度不当。

（12）桥接：桥接是指焊锡将相邻的印制导线连接起来。主要原因是时间过长、焊锡温度过高、电烙铁撤离角度不当。

3.3.5　元器件拆焊

拆焊又称解焊，它是指把元器件从原来已经焊接的安装位置上拆卸下来。当焊接出现错误、损坏或进行调试维修电子产品时，需进行拆焊。

拆焊工具通常有电烙铁、镊子、吸锡器、吸锡电烙铁等。

对于一般电子元器件的拆焊，例如电阻、电容、晶体管等管脚不多的元器件，可用电烙铁直接拆焊。如图 3-14 所示，将印刷电路板竖起来夹住，一边用电烙铁加热待拆元件的焊点，一边用镊子或尖嘴钳夹住元器件引脚轻轻拉出。也可采用吸锡电烙铁，对焊点加热的同时，把锡吸入内腔，从而完成拆焊。重新焊接时，需先用锥子将焊孔在加热熔化焊锡的情况下扎通，但这种方法不宜在一个焊点上多次用，因为印制导线和焊盘经反复加热后很容易脱落，造成印制电路板损坏。

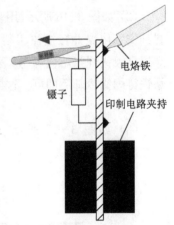

电烙铁

镊子

印制电路夹持

图 3-14　一般元器件拆焊

为保证拆焊的顺利进行，应注意以下两点。

（1）烙铁头加热被拆焊点时，焊料一熔化，就应及时按垂直印制板的方向拨出元器件的引脚，不管元器件的安装位置如何，都不要强拉或扭转元器件，以避免损伤印制电路板和其他元器件。

（2）在插装新元器件之前，必须把焊盘插孔内的焊料清除干净，否则在插装新元件引脚时，将造成印制电路板的焊盘翘起。

对多个直插式管脚的集成电路拆焊，应使用吸锡电烙铁（或电烙铁＋吸锡器），确保吸尽每个管脚上的焊锡，也可用专用拆焊电烙铁使全部元器件管脚同时加热而脱焊拔出。

3.4 贴片元器件的手工装焊

3.4.1 贴片元器件的焊接

1) 焊接工具和焊料的选择

SMT 电子元器件具有结构紧凑、体积小、耐振动、功率小、抗冲击、精度高的优点,与穿孔插装的元器件相比,焊接工具有所区别。对于焊接台,至少将温度调到 350℃。实际焊接时温度在 330～340℃之间,但有时更高的温度焊接效果更好。电烙铁的功率不宜过大,应选择 30 W 以内的,工作时要确保手边有一块湿海绵。烙铁头的尖端,应选择尖锥式或圆锥式外形的电烙铁,烙铁尖要光洁平整没有损伤。镊子在实际焊接中非常关键,应选用尖头镊子,焊料应选择直径 0.5～0.8 mm 的活性焊锡丝,选用松香酒精溶液助焊剂。在自动贴装的工业化焊接生产中,焊膏因其具有可变形的黏弹性和相对高的电导率、热导率,而成为焊接材料首选。

2) SMT 分立元器件的焊接

手工焊接 SMT 分立元器件(如贴片电阻、电容等)的具体步骤如下。

(1) 如图 3-15 所示,在其中一个焊盘上熔化少量的焊锡丝,即对焊盘上锡,并把烙铁尖停留在这个焊盘上。

(2) 如图 3-16 所示,用镊子夹持元器件放置到安装位置并轻抵住印制电路板,手拿烙铁靠近已镀锡焊盘熔化焊锡。引脚焊好后移开电烙铁待焊锡冷却后即可。这样元器件就被固定住了。

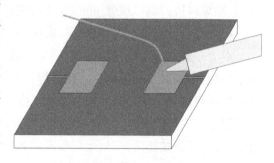

图 3-15 熔化焊锡丝

(3) 如图 3-17 所示,焊接元器件的另一端。

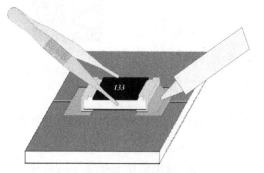

图 3-16 焊接一端元器件引脚

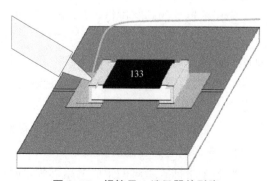

图 3-17 焊接另一端元器件引脚

（4）焊接好的元器件如图 3-18 所示。

图 3-18　焊接完毕

3）SMT 集成电路的手工焊接

对于手工焊接小外形、方形扁平式封装的集成电路，具体步骤如下。

（1）在 PCB 上一个容易触及的焊盘上熔化少量的焊锡，在四角位置上的焊盘通常是最佳的选择。

（2）用镊子夹持集成电路放到 PCB 的焊盘上，集成电路的各个引脚要与焊盘准确对位，如图 3-19 所示。全部引脚平整地紧贴焊盘，如图 3-20 所示。

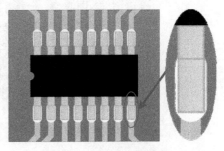

图 3-19　焊盘对准引脚

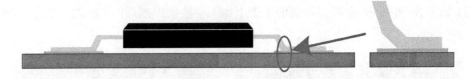

图 3-20　引脚紧贴焊盘

（3）用电烙铁将熔有焊锡的焊盘上的集成电路引脚固定住，如图 3-21 所示。

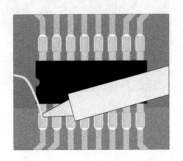

图 3-21　固定一个引脚

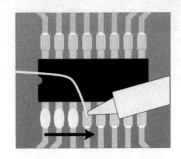

图 3-22　各边引脚焊接

（4）用吃有少量焊锡的烙铁头尖处快速焊接集成电路的各边引脚，如图 3-22 所示。

（5）焊接后的 SMT 集成电路引脚如图 3-23 所示。

图 3-23　焊接后的引脚

需要注意的是,管脚多且密集的贴片芯片,精准的管脚对齐焊盘依次焊接,并应仔细检查核对,这会直接影响元器件的焊接质量。

4)集成电路引脚的缺焊(出现桥接)修复

(1)如图 3-24 所示,集成电路各引脚之间出现桥接现象。

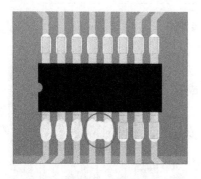

图 3-24　桥接

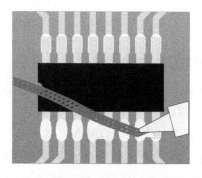

图 3-25　吸走焊锡

(2)把烙铁头尖处放在桥接处熔化焊锡,并用吸锡线把焊锡吸走,如图 3-25 所示。

(3)如图 3-26 所示,在吸走焊锡的引脚上加入一些助焊剂,并用电烙铁将引脚修复好,如图 3-27 所示。

图 3-26　加入助焊剂

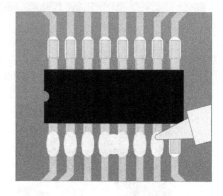

图 3-27　修复引脚

3.4.2　贴片元器件的拆焊

拆卸印制电路板上的 SMT 集成电路,通常使用热风枪吹出高温热风拆焊的方法,热风枪吹出热风的温度和强度是可以调节和控制的。该方法对表面贴片安装电子元器件是适合的,但对直插式集成元件管脚拆焊未必适合。要注意的是,在进行拆焊前,需准备与各种元器件规格相匹配的热风焊头。热风枪不仅可以用来拆焊那些需要更换的元器件,还能熔化焊料,重新焊上新的元器件。

3.5　SMT 技术

现代电子系统的微型化、集成化要求越来越高,传统的通孔安装技术逐步向新一代电子组装技术——表面贴装技术过渡,表面贴装技术又称为表面安装技术(SMT,Surface Mount Technology)。

表面贴装技术是一门包括电子元器件、装配设备、焊接方法和装配辅助材料等内容的系统性综合技术,是突破了传统的印刷电路板通孔基板插装元器件方式,并在此基础上发展起来的第四代组装方法,是当前最热门的电子组装技术,也是今后电子产品能有效地实现"轻、薄、短、小",多功能,高可靠,优质量,低成本的重要手段之一。SMT 是集表面安装元件(SMC)、表面安装器件(SMD)、表面安装电路板(SMB)及自动安装、自动焊接、测试等技术的一整套完整的工艺技术的总称。

1) 表面贴装技术的优点

表面贴装技术和通孔插装技术相比具有以下优点:

(1) 实现了微型化。表面贴装技术使用的贴片元器件(SMC、SMD)尺寸小,能有效利用印刷板的面积,整机产品的部件、体积一般可减小到通孔插装元器件的 10%～30%,重量可减轻 70%～90%,实现微型化。

(2) 信号传输速度快。由于结构紧凑、引线短、安装密度高、数据传输速率增加和传输延时时间短,可实现高速度的传输,这对于超高速运行的电子设备具有重大意义。

(3) 高频特性好。由于元器件无引线,自然消除了射频干扰,减小了电路分布参数,使高频性能改善。

(4) 有利于自动化生产,提高了成品率和生产效率。由于片状元器件外形尺寸标准化、系列化及焊接条件的一致性,所以表面装配技术的自动化程度很高。重量轻、抗震能力强,由焊接造成的元器件失效大大减小,焊点可靠性提高。

(5) 简化了生产工序,降低了成本。在印刷电路板上安装时,由于元器件引线短或无引线,不需要元器件的成型、剪腿,因而使整个生产过程缩短,同样功能电路的加工成本低于通孔装配方式,综合成本下降 30% 以上。

2) 表面贴装技术的种类

(1) 单面或双面全部采用表面贴装

印制板上没有通孔元件,各种表面贴装元件在印刷板的一面或两侧,如图 3-28 所示。

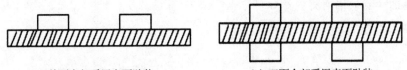

(a) 单面全部采用表面贴装　　　　(b) 双面全部采用表面贴装

图 3-28　表面贴装

（2）单面混合安装

印制板的一面既有表面贴装元件，又有通孔插装元件，称为单面混合安装，如图 3-29 所示。

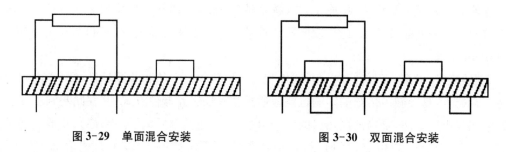

图 3-29　单面混合安装　　　　　图 3-30　双面混合安装

（3）双面混合安装

印制板的两侧既有表面贴装元件，又有通孔插装元件，称为双面混合安装，如图 3-30 所示。

3) 表面贴装工艺流程

不同的表面贴装方式有不同的工艺流程。以下介绍不同安装方式的典型工艺流程。

（1）全部采用表面贴装的工艺流程。

全部采用表面贴装分为单面或双面全部采用表面贴装。

单面全部采用表面贴装的工艺流程为：固定基板→涂敷焊膏→贴装 SMD→烘干→回流焊→清洗→检测。

双面全部采用表面贴装的工艺流程为：固定基板→电路板 A 面涂敷焊膏→贴装SMD→烘干→回流焊→清洗→翻板→电路板 B 面涂敷焊膏→烘干→回流焊→清洗→检测。

（2）单面混合安装的工艺流程为：固定基板→涂胶黏剂→贴装 SMD→胶黏剂固化→波峰焊→清洗→检测。

（3）双面混合安装的工艺流程：固定基板→电路板 A 面涂敷焊膏→贴装 SMD→焊胶烘干→回流焊→溶剂清洗→插装 THC→波峰焊→清洗→检测。

思考题

1. 电烙铁的选用应注意哪些问题？应如何选用合适的电烙铁？

2. 选用焊料要注意哪些问题？

3. 常用元器件手工焊接的基本方法和操作要领是什么？

4. 常见的焊点缺陷有哪些？如何防止？

5. 贴片元器件手工焊接的基本方法是什么？

第 4 章

电子系统设计与调试

导读

　　电子系统的设计有其科学的方法与流程,按照科学的方法与流程开展设计可以让开发工作高效而且事半功倍。本章主要介绍电子系统设计的一般性方法与流程,并且在设计的抗干扰、可靠性、可测试性等方面给予指引,对电子系统设计制作完成后的调试方法给予指导。

4.1　电子系统设计方法

4.1.1　自顶而下的设计和自底而上的实现

　　电子系统是指由若干个相互连接、相互作用的电子电路组成的,可以产生或处理电信号及信息,能够完成一个或多个具体功能的电路整体。一个实际的电子系统通常会组装成一套装置或设备,可能包含传感器、信号处理电路、控制器、执行器、输入和输出设备等各个单元。

　　要对一个复杂的综合电子系统进行设计,可以从功能上将系统化分成若干个不相交的子模块,子模块的功能、性能以及相互之间的关系必须明确定义,再由各个工作组成员来设计各个功能模块。这样,整个系统可以多层次并行设计,使得设计进程大大加快,这就是自顶而下的设计思想。

　　如果说自顶而下是一种设计思想,那么自底而上就是一种实现思想。将一个大规模的电子系统划分为若干容易实现的小模块后,就要从最底层的模块进行原理图和 PCB 设计,并对电路中的处理器进行软件编程,每个模块的编程要求模块的内聚度高,模块间的耦合度低,内聚是衡量一个模块内部各个元素彼此结合的紧密程度,耦合是衡量不同模块彼此间互相依赖的紧密程度。

4.1.2　分而治之的方法

　　对一个复杂系统进行分析和设计时,常用的方法是"分而治之",即把一个大的问题分解成若干个子问题或子部分进行设计,然后把他们有机地组合在一起,完成整个系统的设计。

例如:在设计本教材项目——智能小车的项目分工中,可以组织 3 名成员成立一个小组,不同的组员根据不同的兴趣喜好选择不同的任务,这样可以加快项目的进程以及培养学生团队协作的能力。当然不同组别的同学在完成类似的任务时可以进行探讨,最终目标是大家相互学习,解决问题,提高技能。

4.1.3 电子系统设计开发流程

对于一个电子系统的设计与开发需要有一个合理的流程来确保作品得以顺利高效完成。经历一个完整的作品设计与开发流程会为学生今后从事设计与研发工作打下良好的基础。有了这个流程,设计人员就可以按照开发的流程进行工作了。

具体的设计流程图如图 4-1 所示。

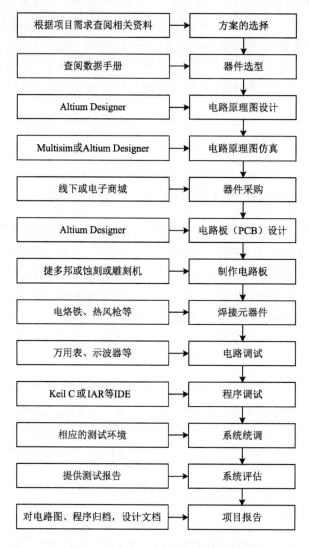

图 4-1 电子系统设计开发流程图

在第一步方案选择的过程中一般情况下需要根据项目需求设计出作品的系统框图,例如:需要设计一个数字温度计,系统的功能需求是:温度计能够实时测量当前的环境温度,能够将当前的温度进行显示,并且能够对测量一段时间内的温度进行存储并且掉电不丢失,在有按键触发的情况下可以将存储的温度通过串口发送给 PC 机。根据项目需求所设计的电子系统框图如图 4-2 所示。

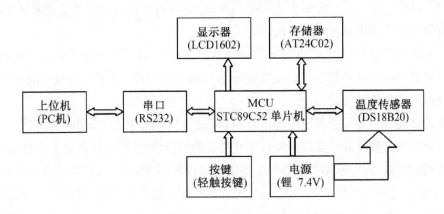

图 4-2　数字温度计设计框图

在该方案的设计过程中就涉及器件的选型,数字温度计的设计当然需要选用一个数字温度传感器,这其中常用的就有 1WIRE 总线格式的 DS18B20、I^2C 总线型的 TMP275 等,通过对价格、性能、封装、使用的便捷性等诸因素进行考虑,在这里选择 DS18B20。温度可以采用数码管或者小型液晶显示器来显示,数码管的亮度更高,但无法显示字符,液晶显示器可以显示较为丰富的内容,这里采用的是 LCD1602 液晶显示器。通过类似的方法,查阅数据手册、网上搜索相关信息,确立方案中使用的其他器件型号。

接下来通过 Altium Designer 软件设计作品的硬件电路原理图,设计过程中还可能碰到对新器件的原理图库文件进行设计。原理图设计完成后,可以借助 Multisim 或 Altium Designer 软件对原理图的全局或部分进行仿真调试,如果使用 Altium Designer 软件的仿真工具,首先在选择库元件时应该选择配备仿真模型的元件,很多元器件在软件中是没有建立仿真模型的,如果还需要仿真,则需要根据器件特性自行建立仿真模型。

经过仿真的原理图确认无误后,在进入到 PCB 设计之前,应去采购电路中用到的元器件,可通过线上购物平台或线下实体电子城等渠道购买所需的各种器件。事先采购好器件的原因是,一方面可以在设计 PCB 时能准确地知道器件的封装,另一方面,在原理图设计中用到的器件在当前不一定容易买到,在采购的过程中如果发现有买不到的器件,需要随时调整原理图中用到的器件。本书的第 1 章对常用元器件应用方面的知识进行了介绍,这是设计电路和采购器件的基础。

当器件采购好之后,就可以进行 PCB 的设计了,在 PCB 的设计过程中有时为了布局及布线的方便可能要调整原理图的设计细节,实现对电路的逐步优化。

PCB 设计好之后,有两种方法将设计的电路转变成实际的电路板。对于比较简单的单面板可以采用蚀刻或雕刻机雕刻的方法把电路板做出来,雕刻的方法需要较为昂贵的机器,而蚀刻的方法成本较为低廉,并且可以在较短的时间内将设计的版图变为现实。目前很多学校的实验室会采用这种方法,不好的方面是这种方法会产生废液污染环境。

对于较为复杂的电路板,简单的工艺无法完成电路板的制作,可以将 PCB 文件发送至专门的 PCB 制造工厂,对于面积小于 10 mm×10 mm 的双面板,打样费用只需几十元即可,而且从下订单到收到电路板只需 3 天时间。

PCB 板制作好之后,就可以进入元器件的焊接工序了,焊接人员必须受过一定的焊接训练才可以可靠地将元器件装配好。虚焊会导致电路无法工作,而短路或错焊很有可能在上电的瞬间就导致器件的损毁。

电路焊接完成后即可进入硬件调试环节,调试的目的是用来验证原理图设计和焊接是否无误。调试的过程可能充满艰辛并且需要长期的经验累积,并非教科书能直接指导完成。

硬件测试完成后,对于无处理器的电路系统设计就基本结束了,但是对大多数电子产品来说,其中至少会有一个智能芯片作为这个电子产品的总指挥。这个智能芯片在简单的应用中最经典的就是 MCS51 系列单片机。例如,图 4-2 设计的方案中采用的就是台湾宏晶半导体公司生产的 STC89C52 型号的 51 系列单片机。在诸如 Keil C 集成开发平台上编写程序实现对整个电子系统的运行控制。

当电子作品样机制作好了之后,很多读者就会认为大功告成了,但是对于今后将长期从事电子产品开发的人员来说,还有一件非常重要的事没有做,那就是项目报告,作品的设计开发制作过程中充满了预料之外的知识与因素,我们需要回顾并分析总结整个过程,把所做的工作进行一个有序的整理,整理的过程需要我们对所学新知识进行梳理,这会加深对知识的理解与吸收,并可能迸发出新的灵感。整理好的文档、电路图、程序等资料也会对我们后续从事电子系统的开发起到很好的借鉴作用。一个电子工程师要在一个个项目实践的过程中不断地总结积累经验,慢慢地才会成长为一个经验丰富、功力深厚的设计大师。

4.2 电子系统的抗干扰设计

随着电子技术的飞速发展,PCB 板卡承载的芯片密度越来越高,电子系统中半导体芯片的工作频率也越来越高。模拟电路、数字电路、大规模集成电路以及大功率电路的混合使用,使电子设备的灵敏度越来越高,核心单元工作电压越来越低。飞快的信号边沿变化,促使 PCB 板信号传输形成反射、振铃、串扰等一系列信号完整性问题。

抗干扰设计的基本任务是系统或装置既不因外界电磁干扰影响而误动作或丧失功能,也不向外界发送过大的噪声干扰,以免影响其他系统或装置正常工作,因而对电子系统抗干扰问题及其技术进行分析显得尤为必要。

4.2.1　电子系统干扰形成要素及模型

1) 干扰源

指产生干扰的元件、设备或信号,包括微处理器、微控制器、静电放电、发射器、瞬态机电继电器、开关电源、雷电等功率元件。在一个微控制器系统,时钟电路通常是宽带噪声的最大发生器,噪声分布在整个频谱中。

2) 干扰传播路径

指干扰从干扰源传播到敏感器件的通路或媒介。典型的干扰传播路径是通过导线的传导和空间的辐射形成的。

3) 敏感器件

指容易被干扰的对象。所有电子电路都能接受干扰传输。在数字电路中,复位、中断和控制线信号通常最容易受到干扰的影响。模拟低电平放大器、电源调节器也容易受到噪声干扰。传导模型如图 4-3 所示。

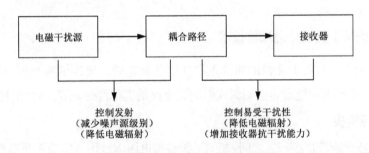

图 4-3　干扰传导模型示意图

4.2.2　电子系统抗干扰设计之器件选择

1) 二极管

许多电路为感性负载,在高速开关电流的作用下,系统中产生瞬态尖峰电流。二极管是抑制尖峰电压噪声源最有效的器件之一。如图 4-4 所示,控制终端开/关线圈,线圈中的开关尖峰脉冲将耦合并辐射到电路的其他部分,二极管 D_1 能够钳位电压的波动。

图 4-5 中的二极管用于抑制高压开关的尖峰电压。

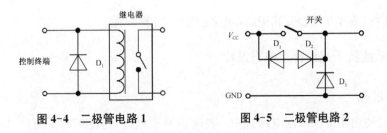

图 4-4　二极管电路 1　　　　图 4-5　二极管电路 2

2) 电感

在抗干扰设计应用中特别使用了两种特殊的电感类型：铁氧体磁珠和铁氧体磁夹。铁氧体磁珠是单环电感,通常单股导线穿过铁氧体型材而形成单环。这种器件在高频范围的衰减为 10 dB,而直流的衰减量很小。类似铁氧体磁珠,铁氧体磁夹在高达兆赫兹的频率范围内的共模、差模干扰衰减均可达到 10 dB 至 20 dB。

在 DC-DC 变换中,电感必须能够承受高饱和电流,并且辐射小。在低阻抗的电源和高阻抗的数字电路之间,需要 LC 滤波器,以保证电源电路的阻抗匹配,如图 4-6 所示。

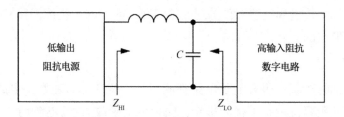

图 4-6　电源电路阻抗匹配

4.2.3　电子系统抗干扰设计之端接技术

当电路在高速运行时,源和目的间的阻抗匹配非常重要。错误的匹配将会引起信号反弹和阻尼振荡。过量的射频能量将会辐射或影响到电路的其他部分,引起电路干扰问题。

1) 串联/源端接

在源 Z_S 和分布式的线迹 Z_0 之间,加上了源端接电阻 R_S,用来完成阻抗匹配。R_S 用来吸收负载的反馈噪声信号,取值范围一般在 $15\sim75\ \Omega$,如图 4-7 所示。

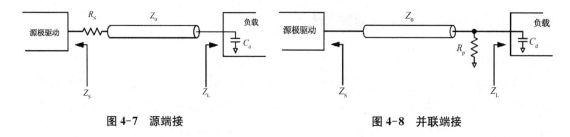

图 4-7　源端接　　　　　　　　　　图 4-8　并联端接

2) 并联端接

图 4-8 所示的并联端接方式中,$R_P//Z_L$ 就和 Z_0 相匹配。

4.2.4　电子系统抗干扰设计之电路设计

1) PCB 过孔

过孔常被使用于多层印制电路板中。高速信号通过时,过孔产生 1 nH～4 nH 的电感和

0.3 pF~0.8 pF 的电容到路径。因此,当连通高速信号通道时,过孔应该被保持到绝对的最小。对于高速数据线和差分线,如果走线层的改变不可避免,应该保证每根信号线的过孔数量一致。

2) 45 度走线

与过孔相似,直角的路径走线边缘能产生集中的电场,该场能产生的噪声会耦合到相邻路径。因此,转动路径时全部的直角路径应该采用 45 度的,如图 4-9 所示。

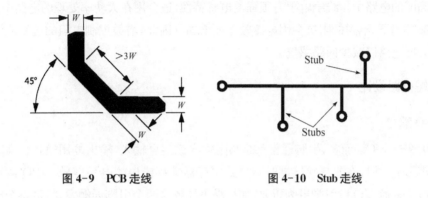

图 4-9　PCB 走线　　　　　　　　图 4-10　Stub 走线

3) 短截线(Stub 走线)

短截线产生反射,虽然短截线长度可能不是任何在系统的已知信号的波长的四分之一的整数倍,但是附带的辐射可能在短截线上产生共鸣。因此,应避免在传送高频率和敏感的信号路径上使用短截线,如图 4-10 所示。

4.3　电子系统的可靠性设计

电子设备的可靠性是衡量产品质量的重要指标,它表示"产品在规定的条件下和规定的时间内,完成规定功能的能力"或"在规定的条件下和规定的时间内所允许的故障数"。电子设备的可靠度与系统的元器件的故障率、电路设计、PCB 电路板设计等因素有关。

4.3.1　关键电路元器件选型

1) 旁路电容

主要功能是产生一个交流分路,一般作为高频旁路器件来减小对电源模块的瞬态电流需求。铝电解电容和钽电容比较适合作旁路电容,其电容值取决于 PCB 板上的瞬态电流需求,一般在 10 μF~470 μF 范围内。若 PCB 板上有许多集成电路、高速开关电路和具有长引线的电源,则应选择大容量的电容。

2) 去耦电容

有源器件在工作时产生的高频开关噪声将沿着电源线传播。去耦电容主要功能就是提供一个局部的直流电源给有源器件,以减少开关噪声在 PCB 板上传播,有效地将噪声引导到地平面上。

3) 贴装电阻

贴装元件具有低寄生参数的特点,表面贴装电阻总是优于有引脚电阻。对设计中需要用到有引脚的电阻,应首选碳膜电阻,其次是金属膜电阻,最后是线绕电阻。

在低频环境下(约兆赫兹数量级),金属膜电阻是主要的寄生元件,因此其适合用于高功率密度或准确度的电路中。线绕电阻有很强的电感特性,适合用在大功率处理的电路中。

在高频环境下,电阻的阻抗会因电感效应而增加。因此,增益控制电阻的位置应该尽可能地靠近放大器电路以减少回路感抗。

4.3.2 关键电路设计

1) I/O 端口

对于大多数 MCU 而言,引脚通常都是高阻输入或混合输入/输出复用模式。高阻输入引脚易受噪声影响,并且在非正常终端时会导致寄存器锁存错误的电平信号。IRQ 或复位引脚(输入引脚)比普通 I/O 口引脚更为重要,如果噪声导致这两个引脚误触发,将对整个电路的行为产生巨大的影响。对于非内部终端的输入引脚,应该通过外部跨接高阻抗电阻至地平面或者供电电平,以确保 I/O 管脚为可知的逻辑状态。

2) 复位端口

复位最基本的功能时保证处理器一旦上电后,MCU 开始以可控的方式执行代码。为了在恶劣电磁环境下提高系统抗干扰能力,建议在靠近复位引脚的地方放置 RC 电路,用于减少噪声的影响。如图 4-11 所示,复位管脚上端接了 RC 电路,用于提高其可靠性。

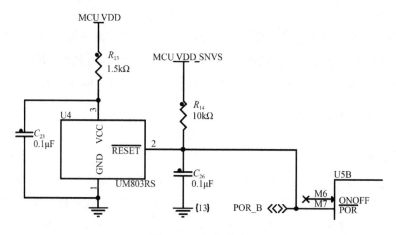

图 4-11 复位电路

4.3.3　PCB 层叠结构设计

在多层板布局设计中,一般建议采用单独的电源平面和地平面,降低电源和地回路的阻抗。采用 20H 原则,将地层边缘多出电源层边缘大约 20 倍两平面间距的长度,减少板子边缘辐射的影响。与此同时,在电源层和地平面上尽量避免密集摆放过孔,并保持电源层和地平面的完整性。避免信号走线跨越不同的参考平面,在多电源平面和地平面分割时,优先考虑敏感信号。四层 PCB 板层叠结构如图 4-12 所示。

图 4-12　四层 PCB 层叠结构

4.3.4　PCB 元器件布局

在进行 PCB 布局设计前,将不同功能的电路进行分类,比如电源、模拟电路、数字电路和高速接口连接器等,这些电路应该放置在 PCB 板的不同区域。电源电路放在电源输入端附近,元件放置按照从高压到低压的顺序,其中 DC/DC 或 LDO 稳压器的去耦电容应尽量靠近输入/输出端口。与数字电路相比,模拟电路更加容易受到外界干扰信号的影响。建议将模拟电路放置在远离高压和高速数字电路的地方,减少噪声的耦合路径。晶体靠近 MCU 放置,并用接地线包裹,与其他敏感元件保持安全距离。布局示意图如图 4-13 所示。

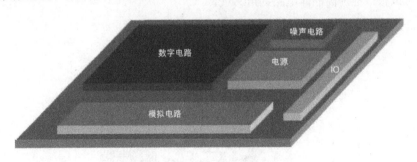

图 4-13　PCB 器件布局

4.3.5　去耦合旁路电容

在 MCU 电源引脚处,就近放置去耦电容,并且必须使电流先通过电容器,然后再进入电源引脚。对于 BGA 封装,去耦电容和旁路电容必须放置在尽可能靠近电源引脚的位置。保证滤波电路寄生电感最小化和电源提供瞬态大电流的能力,且去耦电容和旁路电容的电流回流路径要尽量短。去耦电容的 PCB 布局如图 4-14 所示。

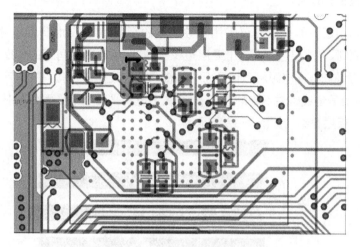

图 4-14　去耦电容的 PCB 布局

4.3.6　PCB 接地技术

　　PCB 板上的晶体振荡器电路有两种，分别是无源晶体振荡器和有源晶体振荡器。无源晶体连接 MCU 的 XTALIN 和 XTALOUT 引脚之间。晶体振荡器一方面会产生噪声，另一方面，也是易受干扰的器件。对可靠性设计时，应重点注意晶体和 XTALIN/XTALOUT 之间的走线应尽可能短，同时保持两条走线的长度相等。将负载电容和反馈电阻放在晶体附近，以减少寄生参数的影响。晶体与其他电路元件之间用地线隔离。地平面必须位于与晶体相关的组件和走线的正下方。建议使用有源晶体振荡器来获得更好的 EMS 性能。图 4-15 所示的 PCB 接地技术，可以很好地提高晶体电路的可靠性。

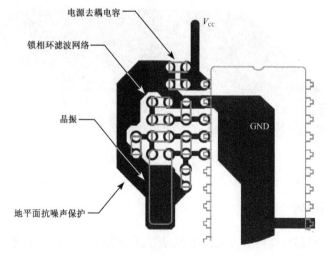

图 4-15　PCB 接地技术

4.3.7　高速信号线设计

高速信号走线必须考虑传播延迟和阻抗控制以保证设备间的良好通信。要避免高速信号（SDRAM、RMII、RGMII、USB、SD 卡等）跨越不同参考平面。在不同的参考平面之间进行转换时，在距信号层转换通孔 100 mil 内提供接地回路通孔。同一层上的时钟或片选信号与相邻走线的间距至少应为线宽的 2.5 倍（距参考平面的高度为 2.5 倍），以减少串扰。数据、地址、时钟和控制信号线应做好阻抗匹配和走线长度控制（长度差取决于总线速率），并保持相同的过孔数量。图 4-16 所示为 SDRAM 高速设计示意图。

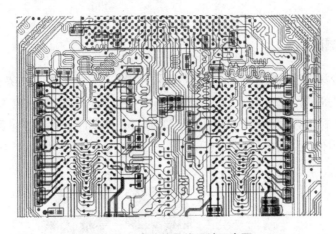

图 4-16　高速信号线设计示意图

4.3.8　隔离设计

隔离在设计中经常用到，例如隔离强电和弱电，或者不同的电源，以 RS485 电路为例，RS485 接收机和系统 MCU 间采用了光隔离器。为了提高隔离性能，在 RS485 接收机下方设置了隔离间隙，且这种隔离间隙应用于所有平面（顶层/电源/接地/底层）以保证良好的隔离性能。图 4-17 所示为 RS485 隔离设计示意图。

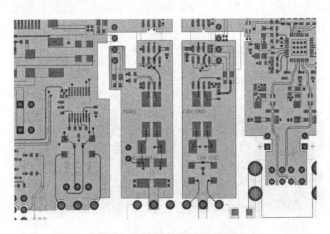

图 4-17　隔离电路设计示意图

4.4 电子系统可测试性设计

随着电子电路集成度的提高,电路愈加复杂,要完成一个电路的测试所需要的人力和时间也变得非常大。为了节省测试时间,除了采用先进的测试方法外,另外一个方法就是提高设计本身的可测试性。可测试性包括两个方面:一个是可控制性,即为了能够检测出目的故障(fault)或缺陷(defect),可否方便的施加测试向量;另外一个是可观测性,指的是对电路系统的测试结果是否容易被观测到。可测试性设计的目的是提高产品质量,降低测试成本和缩短产品的制造周期。

4.4.1 边界扫描测试

为了满足当今深度嵌入式系统调试的需要,联合测试行动组起草了边界扫描测试规范,后来被 IEEE1149.1 标准所采纳,全称是标准测试访问接口与边界扫描结构,简称 JTAG 标准。JTAG 遵循 1149.1 标准,是面向用户的测试接口,通用的 MCU 处理器在电路设计初期,会将 JTAG 接口预留,方便后续程序下载和代码调试。JTAG 接口互联框图如图 4-18 所示。

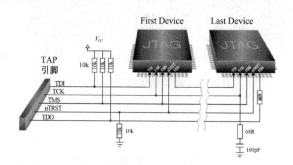

图 4-18   边界扫描框图

4.4.2 PCB 测试点位

任何电子产品在单板调试、SMT 贴片、整机装配调试、出厂前及返修前后都需要进行电性能测试,因此 PCB 上必须设置若干个测试点,这些测试点可以是孔或焊盘,测试孔和测试焊盘的设计必须满足"信号容易测量"的要求,如图 4-19 所示。

图 4-19   PCB 测试点示意图

4.5　电子系统调试方法

1）检查电路

任何组装好的电子电路，在通电调试之前，必须认真检查电路连线是否有错误。对照电路图，按一定的顺序逐级对应检查。

特别要注意检查电源是否接错；电源与地是否有短路；二极管方向和电解电容的极性是否接反；集成电路和晶体管的引脚是否接错；轻轻拔一拔元器件，观察焊点是否牢固等。

2）通电观察

调试好所需要的电源电压数值，并确定电路板电源端无短路现象后，才能给电路接通电源。电源一经接通，不要急于用仪器观测波形和数据，而是要观察是否有异常现象，如冒烟、异常气味、放电的声光、元器件发烫等。如果有，不要惊慌失措，而应立即关断电源，待排除故障后方可重新接通电源。然后再测量每个集成块的电源引脚电压是否正常，以确认集成电路是否已通电工作。

3）静态调试

测量各级直流工作电压和电流是否正常。直流电压的测试非常方便，可直接用万用表进行测量。电流的测量就不太方便，通常采用两种方法来测量。若电路在印制电路板上留有测试用的中断点，可串入电流表直接测量出电流的数值，然后再用焊锡连接好。若没有测试孔，则可测量直流电压，再根据电阻值大小计算出直流电流。

4）动态调试

加上输入信号，观测电路输出信号是否符合要求，调整电路的交流通路元件，如电容、电感等，使电路相关点的交流信号的波形、幅度、频率等参数达到设计要求。若输入信号为周期性的变化信号，可用示波器观测输出信号。当采用分块调试时，除输入级采用外加输入信号外，其他各级的输入信号应采用前输出信号。对于模拟电路，观测输出波形是否符合要求。对于数字电路，观测输出信号波形、幅值、脉冲宽度、相位及动态逻辑关系是否符合要求。

5）指标测试

电子电路经静态和动态调试正常之后，便可对课题要求的技术指标进行测量。测试并记录测试数据，对测试数据进行分析，给出测试结论，以确定电路的技术指标是否符合设计要求。如有不符，则应仔细检查问题所在，一般是对某些元件参数加以调整和改变。若仍达不到要求，则应对某部分电路进行修改，甚至要对整个电路重新加以修改。

思考题

1. 简述电子系统干扰形成要素，针对常用的印制电路板电路（PCB 板），绘制相关干扰模型，并对其组成部分做简要说明。

2. 电子系统抗干扰水平很大程度上取决于印制电路板设计的合理性,简要说明常用的 PCB 电路的设计要点?

3. 印制电路板的设计在抗干扰设计中处于重要地位,结合工程实践案例,简要分析在进行 PCB 板叠层设计以及 PCB 元器件布局时的相关注意事项。

4. 电源电路处理得好坏直接影响电子系统稳定性,针对印制电路布局布线合理性要求,简要分析去耦合旁路电容、PCB 铺地等电源相关处理技术的实现方法。

5. 针对电子系统设计与测试而言,简述电子系统调试方法及流程,对比说明静态调试和动态调试的区别和联系。

第 5 章

智能车设计与制作

导读

　　智能车的训练项目涉及硬件电路设计、软件程序设计、机械结构设计等多方面的内容。为了完成不同复杂程度的巡检功能,应选择与功能相匹配的传感器和控制器,采用不同控制方案,实现功能要求。本章将根据功能的复杂程度逐渐提高设计要求,帮助读者深入了解各种控制器的特点及使用方法,建立工程实践理念。

5.1　基本功能循迹车

5.1.1　设计目标

1) 基本要求

设计并制作一台具有循迹功能的智能车,如图 5-1 所示。要求:

(1) 小车沿黑色循迹线自动行驶,车体不能偏离循迹线。

(2) 循迹线上有一条停止线,小车遇到停止线立即停止运动。

(3) 小车电源电压为 5 V。

2) 提高要求

(1) 记录并显示小车沿循迹线跑一圈所需时间。

(2) 自主设计其他功能。

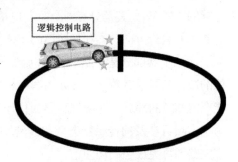

图 5-1　循迹智能车

5.1.2　方案设计

1) 智能车硬件组成

把循迹车视为一个电子系统,它的硬件架构主要分为电源管理、信号输入、动力输出、中央控制几个部分,如图 5-2 所示。

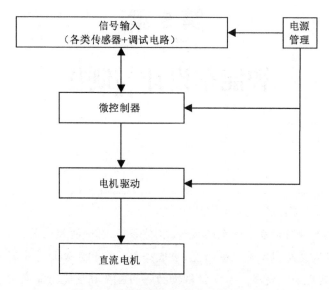

图 5-2 基本功能循迹车系统组成框图

电源管理部分是智能车系统稳定运行的基石,它在完成直流电压转换的同时,还要为传感器、微控制器、电机等部分提供足够的输出功率。

信号输入部分是智能车的"眼睛",包含信号采集和调试电路。根据智能车的功能要求,该部分应选择合适的传感器。如果要求对电机转速进行闭环控制,则还需要使用编码器测量电机转速。本项目要求完成循迹和检测起止线功能,因此只需要选择能正确识别黑、白状态的传感器。

电机驱动部分是智能车的"腿",包括直流电机驱动电路和服务器驱动电路,通过调整左右两个电机转速来实现专项的智能车,不需要服务器,只要配置电机驱动电路即可。但对于四轮运行的智能车,尤其是只有一个驱动电机时,则需要使用服务器控制转向轮的方向,进而控制智能车的运行方向。本项目选择的车体是两轮驱动,因此只需要设计直流电机驱动电路。

微控制器部分是智能车的"大脑",根据要完成任务的复杂程度,可以使用 8 位、16 位、32 位的微控制器或者数字信号处理器(DSP)。微控制器部分是智能车最核心的部分,也是体现智能车"智能"的部分。在微控制器的作用下,车模可以按照指定的路线运行,并实现指定功能。由于本项目涉及的传感器类型和数量均较少,对控制精度的要求也不高,所以采用最简单的数字电路即可完成控制功能。

2) 智能车功能软件实现

智能车的软件实现可以分为底层驱动程序、信号采集与滤波算法、转向与速度控制算法等。底层驱动程序是实现软件和硬件连接的桥梁,该部分程序通过对微控制器相关寄存器进行适当操作,进而在微控制器的特定端口产生特定波形的信号,并通过硬件电路实现控制功能。

信号采集与滤波算法是对传感器采集到的数据进行初步分析和处理的程序，根据使用的传感器型号及智能车对精度的要求，这部分程序要完成相应传感器数据的采集，尽量消除信号中包含的干扰噪声信号，并根据采集到的信息设计控制方案。

转向与速度控制算法是用来控制电机转速与服务器输出角度的。在智能车系统中，通常使用闭环控制方法，即智能车的"方向环"与"速度环"。闭环控制的方法有很多，但在智能车系统中，PID控制是最常用的闭环控制方法。由于本项目对控制精度要求不高，只需要在慢速行驶状态下完成循迹功能，且仅采用数字电路作为微控制单元，所以不需要进行闭环控制。PID控制算法，在5.3节的案例中将作出更详细的介绍。

5.1.3　方案实现

本项目中智能车通过光电对管构成的循迹模块完成对白色底板上的黑色轨道的循迹，通过由分立三极管构成的H桥驱动电路完成对小车车轮的电机控制，最终能够在起跑和停止线的指引下完成起步和停止。因此，在硬件电路部分，主要需要设计直流电源电路、电机驱动电路、传感器电路和转向控制电路四个部分。另外，为了实现提高要求中的时间记录功能，还需要设计一个计时器电路。

1) 由7805构成的直流电源电路

控制电路中的数字集成电路、传感器电路中的模拟集成电路等部分都需要5 V的直流电源电压，因此，可选择一款提供5 V直流电源的稳压电源为智能车系统中其他部分提供电源电压。7805构成的直流稳压电源参考电路如图5-3所示，这是一个输出正5 V直流电压的稳压电源电路。IC采用集成稳压器7805，C_1、C_2分别为输入端和输出端滤波电容。当输出电流较大时，7805应配上散热板。

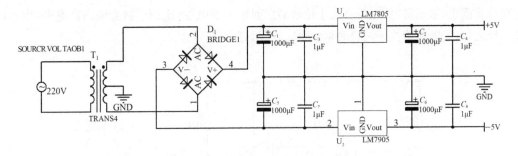

图5-3　7805构成的直流稳压电源参考电路图

2) 由三极管构成的H桥驱动电路

用单片机控制直流电机时，需要加驱动电路，为直流电机提供足够大的驱动电流。如图5-4所示，由6个三极管构成的H桥驱动电路通过两路逻辑信号就可以实现电机的正反转，并且可以非常方便地采用PWM(Pulse Width Modulation，脉冲宽度调制)的方法对电机实现调速。

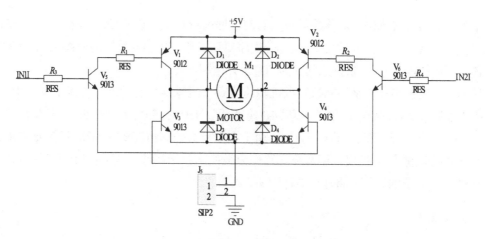

图 5-4　由三极管构成的 H 桥驱动电路图

3) 由光电对管构成的光电检测电路

TCRT5000 光电对管由红外发射管与接收管两个部分构成,实物图和原理图如图 5-5 所示。其中蓝色为发射管,黑色为接收管,把有字的那一面对着自己看,管脚向下,蓝色发射管后端引脚为发射管阳极(管脚 1),前端引脚为发射管阴极(管脚 2)。黑色接收管前端为接收管发射极(管脚 3)。黑色接收管后端为接收管集电极(管脚 4)。

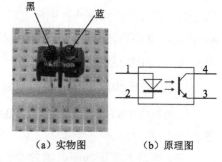

（a）实物图　　　（b）原理图

图 5-5　TCRT5000 光电对管
实物图与原理图

由 LM393 电压比较器与 TCRT5000 光电对管构成的光电检测电路如图 5-6 所示。当光电接收管的输出接运放的同相输入端,遇到黑线时,光电接收管截止,输出高电平,将会大于比较器反向输入端电位,比较器将会输出高电平,指示灯亮。反之,当光电对管位于白色底板之上时,指示灯不亮。

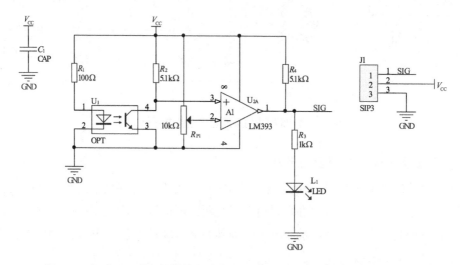

图 5-6　由 LM393 电压比较器与 TCRT5000 光电对管构成的光电检测电路图

4）由门电路构成的转向控制电路

分析智能车循迹功能，其转向控制方案如图 5-7 所示。

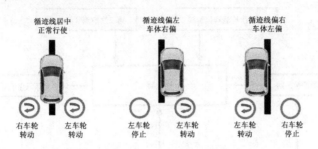

图 5-7　循迹功能转向控制逻辑关系分析

若每个车模上安装两个传感器 A、B(A 为左边的传感器信号，B 为右边的传感器信号)，车上左右两个车轮的驱动信号分别为 X 和 Y(X 为左轮驱动信号，Y 为右轮驱动信号)，则根据以上分析，可以确定逻辑控制电路的输入信号为 A 和 B，输出信号为 X 和 Y，设计一个组合逻辑电路实现转向控制，具体步骤如下：

(1) 分析设计要求，设置输入、输出并逻辑赋值。

设置"检测到黑线，不能驱动电机"为"0"；"检测到白线，能驱动电机"为"1"。

(2) 列真值表，见表 5-1。

表 5-1　真值表

A	B	X	Y	分析
0	0	1	1	检测到起跑线(停止线)
0	1	0	1	车体偏右，向左修正　右 Y1
1	0	1	0	车体偏左，向右修正　左 X1
1	1	1	1	车体居中，正常行驶

(3) 写出逻辑表达式，并化简。

$$X = \bar{A}\bar{B} + A\bar{B} + AB = A + \bar{A}\bar{B} = A + \bar{B} = \overline{\bar{A}B}$$

$$Y = \bar{A}\bar{B} + \bar{A}B + AB = \bar{A} + AB = \bar{A} + B = \overline{A\bar{B}}$$

(5-1)

(4) 画出逻辑控制电路，如图 5-8 所示。

5）对提高要求的提示

分析提高要求，需要记录小车循迹一周使用的时间，要用到计数器。计数器按秒计数，需要频率为 1 Hz 的脉冲信号。若要控制计数器计时和停止的状态，则需要一个可以识别开始计时和停止计时的控制信号。设

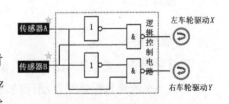

图 5-8　逻辑控制电路

计电机驱动电路,用门电路作为逻辑控制电路,用集成稳压源设计电源电路,最终实现循迹功能智能车,如图 5-9 所示。

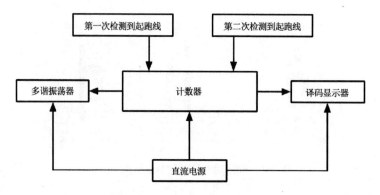

图 5-9　提高功能实现设计框图

5.1.4　总结与拓展

经过一系列分析与设计过程,我们用光电对管作为传感器设计了循迹电路,用三极管放大电路设计了电机驱动电路,用门电路设计了逻辑控制电路,用集成稳压源设计了电源电路,最终实现了循迹功能智能车。

在实践过程中,以上方法仅为参考方案,并非唯一答案。还有很多有待考虑的问题:

(1) 综合考虑成本和循迹效果,一辆整车需要安装几个传感器循迹电路?

(2) 巡检电路的安装位置应该考虑哪些因素?

(3) 逻辑控制电路是否只能用门电路实现,我们学过的组合逻辑电路集成芯片可否用在逻辑控制电路中?

(4) 提高功能中的脉冲信号如何获取? 如何区分第一次和第二次检测到起跑线?

(5) 基本功能部分和提高功能部分能否使用同一个电源电路?

……

5.2　多功能控速循迹车

5.2.1　设计目标

1) 基本要求

设计并制作一台具有循迹、计时、调速、显示等功能的智能车,要求:

(1) 小车沿黑色循迹线自动行驶,车体不能偏离循迹线。

(2) 循迹线上有一条起跑/停止线,小车第一次遇到该线开始运动,第二次遇到该线立即停止运动。

(3) 小车电源电压为 5 V。

(4) 记录并显示小车沿循迹线跑一圈所需时间。

(5) 小车可以以不同速度完成循迹,并显示实时行驶速度。

2) 提高要求

(1) 增加其他传感器,完成自主设计功能。

(2) 增加其他执行元件,完成自主设计功能。

5.2.2　方案设计

与 5.1 节要求的循迹车系统类似,本节多功能控速循迹车系统中仍然包括电源管理、信号输入、动力输出、中央控制几个部分。但为了实现速度控制、温度测量、速度测量等功能,需要在 5.1 节方案的基础上增加测温、测速和控速环节。

本系统中,电源管理部分除了要为传感器、微控制器、电机等部分提供电源外,还要为新加入的测速、测温电路提供电源。为了实现循迹功能,本项目中同样要采用传感器正确识别黑、白状态。由于本项目要求智能车要实现车速自动调整,因此简单的开关控制方式已不再适用本次的要求,需要考虑进一步提高对电机驱动电路的控制能力。最后,因为本项目要求控制器要同时接收多种类型传感器数据,并且根据小车实时行驶状况做出相应控制决策,所以简单的门电路已不能满足控制器的功能需求,可以考虑采用更丰富功能的微控制器完成本项目。

本项目整体参考方案如图 5-10 所示。

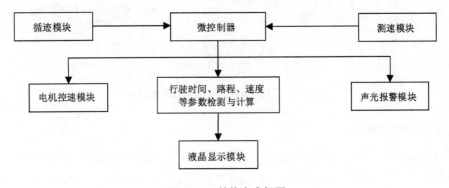

图 5-10　整体方案框图

5.2.3　硬件电路设计

与上一节对智能车的要求做比较,本节中要求对车的运动速度有精准控制,且需要增加更多类型的传感器,因此简单的数字电路已难以满足智能车功能需求。可以选用单片机作为主控制器,完成该项目。

1) 51 系列单片机

51 系列单片机是对所有兼容 Intel8051 指令系统的单片机的统称。该系列单片机的始祖是 Intel 的 8004 单片机,后来随着 Flashrom 技术的发展,8004 单片机取得了长足的进展,成为应用最广泛的 8 位单片机之一,其代表型号是 ATMEL 公司的 AT89 系列,它广泛应用于工业测控系统之中。很多公司都有 51 系列的兼容机型推出,今后很长的一段时间内将占有大量市场。

51 单片机是入门级的单片机,也是应用最广泛的一种。该系列单片机内置 8 位 CPU,8K FLASH、512 字节 RAM、32 个 I/O 口、3 个定时器、1 个 UART 和 8 个中断源。

单片机最小系统,或者称为最小应用系统,是指用最少的元件组成的单片机可以工作的系统。对 51 系列单片机来说,最小系统一般包括:单片机、电源、晶振电路、复位电路,其电路结构如图 5-11 所示。

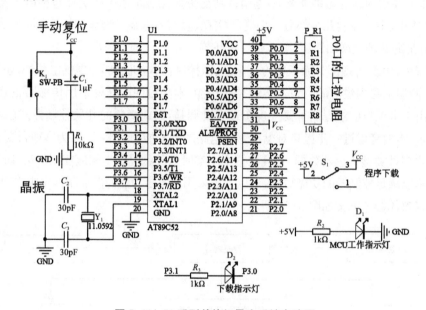

图 5-11　51 系列单片机最小系统电路图

2) 霍尔测速电路

霍尔传感器是根据霍尔效应制作的一种磁场传感器。通过霍尔效应实验测定的霍尔系数,能够判断半导体材料的导电类型、载流子浓度及载流子迁移率等重要参数。本项目中为了实时获取智能车行驶速度参数,可以使用霍尔传感器。

3144 是一款采用双极工艺技术的单极性霍尔效应传感器 IC,响应速度快,灵敏度高,具有略高的工作温度范围及可靠性。它由反向电压器、电压调整器、霍尔电压发生器、信号放大器、施密特触发器和集电极开路的输出级组成,工作温度范围为 $-40℃ \sim 150℃$。霍尔元件实物图和管脚图如图 5-12 所示。

霍尔元件测速原理如图 5-13 所示。

利用磁钢产生磁场,从霍尔传感器输出端会产生相应的正弦电压信号。由于单片机仅能接收数字信号,因此要对霍尔传感器产生的模拟电压进行数字化处理。可以采用如图 5-14 所示的电路来获得相应的数字信号。

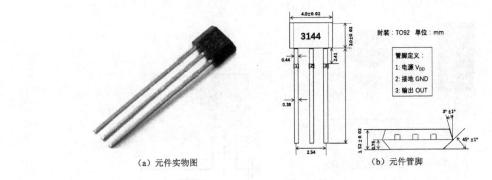

（a）元件实物图 （b）元件管脚

图 5-12 霍尔元件图

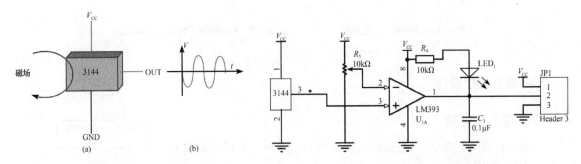

图 5-13 霍尔传感器工作情况示意图 图 5-14 霍尔传感器测速电路图

霍尔传感器产生的正弦电压,经电压比较器处理后,可转换成对应的数字信号,即 TTL 高低电平,可直接接入单片机,使单片机中断进行计数。由信号原理可知,可以通过调节电位器 R_3 输出的标准电压来调节灵敏度,因多圈精密可调电阻器可精密调节参考电压,这里灵敏度的调节也很精密。3144 的磁场感应面为顶端平面,次平面只要存在足够触发比较器的磁场强度,电路中 JP1 的 2 端就会一直输出高电平保持不变。也就是说,调节电位器输出的参考电压,就相当于调节本模块的磁场强度触发值,磁铁越靠近 3144 的顶端面,磁场强度越大,3144 输出的电压越高。

3) 测温电路

为了测量环境温度,可以选用温度传感器获取温度信息。DS18B20 是常用的数字温度传感器,其输出的是数字信号,具有体积小,硬件开销低,抗干扰能力强,精度高的特点。元件如图 5-15 所示。

DS18B20 的高速暂存存储器由 9 个字节组成,当温度转换命令发布后,经转换所得的温度值以二字节补码形式存放在高速暂存存储器的第 0 和第 1 个字节。单片机可通过单线接口读到该数据,读取时低位在前,高位在后,对应的温度计算:当符号位 S＝0 时,直接将二进制位转换为十进制;当 S＝1 时,先将补码变为原码,再计算十进制值。DS18B20 中的温度传感器完成对温度的测量,用 16 位二进制形式表示,其中 S 为符号位。

使用 DS18B20 采集温度信息时,只需将其 DQ 端与单片机 I/O 口相连,参考电路如图5-16 所示。

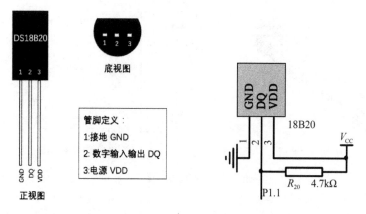

图 5-15　DS18B20 元件图　　　　图 5-16　DS18B20 构成的测温电路

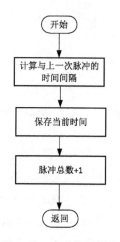

5.2.4　软件程序设计

1) 整车速检测

为了计算智能车的运动速度,需要利用行驶距离 s 和行驶时间 t 两个参数,根据 v＝ s/t 获得速度参数。与霍尔传感器匹配的磁钢每切割一次磁力线,就会产生一个脉冲,车轮尺寸和脉冲间隔时间与行驶距离 s 和行驶时间 t 有着密切的联系,可以通过它们获得速度信息。参考流程图如图 5-17 所示。

图 5-17　车速检测程序流程图

2) 车速控制

微控制器检测到当前车速后,可以根据当前车速和路况调整小车行驶速度。通过调整电机的转速,可以达到控制小车运行速度的目的。目前较为普遍采用的电机调速方法是脉冲宽度调制(PWM)。PWM 是一种对模拟信号电平进行数字编码的方法,通过高分辨计数器产生的方波信号,其占空比可以被大范围改变,方波的占空比被用来对一个具体模拟信号的电平进行编码。

如图 5-18 所示为 PWM 波形图,其中 T 为周期,高电平时间为 T_1,低电平时间为 T_2。在脉宽调制系统中,当电机通电时,其速度增加;电机断电时,其速度降低。只要按一定规律改变给电机通、断电的时间,就可以使电机速度达到并保持稳定。

前面设计的驱动电路相当于一个开关,当单片机的 PWM 端口输入高电平时,电机通电;PWM 端口输入低电平时,电机断电。这样,通过改变单片机输出 PWM 信号的占空比,改变电机电压的接通和断开的时间比,进而改变电机的转速。

微控制器根据接收到的当前车速以及位置信息,为车轮输出不同频率的 PWM 驱动信号,驱动电路根

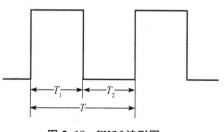

图 5-18　PWM 波形图

据接收到信号的占空比,使电机实现不同的转动速度,达到加速、减速、左转、右转和停转功能。实施例如表 5-2 所示。

表 5-2　真值表

PWM1(左轮)	PWM2(右轮)	运动状态	分析
提高	提高	加速直行	左右轮转速同步提高,小车加速前进
降低	降低	减速执行	左右轮转速同步降低,小车减速前进
提高	降低	右转	左轮加速,右轮减速,向右修正
降低	提高	左转	左轮减速,右轮加速,向左修正
0	0	停止	两轮转速均为 0,小车停止

3) 自主寻迹

单片机要根据循迹传感器电路的检测结果做出判断,因此它要不断检测与传感器电路相连接的 I/O 口信号。每个循迹传感器检测到的信息,均要作为智能车运动方式转变的依据,根据不同的检测情况,完成直行、左右转等运动方式。参考循迹流程如图 5-19 所示。

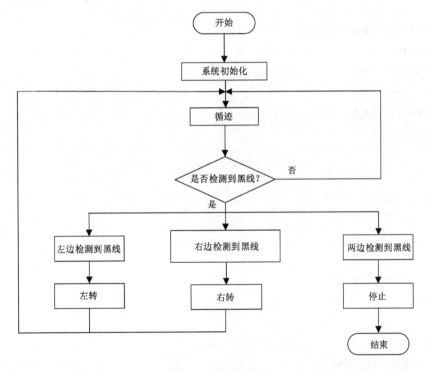

图 5-19　循迹流程图

4) 参考程序代码

智能车整体方案由初始化、循迹单元、驱动单元、显示单元、报警单元、测速单元等多个子程序模块构成,以下为部分模块的参考程序代码:

```
#include<reg52.h>
#define uchar unsigned char
#define uint unsigned int
uchar pro_left,pro_right,i,j;  //左右占空比标志


/*****电机驱动引脚定义*****/
sbit left1 = P0^4;      //控制左电机反转,初始化置0
sbit left2 = P0^5;      //控制左电机正转
sbit right1 = P0^6;     //控制右电机反转,初始化置0
sbit right2 = P0^7;     //控制右电机正转


/*****指示灯引脚定义*****/
sbit led0 = P0^0;        //左循迹碰触黑线时亮(左拐)
sbit led1 = P0^1;        //右循迹碰触黑线时亮(右拐)
sbit led2 = P0^2;        //左右都不触碰时亮(前进)
sbit led3 = P0^3;        //左右都触碰时亮(停止)


/*****循迹传感器引脚定义*****/
sbit left_red = P3^0;    //左循迹模块位置
sbit right_red = P3^1;   //右循迹模块位置


/*****延时函数*****/
void delay(uint z)
{
uchar i;
while(z--)
{for(i=0;i<121;i++);}
}


/*****初始化定义*****/
void init()
{
TMOD = 0X01;               //定时器0寄存器设置
TH0 = (65535-100)/256;
TL0 = (65535-100)%256;
EA = 1;
ET0 = 1;
TR0 = 1;
left1 = 0;
```

```
right1 = 0;
pro_right = 0;
pro_left = 0;
}


/*****定时器0中程序,调节占空比*****/
void time0(void) interrupt 1
{
    i++;
    j++;
    if(i <= pro_right)
{

    left2 = 1;


}
    else
    left2 = 0;
    if(i == 40)
    {
        left2 = ~left2;
        i = 0;
    }
    if(j <= pro_left)
    {
    right2 = 1;
    }
    else
    right2 = 0;
    if(j == 40)
    {
    right2 = ~right2;
    j = 0;
    }
    TH0 = (65535 - 100)/256;//高8位定时器
    TL0 = (65535 - 100)%256;//低8位定时器
}


/*****走直线函数*****/
void straight()
```

```
        {
            pro_right=39;
            pro_left=39;
        }


/*****左转弯函数*****/
void turn_left()
    {
            pro_right=20;
            pro_left=0;
    }


/*****右转弯函数*****/
void turn_right()
    {
            pro_right=0;
            pro_left=20;
    }


/*****停止函数*****/
void turn_stop()
    {
            pro_right=0;
            pro_left=0;
    }


/*****循迹函数*****/
void xunji()
{
uchar flag;
if((left_red==0)&&(right_red==1))          //当左循迹模块碰触黑线时
    {
            led0=0;      //指示灯亮
            led1=1;
            led2=1;
            led3=1;
            flag=1;      //标志位
    }
    else
```

```
if((right_red==0)&&(left_red==1))        //当右循迹模块碰触黑线时
    {
        led1=0;
        led0=1;
        led2=1;
        led3=1;
        flag=2;
    }
    else
if((left_red==1)&&(right_red==1))        //两个循迹模块均不碰触黑线时
    {
        led2=0;
        led0=1;
        led1=1;
        led3=1;
        flag=0;
    }
    else
if((left_red==0)&&(right_red==0))
  {
    led3=0;
    led0=1;
    led1=1;
    led2=1;
    flag=3;
}
    else
    flag=4;
switch (flag)
    {
    case 0: straight();
     break;
    case 1: turn_left();
     break;
    case 2: turn_right();
     break;
    case 3: turn_stop();
     break;
    default:
```

```
        break;
    }
}
void main(void)
{
init();
delay(10);
while(1)
{
    xunji();
}
}
```

5.2.5　总结与扩展

　　用 51 单片机控制的智能车,可以完成更加精准的控制和更加复杂的功能。但若要在智能车上加载更复杂的控制算法,或者用摄像头作为循迹传感器以实现自动驾驶功能,51 单片机就显得力不从心了。所以,为了提升循迹车的智能化水平,就需要选用处理能力更强的控制器。

5.3　智能车竞速机器人

　　智能车大赛以迅猛发展的汽车电子为背景,是一项涵盖了控制、模式识别、传感技术、电子、电气、计算机、机械等多个学科交叉的科技创新比赛。随着赛事的逐年开展,不仅使参赛学生自主创新能力得到提高,对于高校相关学科领域的学术水平的提升也有一定的帮助。目前,此项赛事已经成为各高校展示科研成果和学生实践能力的重要途径,同时也为社会选拔优秀的创新人才提供了重要平台。

5.3.1　设计要求

　　根据竞赛规则,智能车竞赛机器人的比赛赛道由直道、波浪弯、大小 S 弯、U 形弯、直角弯、十字交叉弯以及大小圆环弯等赛道元素组成,除了正常通过各个赛道元素外,还要求能够识别终点线自动停车、绕过赛道障碍以及通过坡道。根据对赛道辨识的传感器不同,智能车分为电磁组、摄像头组、光电组等类别。从第十二届大赛开始,将摄像头组与光电组合并。此外,根据车模形式,还分成四轮组和两轮自平衡组。例如四轮组的 C 型车模如图 5-20 所示。近几届,还陆续增加了双车追逐组、电磁节能组、电轨组等新赛题。

　　这里,以竞赛参与度最高的摄像头四轮智能车为例介绍智能车竞赛机器人。竞赛跑道示意图如图 5-21 所示。

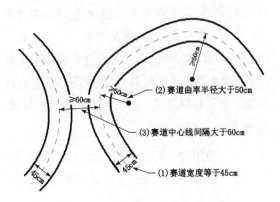

图 5-20　智能车模型

图 5-21　智能车竞赛跑道示意图

项目任务是根据竞赛规则要求,在指定车模基础上设计一台用于竞赛的智能车,包括硬件设计与制作、软件设计与编程调试及赛道测试等。车模为竞赛指定车模,核心控制器为飞思卡尔(现恩智浦)系列处理器。赛道辨识采用摄像头(CMOS 摄像头或 CCD 摄像头)。电池为统一规格的指定电池。

5.3.2　方案设计

若要完成项目任务,须在机械结构、硬件和软件几个方面共同配合。项目为铺设赛道行驶,以竞速为目的,因此须在指定车模现有基础上根据竞赛策略做出必要调整。由于车模的驱动完全依靠自带的标准电机,转向则依靠选定的舵机进行连杆驱动,同时赛道辨识依赖摄像头,加之还有主控单元需要用电,所以设计紧凑合理而高效的电路系统是完成项目的基础工作。最后,因为此项竞赛为竞速项目,仅仅完成各个赛道元素是远远不够的,若要使智能车能够根据直道、各种弯道等赛道信息作出与之对应的恰当加减速、转向等动作,则要依赖控制策略和软件设计。简言之,机械调整、硬件设计和软件编程是该项目互相依存、相辅相成的组成部分,三者结合得越好,智能车在赛道上跑得越自然流畅、用时也就越短。

总体方案设计思路如下:使用 STM32 单片机作为核心处理器,使用 CCD 摄像头捕捉赛道信息。具体来说:通过模拟 CCD 摄像头经过信号处理模块进行硬件二值化,采用 LM1881 进行视频同步分离,利用 LM393 比较器将二值化图像信号、奇偶场信号、行同步信号输入到微控制器,获取赛道路径,即获得赛道信息。然后将赛道信息传递给单片机,经过单片机处理后,通过控制舵机来控制前轮的转向,达到控制赛车移动方向的目的。根据小车自身的姿态与黑线之间的偏差产生控制量,控制舵机进行转向,调节电机的速度大小,编码器实时反馈电机转速,使速度控制更精确,实现电机的 PID 闭环控制。同时根据光电编码器来测量当前赛车的速度,并结合摄像头捕捉到的前方赛道信息对赛车进行加减速控制,使其能够稳定快速地运行在指定的赛道上。电机、舵机控制均采用 PID 控制,在电机控制中还加入棒棒控制算法,以提高电机的响应速度。

车模的整车布局本着轻量化而设计,具有以下特点:

（1）架高舵机并直立安装，以提高舵机响应速度。

（2）主板低位放置，降低赛车重心。

（3）采用强度高、质量轻的材料制作摄像头支架。

（4）摄像头后置于电机前方，减少赛车前方盲区。

智能车对于车模及其上所安装电路硬件的高度、重量等有以下功能需求：

1）整车重量

由于大赛使用统一的电池和电动机及传动齿轮，并不允许使用升压电路对电机进行升压，故车模的输出功率是一定的，这也意味着更轻的车模质量将使车模拥有更为优良的加减速性能。

2）重心位置

由于小车是以较高速度运行的，在过弯时，必然会有较大的离心力，而重心过高将会引起小车的侧翻。并且重心不在车体的几何中心会造成车体在较高速度下行进的不稳定。

3）车体响应速度

由于舵机输出的力矩是一定的，故力臂越长转向线速度越快，但输出力会大大减小，所以增长力臂的时候会在一定程度上增加转角速度，但可能会因摩擦力太大而打不动角。此外，舵机的放置方式（横向放置、垂直放置）会影响转向响应速度。

车体直线行驶和转向时的稳定性：智能车车模是依据正常汽车底盘结构原理制作的。与正常汽车一样，在直线行驶和转向行驶时为了保证稳定性，须对车模前路的主销内倾角和主销后倾角做出适当调整。

智能车对于硬件系统的功能需求如下：

1）主控板电路

作为电路系统的中心，以飞思卡尔核心板为基础，既要接收来自传感器的信息，又要发出舵机和驱动电机的控制信号，还可能与上位机产生信息交换等，是全车信息交换的中枢。

2）电源电路

全部硬件电路的电源由 7.2 V、2 000 mAh 的可充电镍镉电池提供。由于系统中的各个电路模块所需要的工作电压和工作电流各不相同，因此电源模块应该包括多种稳压电路，将充电电池电压转换成各个模块所需要的电压。

系统所需的电压种类大致如下：

（1）为最小系统、图像信号处理电路、辅助调试模块供电；

（2）为摄像头模块供电；

（3）为舵机供电；

（4）电池电压，直接供给电机。

3）赛道检测电路（图像信号处理电路）

摄像头输出的视频信号为模拟信号，而单片机可以处理的是数字信号，所以需要把模拟视频信号离散成数字信号,这就要用到模数转换技术。

4) 电机驱动电路

常用的电机驱动有两种方式：①采用集成电机驱动芯片；②采用 N 沟道 MOSFET 和专用栅极驱动芯片设计。

5) 舵机驱动电路

由于使用的电池是 7.2 V,不能直接适用于舵机,所以需要对舵机外加稳压电路。

6) 车速检测电路(增量式旋转编码器电路)

智能车对于软件系统的功能需求包括：

(1) 系统初始化

系统时钟的初始化和各个端口的初始化(PWM 端口的初始化、中断端口的初始化、普通端口的初始化)。初始化是程序运行的第一步,程序要想运行并且能从端口读取信息或发送信息,就必须要对端口进行设置,如数据方向寄存器,特殊功能寄存器等都需要进行设置。

(2) 图像信息采集

对于摄像头的图像信息数据采集,由于需要采集的信息量大,单片机 I/O 直接读取数据会来不及采集。因此需要采用其他方式采集,而且不能每行都采集,否则对于快速行进的小车,单片机无法及时处理并做出控制响应。

(3) 图像信息处理

采用 CMOS 摄像头会比 CCD 摄像头噪声高很多(10 倍),所以需要经过图像二值化、图像去噪声处理和赛道特征提取来实现信息处理。

(4) 车体速度控制

赛道是直道与各种弯道的组合,所以及时加减速是完全必要的。同时,加减速的响应快慢可直接反映车体速度控制的质量。

(5) 车体转向控制

智能车采集并识别出赛道信息后,必须根据赛道情况做出转向控制响应,来因循赛道走向快速前进。因此,车体转向的准确性和及时性是转向控制程序的核心目标。

5.3.3　小车的底盘机械结构构成

根据项目的功能需求,本节给出智能车在车模机械结构、硬件系统和软件系统几个方面的方案,即模型搭建。对车模机械结构进行以下几个部分的调整：

1) 整车重量

采用了碳素杆作为摄像头支架,并且合理设计电路板,尽量做到紧凑小巧,用以减少车体重量。

2) 重心位置

车模上重量占比最大的是电池,因此降低电池高度是有效降低重心位置的有效举措。电池是除车身外最重的配件,在很大程度上决定着整车的重心位置,减小电池的两个托架的厚度,使得电池更接近底盘从而降低重心。

3) 前轮定位调整

主销后倾角,是前轮的转向轴与铅垂线之间在纵向平面上的夹角,如图5-22所示。该角度以转向轴上端向后为正(小车行驶方向为前方),该角度具有使小车"直线行驶更稳定,前轮转向后自动回正"的功能,但是它增加了小车的转向阻力,所以需要调至适当的角度。当两个前轮的主销后倾角不一致时,小车会跑偏,且偏向后倾角比较小的一边。调整前轮主销即可改变后倾角度。

 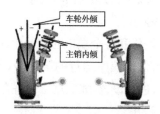

图5-22　主销后倾角示意图　　　图5-23　主销内倾角示意图

主销内倾角,是转向轴与铅垂线之间在横向平面上的角度。该角度会直接影响小车的转向性能和稳定性,使该角度适当大一些可保证小车转向性和稳定性,如图5-23所示。

4) 舵机的安装

舵机转向是整个车模系统中延迟最大的一个环节,为了减小此时间常数,通过改变舵机的安装位置,加长力臂可以提高舵机的相应速度。我们参考了其他学校的技术报告,对舵机的参数进行分析,测试不同的方案,诸如将舵机竖直、水平以及其他不同方向的摆放方法。考虑到舵机响应时间、稳定性以及虚位的诸多因素,最终选择竖直安装舵机,如图5-24所示。

图5-24　舵机的安装位置　　　图5-25　旋转编码器的安装

5) 测速编码器的安装

测速编码器是用来测量智能车速度的传感器。编码器安装于智能车的后轮驱动附近,通过编码器齿轮与后轮驱动齿轮接触的方式带动编码器的轴转动而产生脉冲,如图5-25所示。编码器的齿轮和驱动齿轮只需要咬合良好即可,不能咬得太死,否则会加大齿轮的磨损速度。

6) 摄像头的安装

摄像头是整辆车的眼睛,摄像头的安装是最重要的。摄像头的安装要求使得摄像头位于整个车模的中心位置,而且高度要适合于图像的采集和处理。为了保持车体寻迹具有较好的前瞻性,并且固定方法简单、轻巧,具有一定的刚度,最终选择直径为 1 cm 的碳纤维管,把摄像头放在车体较后的位置,撑出高度 340 mm,兼顾了摄像头的高度要求与整车的重心高度要求。

5.3.4　硬件系统的电路设计

目前常用的移动机器人运行机构的方式有轮式、履带式、腿式以及上述几种方式的结合。轮式和履带式机器人适合于条件较好的路面,而腿式步行机器人则适合于条件较差的路面。为了适应各种路面的情况,可采用轮、腿、履带并用。在各种实用的移动机器人中以轮式机器人最为常见,它具有悠久的历史,在机械设计上非常成熟。本章中智能小车的设计思想是设计在路面环境较好的场合中工作的机器人,所以采用轮式机器人。机器人车体由车架、蓄电池、直流电机、减速器、车轮等组成,它是整个小车的基础部分。

在整个智能小车系统的总体设计之中,控制系统是最重要的,它是整个系统的灵魂。控制系统的先进与否,直接关系到整个机器人系统智能化水平的高低。机器人的各种功能都在控制系统的统一协调前提下实现,控制系统设计的策略也决定了整个机器人系统的功能特点及其可扩展性。本章设计的智能小车控制系统,具备了障碍物检测、自主定位、自主避障、总线通信、无线通信等一系列功能。根据上述所提及的智能小车的功能要求,课题研究的控制系统主要包括电源模块、微控制器模块、障碍检测模块、电机驱动模块、速度检测模块、通信扩展模块等部分。具体设计过程中,各模块硬件以及软件部分力求相对独立,为日后的更新和后续升级提供便利。

智能车硬件系统的系统总体框图见图 5-26。

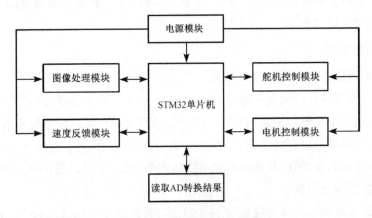

图 5-26　硬件系统总体框图

1）电源电路

比赛使用智能车竞赛统一配发的标准车模用 7.2 V　2 000 mAh 镍锂电池供电，而单片机 MK60FN1M0VLQ15 需要电压为 3.3 V，转向舵机的额定工作电压为 6 V。

舵机稳压电源由 AS1015 组成的稳压电路提供，如图 5-27 所示，其输出电压可调（通过调节图中的 1 kV 电位器）。由于转向舵机易烧坏，一般将稳压的电路输出调在 5.5 V～6 V 范围内较合适。

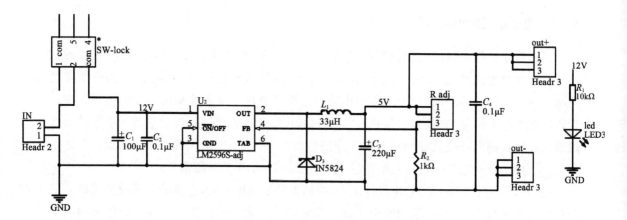

图 5-27　3.3 V 稳压电路

单片机 MK60FN1M0VLQ15 需要 3.3 V 的电压，选用 LM2596 组成的稳压电路提供电压。

2）人机交互模块电路

为了能够对程序运行的参数进行方便的修改，使用一个 8 位的拨码开关。拨码开关的状态通过单片机的 PA 口读得，在程序里进行判断并决定采用哪一组参数。

另外，为了能够方便调试，外接一个 1.44 英寸彩色 TFT 屏幕。通过液晶屏显示传感器的输出值，从而方便用户查看。

3）电机驱动电路

电机的驱动可以使用专用的电机驱动芯片、达林顿管驱动或场效应管驱动。电机驱动芯片 MC33886，内部具有过流保护电路，刹车效果好，接口简单易用，虽然能够提供比较大的驱动电流，但对于小车骤然加速时所需的电流还是不够的，发热量也比较大；若使用达林顿管作驱动管，其等效电阻相对比较大，发热量也会比较大，不利于电机转速的骤起骤降驱动；使用场效应管作为驱动管，其导通电阻可以达到毫欧级，且可以提供强大的驱动电流，最后选用场效应管做驱动电路。

单个电机驱动电路的具体实现如图 5-28 所示，分别用 4 个场效应管 IRLR7843 组成桥式电路，作为电机驱动，从单片机输出的控制信号 PWM1、2 和 PWM3、4（PWM 信号）经 FET 驱动芯片 HIP4082 放大电流后作为桥式电路的输入。

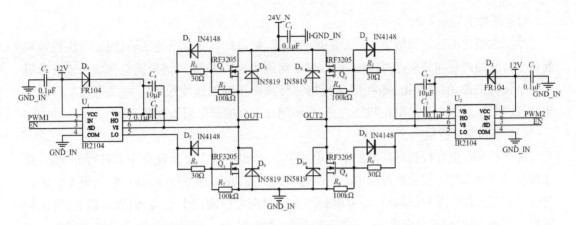

图 5-28　电机驱动电路

4）光电编码器电路

速度检测的方法主要有霍尔开关检测和光电编码器检测。霍尔开关的开关速度比较快，精度容易调节（只需调节小磁铁块的个数与间距），但是当小车的速度较快时，会出现测量误差。光电编码器对速度的反应很灵敏，精度比较高，速度的实时检测比较好。

经考虑，决定采用欧姆龙编码器 E6A2-CW3C 检测模型车的速度。

5.3.5　软件程序设计

本系统软件设计分为三个主要功能模块，分别为直立控制、方向控制和速度控制，其中直立控制与速度控制采用传统 PID 控制器进行控制，而方向控制由于并非建立在一个精准测控的模型对象上，难以精确估算出方向控制力的大小，因此采用 PID 控制器的控制算法对车体方向进行控制。

1）图像采集

摄像头须采集图像的变化速度快，数据量就大，如果单片机 I/O 直接读取数据会来不及采集，所以采用 K60 的 DMA 模块来直接采集图像，80×60 的分辨率足够用来分析赛道信息特征。

同时，由于小车并不需要对赛道进行十分精确的识别，而 DMA 采集有一大缺点，就是采集像素点时不能够隔点采，必须从头采到尾，图像信息中列全部保留，而行隔三行采一行，采集的图像示例如图5-29所示。

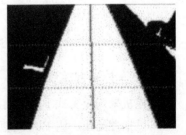

图 5-29　采集的图像示例

2）图像处理

（1）图像二值化

在得到正确的灰度图像后，二值化程度的关键就在阈值的设定。所说的阈值就是将灰度或彩色图像转换为高对比度的黑白图像，比阈值亮的像素转换为白色；而比阈值暗的像素转换为黑色。

（2）图像去噪声处理

找出二值化以后的图像每一行中的黑色区域,如果只有一个黑色区域,则记下黑色区域起始点对应的列号和结束点对应的列号,求平均值即为黑线中心,如果黑色区域大于或者等于两个该行图像,信息有错,则利用该行相邻行找出正确的黑线位置。如果连续几行都为错,则放弃这几行,直到找出正确行为止,再将刚才放弃的部分用黑线补上。

（3）赛道特征提取

由于小车在正常行驶时基本位于赛道的中心,所以黑线不会出现在小车视野的中心,故在检测引导黑线的时候从图像的中心向两边进行扫描,在检测左边线的时候,从最下面的一行开始向左边逐个点进行判断,在检测到黑点后再向左检测两个点,若仍然为黑点,则认为该黑点有效,黑线位置判定准确,再向上扫描的时候,从上一行检测到黑点的地方向右 5 个点处再向左扫描。因为赛道是连续的不会出现突变,以这种方法进行检测可大大减少单片机处理时间并降低错误概率,并且不会误把起跑线识别为边线,该方法称为边缘跟踪算法。在提取黑线后,取两边黑线的平均值,提取出中线。

3）车体速度控制

对于速度控制,采用增量式 PID 控制算法,基本思想是直道加速,弯道减速。经过反复调试,将每场图像得到的面积差与速度 PID 参考值构成一次曲线关系,如图 5-30 所示。在实际测试中,我们发现小车直道和弯道相互过渡时加减速比较灵敏,与舵机转向控制配合得较好。

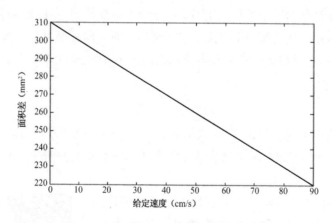

图 5-30　面积差和给定速度的等比例曲线

4）车体转向控制

舵机采用位置式 PID 控制算法,根据左右超出赛道的面积差来确定打弯角度。

试探性给出一组 PID 的值,先将 I 和 D 都置零,然后将 P 渐渐加大,直到可以较好地过弯,由此确定 P 值。再将 P 值减小一点,加上 D 值。通过调试,确定最终参数。

在提高车速至高速(2.5 m/s 以上)时,我们发现车身在弯道入直道后,车身左右震荡比较严重,究其原因,硬件上,我们认为首先是轮轴本身松动并且转向机构左右转向性能可能存在不对称性,设计有待改进。软件上,则是自身编写的 PID 舵机控制还不够精细,D 值给的有点大。由于使用的是二次 K_p,在直道上小车能够稳定的行使。

经过反复测试,进行 PID 调节的策略是:

(1) 微分项系数 K_d 使用两个定值,在直道上 K_d 较小,弯道上 K_d 比较大。因为在直道上 K_d 较大会导致抖动严重,K_d 在弯道上较大有利于转弯;

(2) 对 K_p,我们使用了二次函数曲线,K_p 左右面积偏差呈二次函数关系,在程序中具体代码如下:

```
Kp = area[state] * area[state]/1000 + 2.5
```

其中,area 是左右超出赛道的面积差。K_p 值与左面积差的曲线图如图 5-31 所示。

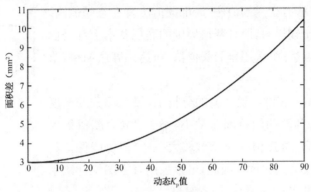

图 5-31　左面积差和动态 K_p 值的二次函数曲线

软件运行需要配置单片机各个模块寄存器数值,使单片机各个模块正常工作。初始化中包括:I/O 口配置、PWM 模块配置、A/D 模块配置、PT0 定时中断配置、脉冲捕捉模块配置。当初始化完毕后,进入跑车程序:对图像传感器输入信号进行采样,当完成一次采样后将采样值映射成车相对于跑道的位置,根据当前与过去位置决定舵机转角和电机速度,通过改变 PWM 模块内部寄存器数值可以得到不同占空比的方波信号,实现电机的调节。软件系统总体框图如图 5-32 所示。

智能小车系统主要由路径识别、速度采集、转向控制及车速控制等功能模块组成。路径识别功能采用 CMOS 摄像头,将其模拟量的视频信号进行视频解码后,经过二值化处理并转化为 18×90 pix 的图像数据后送入 MCU 进行处理;转向控制采用模糊控制算法进行调节;而车速控制采用的是经典 PID 算法,通过对赛道不同形状的判断结果,设定不同的给定速度。该系统以 50 Hz 的频率通过不断地采集实时路况信息和速度,实现对整个系统的闭环控制。

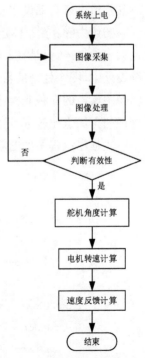

图 5-32　软件系统总体框图

159

CMOS 摄像头正常供电后,便可输出原始图像的信号波形,它是 PAL 制式的模拟信号,包含行同步、行消隐、场同步、场消隐等信号。但该形式的信号并不能被 CPU 直接使用,需要加入视频解码芯片如 SAA7111,它的功能是将摄像头输出的模拟信号转化为数字信号,同时产生各种同步信号,CPU 利用此同步信号将图像的数字信号存储在一个外部 FIFO 芯片 AL422 中,这便构成了基本的路径检测模块。

图像二值化:图像二值化是数字图像处理技术中的一项基本技术,该系统中由于赛道是由黑色和白色两种颜色组成的,并且背景颜色基本也是白色的,系统的任务是识别出黑色的引跑线位置,由于其图像的干扰并不是很强,因此可以采用二值化的技术作为系统的图像预处理。经过二值化处理,将原来白色的像素点用 0 表示,而黑色像素点用 1 表示。图像二值化技术的关键在于如何选取阈值,通常来说,常用的方法有全局阈值法、局部阈值法及动态阈值法。由于赛道现场光线比较均匀,而且赛道周围的底色基本上都是白色的,所以在该系统设计中采用全局阈值法,可达到算法简单,执行效率高的效果。

二值化阈值选取:在对赛道环境的分析中,黑线部分的亮度是相对比较固定的,其波动的范围非常小,小于 20(亮度值最大为 255),而白色底板的亮度值变化相对较大一些,但仍能保证其与黑线的亮度值有较大的梯度。因此,可以采用直方图统计法来对其阈值进行自动设定。

图像去噪:在车体运动过程中,图像经过二值化后并不会出现太大的噪声,只是在局部出现了一小部分的椒盐噪声。在该系统设计中,图像处理的目的是准确地找到黑线的中心位置。由于图像中噪声的面积非常小,并且一般出现在离黑线较远的地方,处理的方法也比较多,可采用中心坐标递推法。

主程序流程图如图 5-33 所示。

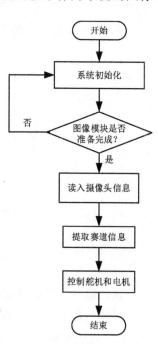

图 5-33　主程序流程图

示例程序分析

```
/* * * * * * * * * * * * * * * * * * * * * * * * * * * * * * * * * * * *
    函数功能:"飞思卡尔"智能车控制
* * * * * * * * * * * * * * * * * * * * * * * * * * * * */
    int balance(float Angle, float Gyro)
    {
        float Bias, k_p = 300, k_d = 1;
        int balance;
        Bias = Angle - ZHONGZHI;    //求出平衡的角度中值,和机械相关
        balance = k_p * Bias + Gyro * k_d;  //计算平衡控制的电机 PWM,PD 控制 k_p 是 P 系数,k_d
是 D 系数
```

```
        return balance;
    }
/* * * * * * * * * * * * * * * * * * * * * * * * * * * * * * * * * * * * * * * *
    函数功能：速度功能 PI 控制
* * * * * * * * * * * * * * * * * * * * * * * * * * * * * * * */
    int velocity(int encoder_left, int encoder_right)
    {
        static float Velocity,Encoder_Least,Encoder,Movement;
        static float Encoder_Integral,Target_Velocity;
        float k_p = 80,k_I = 0.4;
    if(Bi_zhang = = 1&&Flag_sudu = = 1) Target_Velocity = 45; //如果进入避障模式，自动进入低
速模式
    else            Target_Velocity = 90;
    if(1 = = Flag_Qian)Movement = Target_Velocity/Flag_sudu;        //前进标志位置 1
    else if(1 = = Flag_Hou)Movement = - Target_Velocity/Flag_sudu;        //后退标志位置 1
    else    Movement = 0;
    if(Bi_zhang = = 1&&Distance<500&&Flag_Left! = 1&&Flag_Right! = 1)
    //避障标志位置 1 且非遥控转弯的时候，进入避障模式
        Movement = - Target_Velocity/Flag_sudu;
    //速度 PI 控制器
    Encoder_Least = (Encoder_Left + Encoder_Right) - 0;
    //获取最新速度偏差 = 测量速度(左右编码器之和) - 目标速度(此处为零)
        Encoder * = 0.8;
    //一阶低通滤波器
        Encoder + = Encoder_Least * 0.2;
    //一阶低通滤波器
    Encoder_Integral + = Encoder;   //积分出位移 积分时间：10 ms
    Encoder_Integral = Encoder_Integral-Movement; //接收遥控器数据,控制前进后退
    if(Encoder_Integral>10000)Encoder_Integral = 10000;   //积分限幅
    if(Encoder_Integral< - 10000)Encoder_Integral = - 10000;   //积分限幅
    Velocity = Encoder * k_p + Encoder_Integral * k_I;      //速度控制
    if(Turn_Off(Angle_Balance,Voltage) = = 1||Flag_Stop = = 1)    Encoder_Integral = 0;
//电机关闭后清除积分
    return Velocity;
    }
    /* * * * * * * * * * * * * * * * * * * * * * * * * * * * * * * * * * * * * * *
    函数功能：转向功能 PD 控制
* * * * * * * * * * * * * * * * * * * * * * * * * * * * * * * */
    int turn(int encoder_left, int encoder_right, float gyro)//转向控制
```

```
{
Static float Turn_Target,Turn,Encoder_temp,Turn_Convert=0.9,Turn_Count;
float Turn_Amplitude=88/Flag_sudu, Kp=42, Kd=0;
if(1==Flag_Left||1==Flag_Right)
 //这一部分主要是根据旋转前的速度调整起始速度,增加小车的适应性
        {
                if(++Turn_Count==1)
                Encoder_temp=myabs(encoder_left+encoder_right);
                Turn_Convert=50/Encoder_temp;
                if(Turn_Convert<0.6)Turn_Convert=0.6;
                if(Turn_Convert>3)Turn_Convert=3;
        }
        else
        {
                Turn_Convert=0.9;
                Turn_Count=0;
                Encoder_temp=0;
        }
        if(1==Flag_Left)              Turn_Target-=Turn_Convert;
        else if(1==Flag_Right)        Turn_Target+=Turn_Convert;
        else Turn_Target=0;
if(Turn_Target>Turn_Amplitude)  Turn_Target=Turn_Amplitude; //转向速度限幅
     if(Turn_Target<-Turn_Amplitude) Turn_Target=-Turn_Amplitude;
        if(Flag_Qian==1||Flag_Hou==1)   Kd 0.5;
        else Kd=0;    //转向的时候取消陀螺仪的纠正,有点模糊PID的思想
    //转向PD控制器
    Turn=-Turn_Target*Kp-gyro* Kd;  //结合Z轴陀螺仪进行PD控制
      return Turn;
}
```

代码分析:

(1) 该例程实现智能车平衡控制、速度控制和转向控制的核心程序。

(2) 该过程需要使用到传感器 MPU6050 实现自平衡车的姿态测量,两轮自平衡车不同于普通传统结构的小车,是一种本质不稳定的非线性系统。需要不断调整自身角度,以实现动态平衡。因此需要实时检测自身倾角,再进行合理调整,就可以实现动态平衡,因而姿态检测成为控制小车直立平衡的关键。

(3) 两轮自平衡车的转向功能实现,在速度控制周期内,对两个电机实现差速输出,则可在保持平衡的基础上实现转弯。

思考题

1. 自平衡车中使用哪种传感器测量姿态？
2. PID 算法在单片机中是如何实现的？

第6章

网络阻抗测试仪的设计与制作

导读

阻抗参数测量在传感器、仪器仪表以及印刷电路分布参数分析等技术领域中占有非常重要的地位,目前阻抗测量技术已从电桥法、谐振法等传统的方法发展到矢量伏安法等现代数字测量技术。本章内容采用矢量伏安法的方案实现一套简易的网络阻抗测试仪的分析、设计及制作。通过这部分内容的学习来强化信号调理电路的实践、DDS信号源的实现、单片机AD转换的实现、矩阵键盘的读取、运用FPGA器件测量脉冲信号的参数等各方面的知识。

6.1 设计目标

设计一套网络阻抗测试仪用于测量一端口无源网络的阻抗特性。假设被测无源网络由电阻、电容、电感构成;每个网络中有两个元件,两者串联或并联。当输入激励频率在 1 kHz～100 kHz 范围内时,网络的阻抗模在 100 Ω～10 kΩ 范围内,阻抗角 φ 在 ±90° 范围内。

要求设计的网络阻抗测试仪能够包含以下部分并完成相应的各项功能:

(1) 设计并制作一正弦波信号源,要求:信号频率范围 1 kHz～200 kHz,能够显示频率,频率相对误差＜0.1%;信号频率可设置、可步进;输出信号幅度 2 V±0.1 V(V_{pp})。

(2) 设计一端口网络阻抗特性测试仪,能够测量一端口网络阻抗的模 $|Z|$,测量误差的绝对值小于理论计算值的 2%。

(3) 测量一端口网络阻抗的阻抗角 φ,测量误差的绝对值小于理论计算值的 2%。

(4) 能够判断被测网络结构(串联、并联),并明确指示模块中元件的类型与参数。

(5) 信号源可自动扫频输出正弦波信号,从而实现阻抗模和阻抗角的自动测量。将扫频信号施加在被测网络上,可以通过液晶屏显示阻抗的幅频特性曲线和相频特性曲线。

(6) 能测量并显示被测网络的谐振频率点。

(7) 其他创新性设计。

该项目能比较全面地锻炼学生电子综合设计能力,在设计与制作这个项目的过程中需要掌握以下几个方面的知识和技能:

(1) 掌握二端网络阻抗的理论及计算方法;

(2) 理解 DDS 信号源的工作原理及其专用集成电路实现方法;

(3) 掌握 STM32 单片机定时器、串口、中断以及 ADC 等模块功能的应用;

(4) 掌握信号调理电路、I/V 转换电路、峰值检波电路、比较器电路等模拟电路的工作原理与设计方法;

(5) 掌握运用 FPGA 器件实现信号鉴相电路的设计与实现方法;

(6) 加深运用 Altium Designer 软件设计电子电路的能力。

6.2　方案设计

6.2.1　一端口无源网络的阻抗特性分析

由电阻、电容、电感三大元件构成的一端口无源网络的阻抗不但取决于元器件本身的固有参数,而且还与施加信号的频率有关。当器件的连接方式和固有参数确定时,该一端口网络的阻抗是一个关于电信号频率的函数。

任意一个无源一端口网络的阻抗可以表示成:

$$Z = R + \mathrm{j}X = |Z| \angle \varphi_Z \qquad (6\text{-}1)$$

式中,$|Z| = \sqrt{R^2 + X^2}$,$|Z|$ 称为阻抗模。

由阻抗 Z 的公式知,$R = |Z|\cos\varphi$,$X = |Z|\sin\varphi$。

由于电容的容抗和电感的感抗都是随输入信号的频率而变化的量,因此为了准确地获知电路中元器件的连接情况,不能仅仅通过施加某一个频率信号的激励测量出阻抗从而判断出器件的参数以及连接情况,而需要在较广频率信号的激励下测量阻抗的变化情况,从而做出相应的判断。因此,本系统就需要设计一个频率可控的正弦信号发生器。

下面来分析一下 RLC 三大元件在不同的连接方式下,元器件固有参数一定,阻抗随频率变化的特性曲线;单个器件的阻抗如下:

电阻器的阻抗:$Z = R$;

电容器的阻抗:$Z = -\mathrm{j}\dfrac{1}{\omega C}$;

电感器的阻抗:$Z = \mathrm{j}\omega L$。

对于被测二端网络的结构有以下几种情况:

(1) 单个元件构成,会有三种情况:纯电阻、纯电容、纯电感;

(2) 两个元件构成,会有六种情况:电阻电容串联、电阻电感串联、电容电感串联、电阻电容并联、电阻电感并联、电容电感并联;

（3）三个元件构成，会有八种情况，RLC 三个元件串联，RLC 三个元件并联，电阻电容串联后和电感并联，电阻电感串联后和电容并联，电容电感串联后和电阻并联，电阻电容并联后和电感串联，电阻电感并联后和电容串联，电容电感并联后和电阻串联。

对于由 RC 元件组成的被测网络，阻抗角 $\varphi < 0$；如何去判断该网络是电阻和电容的串联方式还是并联方式连接。RC 串联支路和 RC 并联支路，其阻抗的变化趋势是不一样的。

对于 RC 串联支路，假设阻值为 $R = 1\,\text{k}\Omega$，$C = 1\,\mu\text{F}$，输入信号频率从 1 Hz~10 MHz，通过 Multisim 软件对其进行电路仿真，运用交流（AC）分析，可以得到阻抗的幅频特性曲线，如图 6-1 所示。

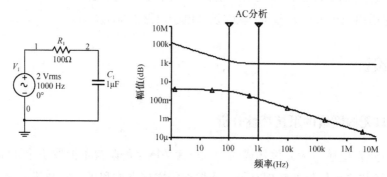

图 6-1　RC 串联支路及其阻抗幅频特性曲线

对于 RC 并联支路，假设阻值为 $R = 1\,\text{k}\Omega$，$C = 1\,\mu\text{F}$，输入信号频率从 1 Hz~10 MHz，运用 AC 分析，可以得到阻抗的幅频特性曲线，如图 6-2 所示。

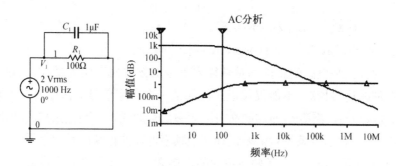

图 6-2　RC 并联支路及其阻抗幅频特性曲线

从特性曲线上可以看出，RC 串联支路的阻抗在信号很低时会保持一个较大的值几乎不变，随着输入信号频率的增大，阻抗会逐渐减小，在频率逐渐增大之后减小到恒定值，也就是 RC 串联支路中电阻的阻值，此时，电容在这样交流频率的信号下相当于短路。

而对于 RC 并联支路，在信号为 1 Hz 时电容的阻抗很大，相当于是断开的，此时整个 RC 并联支路呈现的阻抗就约等于电阻的阻值。在频率逐渐增大的一段低频区间上，RC 并联支路的阻抗仍然接近于电阻的阻值，这段低频区间的大小取决于 RC 支路的特征频率。当输入信号频率大于特征频率时 RC 并联支路的阻抗呈现较为明显的衰减现象，阻抗会由于高频信号的电容相当于短路而趋向于 0。因此,可以在 1 Hz～10 MHz 的频率变化下均匀采样 N 个点,根据阻抗值的变化趋势来判定是 RC 串联支路还是 RC 并联支路,确定好连接方式,就可根据阻抗模和阻抗角计算出 R、C 器件的参数值。

　　对于由 RL 元件组成的被测网络,$\varphi > 0$;但是对于 RL 串联支路和 RL 并联支路,其阻抗的变化趋势是不一样的,对于 RL 串联支路,假设阻值为 $R = 100\ \Omega$, $L = 1\ \text{mH}$,输入信号频率从 1 Hz～10 MHz,通过 Multisim 软件对其进行电路仿真,运用 AC 分析,可以得到阻抗的幅频特性曲线,如图 6-3 所示。

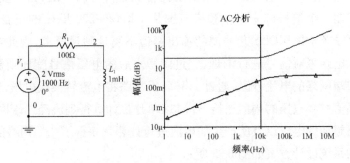

图 6-3　RL 串联支路及其阻抗幅频特性曲线

　　对于 RL 并联支路,假设阻值为 $R = 100\ \Omega$, $L = 1\ \text{mH}$,输入信号频率范围为 1 Hz～10 MHz,运用 AC 分析,可以得到阻抗的幅频特性曲线,如图 6-4 所示。

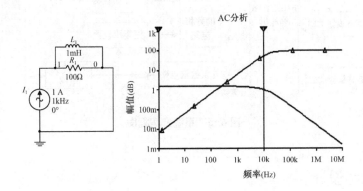

图 6-4　RL 并联支路及其阻抗幅频特性曲线

　　对于由 LC 元件组成的被测网络,$\varphi = +90°$ 或 $-90°$。根据系统测试出的 φ 值,便可判断被测网络的元件类型。

　　当判断出一端口无源网络的结构及器件类型时,只需要在一个固定频率的测试点,测得阻抗模 $|Z|$ 和阻抗角 φ,便可计算出元件的参数。具体计算表达式如下:

　　(1) RL 串联时, $R = |Z| \cos\varphi$, $L = |Z| \cdot \sin\varphi / \omega$;

　　(2) LC 串联时, $Z = \text{j} \cdot \left(\omega L - \dfrac{1}{\omega C} \right)$,则 $|Z| = \left| \omega L - \dfrac{1}{\omega C} \right|$,用两个不同频率的测试点,便可算出 L 和 C 的值;

（3）RC 并联时，$R = |Z|\sqrt{1+(\tan\varphi)^2}$，$C = -\tan\varphi/(\omega R)$；

（4）RL 并联时，先计算 $L = |Z|\sqrt{1+(\tan\varphi)^2}/(\omega \cdot \tan\varphi)$，再计算 $R = \omega \cdot \tan\varphi \cdot L$；

（5）LC 并联时，$Z = j\omega L/(1-\omega^2 LC)$，则 $|Z| = \omega L/(1-\omega^2 LC)$，用两个不同频率的测试点，便可算出 L 和 C 的值。

6.2.2　系统整体设计方案

通过 6.2.1 节内容对一端口无源网络的阻抗特性分析可以得出，为了实现设计目标，需要运用单片机控制一个信号源来产生频率范围是 1 kHz～200 kHz 的正弦波，设计中采用 DDS 信号源技术方案，由于 DDS 信号源的输出幅值不满足测量要求，因此在其后添加了一个同相比例放大电路来对信号进行调理，经过调理之后的电压信号施加到被测二端网络上从而获得流经二端网络的电流，随后通过 I/V 转换电路将电流转换成电压，经过峰值检测电路获得电压的幅值并将电压的幅值送给 STM32 单片机计算得到流经二端网络的电流大小，通过对二端网络施加的电压以及所产生的电流进行计算就获得了二端网络的阻抗。

整个项目的系统设计方案如图 6-5 所示。

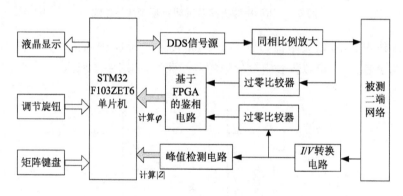

图 6-5　系统方案框图

6.3　硬件电路设计

网络阻抗测试仪的硬件电路根据功能划分被分为主控单元、正弦波信号产生电路、信号放大电路、I/V 转换电路、峰值检波电路、过零比较器电路以及基于 FPGA 的鉴相电路等七个部分。整个系统的供电采用正负 5 V 供电，主控和 FPGA 部分只需要 5 V 单电源供电即可。

6.3.1　测试仪主控单元的设计

网络测试仪的主控单元主要实现对整个系统的控制，主要功能包括根据测量模式控制 DDS 信号源输出、接收鉴相电路测量出来的相位差数据、通过模拟量输入通道测量峰值检测电路所测量的正弦波峰值、将测量结果通过液晶屏显示、接收调节旋钮以及矩阵键盘的输入值等。

根据主控单元的功能要求设计出的主控电路包括主控 MCU、DDS 信号源接口、液晶显示接口、矩阵键盘接口、与鉴相电路连接的 USART 接口、旋转编码器旋钮、AD 输入接口、与 PC 机连接的串口、两个 LED 信号、一个蜂鸣器。

主控单元的 MCU 采用 ST 公司的基于 Cortex™-M3 内核的 STM32F103ZET6 芯片，该微处理器最高工作频率可达 72 MHz，具有 512 KB 片内 Flash 存储器和 64 kB 片内 SRAM 存储器。可以满足 2~3.6 V 单一电压供电，具有睡眠、停止、待机三种低功耗模式，拥有 5 个 UART 和 3 个 12 位共 21 个通道的 ADC，具有 7 个 16 位的 GPIO 口，对外提供 112 个 I/O 口，完全满足本系统的应用需求。

STM32 芯片引脚图如图 6-6 所示。

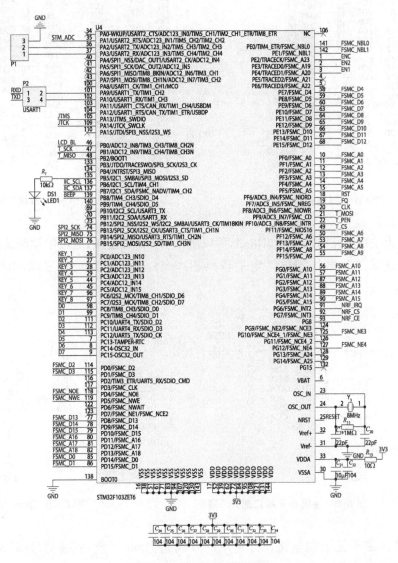

图 6-6　STM32 芯片引脚图

主控单元采用 SRAM 是为了搭配 TFT-LCD 显示屏驱动 STemWin 图形用户界面，设计更加美观、直观的 UI 界面。

SRAM 采用的是由 ISSI 公司生产的 IS61LV51216 芯片。该芯片容量达到 16×256 kByte，访问时间为 8、10、12、15 ns；CMOS 低功耗操作；可与 TTL 接口电平兼容；STM32 主控单元外围电路 SRAM 以及显示屏 LCD 接口图设计如图 6-7 和图 6-8 所示。

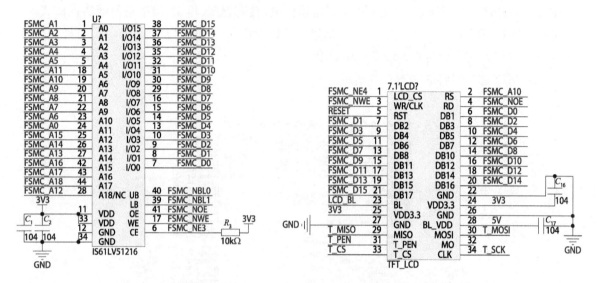

图 6-7　SRAM 引脚连接图　　　　　　图 6-8　显示屏 LCD 接口图

设计中为主控单元添加了串口电路，可以用来与 PC 机连接，通过串口调试助手对单片机程序进行调试。主要由 CH340 电平转换芯片配合外围电路设计完成，电路如图 6-9 所示。

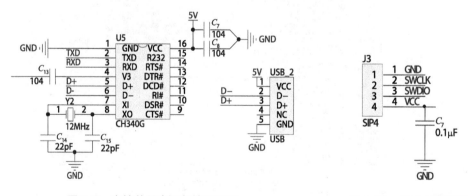

图 6-9　主控单元串口部分原理图　　　　图 6-10　Jlink 下载电路

STM32 主控单元下载电路设计采用的方式是 Jlink 下载，主要通过 STM32 芯片中 SWDIO 和 SWCLK 两个 I/O 口实现，具体电路设计如图 6-10 所示。

6.3.2　正弦波信号源电路设计

为了获得频率范围宽且精确的正弦信号,运用直接数字频率合成技术 DDS(Direct Digital Synthesizer)是较为优选的方法,通常将此视为第三代频率合成技术,它突破了前几种频率合成法的原理,从相位的概念出发进行频率合成。是根据相位间隔对正弦信号进行取样、量化、编码,然后储存在 EPROM 中构成一个正弦查询表。DDS 信号发生器可以由 FPGA 器件综合实现,也可以采用专用 DDS 芯片实现。

DDS 的基本结构包括相位累加器、正弦查询表(ROM)、数模转换器(DAC)和低通滤波器(LPF),其中从频率控制字到波形查询表实现由数字频率值输入生成相应频率的数字波形,其工作过程如图 6-11 所示。

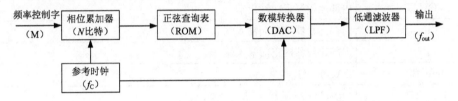

图 6-11　DDS 工作过程

AD9851 是由 ADI 公司生产的一款高性能 DDS 芯片。该芯片内的高速 DDS 内核可以接受 32 位的频率控制字,这使得在 180 MHz 的系统时钟下可以获得最高 70 MHz 的输出信号频率以及 0.04 Hz 的输出信号分辨率。由于芯片内部包含了一个 6 倍参考时钟的倍乘器,在参考时钟输入端只需输入 30 MHz 的参考时钟即可获得 180 MHz 的系统时钟。AD9851 是由数据输入寄存器、频率/相位寄存器、6 倍参考时钟倍乘器、10 位模/数转换器、高速比较器等部分组成。

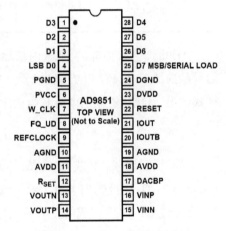

图 6-12　AD9851 芯片引脚图

AD9851 采用 28 引脚的 SSOP 表面封装,芯片引脚及其说明见图 6-12 和表 6-1。

表 6-1　AD9851 引脚说明

引脚	说　　明
D0~D7	8 位数据输入口,可给内部寄存器装入 40 位控制数据
PGND	6 倍参考时钟倍乘器电源地
PVCC	6 倍参考时钟倍乘器电源正极
W-CLK	字装入信号,上升沿有效
FQ-UD	频率更新控制信号,时钟上升沿确认输入数据有效

（续表）

引脚	说　明
REFCLOCK	外部参考时钟输入。CMOS/TTL 脉冲序列可直接或间接地加到 6 倍参考时钟倍乘器上。在直接方式中，输入频率即是系统时钟；在 6 倍参考时钟倍乘器方式，系统时钟为倍乘器输出
AGND	模拟地
AVDD	模拟电源（＋5 V）
DGND	数字地
DVDD	数字电源（＋5 V）
R_{SET}	DAC 模块的外部设置电阻接入端
VOUTN	内部比较器负向输出端
VOUTP	内部比较器正向输出端
VINN	内部比较器的负向输入端
VINP	内部比较器的正向输入端
DACBP	DAC 旁路连接端
IOUTB	"互补"DAC 输出
IOUT	内部 DAC 输出电流端
RESET	复位端。高电平清除 DDS 累加器和相位补偿为 0 Hz 和 0 相位，同时置编程模式为并行模式以及禁止 6 倍参考时钟倍乘器工作

AD9851 芯片内部的 DDS 内核输出的数字正弦信号驱动着一个用来构造模拟形式正弦信号的内部 10 位高速 D/A 转换器。这个 DAC 可以工作在单端模式下，也可以配置成差分模式输出。DAC 的输出电流和电阻 R_{SET} 之间存在如下表达式的关系：

$$I_{OUT} = 39.93/R_{SET} \tag{6-2}$$

在本设计中为了获取具备完整正负半周的正弦波，采用差分模式输出，选取 $R_{SET}=3.9\ \text{k}\Omega$，因此输出电流大致可以达到 10 mA。输出电流经过 R_3 及 R_4 转换成电压信号，再经过 OPA228 构成的差分放大电路得到幅值被放大了的正弦波。具体设计出来的正弦信号产生电路如图 6-13 所示。

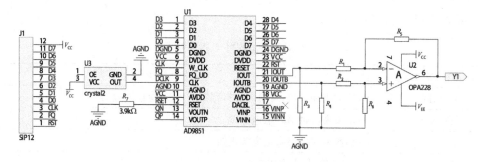

图 6-13　由 AD9851 构成的正弦信号产生电路

电路中 J1 端子是单片机对其控制的信号接口,从差分放大电路输出的信号会包含较多的噪声,接着设计了一个 70 MHz 的椭圆低通滤波器电路,如图 6-14 所示。最后经过滤波后的正弦信号由标号为 J2 的 SMA 端子输出。

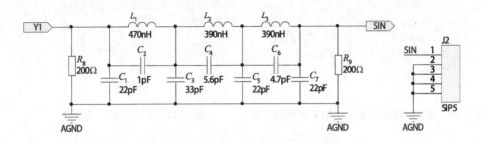

图 6-14　70 MHz 椭圆低通滤波器电路

6.3.3　信号放大电路设计

由 AD9851 芯片构成的 DDS 信号产生电路产生的信号幅值不是足够大,如果直接将该信号加载到被测二端网络上,经过 I/V 转换电路得到的信号可能没有较大的变化范围,也不便于峰值检波电路进行测量,而且还会降低测量的分辨率。为了提高测量的分辨率,需要将 DDS 所产生的信号进行放大至设计中要求的稳定的 2 V 电压幅值输出,可以采用 OPA228 运放构成的同相比例放大电路来实现这一功能,如图 6-15 所示。

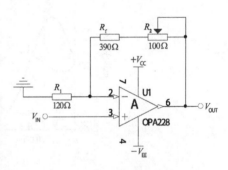

图 6-15　信号放大电路

6.3.4　I/V 转换电路设计

由信号放大电路得到了幅值为 2 V,频率可控的正弦波信号,将该信号施加到被测二端网络上,如果能够测量到被测二端网络的总电流,就可以计算出该二端网络的阻抗模。

解决该问题的方法是:将被测二端网络接在同相比例放大电路的输出端与 I/V 转换电路运放的反相输入端之间,这样用 I/V 转换电路的输出电压的幅值除以反馈电阻就可以得到反馈支路的电流幅值 I_{fm},而这个电流是与 I/V 转换电路输入端的电流 I_{im} 近似相等的,输入端的电流完整地流经二端网络至运放的反相输入端,由于反相输入端虚地的特性,因此,被测二端网络的两端电压就等于 I/V 转换电路输入端的电压,在本设计中为幅值为 2 V 的正弦波,因此,就可以由单片机计算出二端网络的阻抗模 $|Z|=U_{\mathrm{im}}/I_{\mathrm{im}}$。

采用 TI 公司的 OPA228 运放设计的 I/V 转换电路原理图如图 6-16 所示。

例如:当被测二端网络是一个电阻与电容串联的支路时,对该电路构建仿真电路如图 6-17 所示。

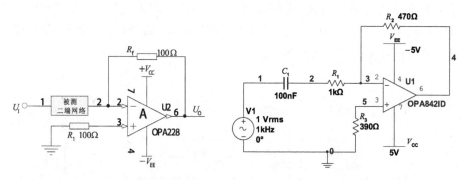

图 6-16　由 OPA228 运放设计的 I/V 转换电路　　　图 6-17　瞬态分析仿真电路

对上述电路进行瞬态分析,得到如图 6-18 所示的仿真波形,输入正弦波的频率为 1 kHz,有效值为 1 V,经过 I/V 转换电路之后得到的输出电压有效值为 0.25 V。

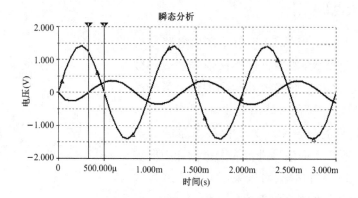

图 6-18　被测网络是容性时瞬态分析得到的仿真波形

而此电路输出电压有效值与输入电压有效值的关系为:

$$U_\mathrm{o} = \frac{R_\mathrm{f}}{|Z|} U_\mathrm{i} \tag{6-3}$$

式中,R_f 是反馈电阻的阻值,$|Z|$ 是被测网络的阻抗模。因此被测网络的阻抗模就可以由已知的所施加信号的电压有效值、已知的反馈电阻的阻值及测量出来的输出电压信号的有效值三个量按如下表达式计算出来:

$$|Z| = \frac{R_\mathrm{f}}{U_\mathrm{o}} U_\mathrm{i} = \frac{470\ \Omega}{0.25} = 1\,880\ \Omega \tag{6-4}$$

由于运放的带负载能力是有限的,这个能力的强弱主要取决于运放的最大输出电流,OPA228 的输出电流最大值 $I_\mathrm{o\,max} = 50$ mA;由于前级施加的输入信号幅值为 2 V,为了确保该信号能驱动被测二端网络,则能够被接受的被测二端网络的最小阻抗为:

$$|Z|_\mathrm{min} = \frac{2\ \mathrm{V}}{I_\mathrm{o\,max}} = \frac{2\ \mathrm{V}}{50\ \mathrm{mA}} = 40\ \Omega \tag{6-5}$$

如果前级放大电路采用 OPA820 运算放大器,其 $I_{\text{o max}}=90$ mA,则能够被接受的被测二端网络的最小阻抗为 22 Ω,即在 2 V 输出幅值的情况下能够不失真地带动的最大负载为22 Ω。

当被测二端网络阻抗减小的同时,又会导致 I/V 转换电路输出电压的增大,为了保证阻抗测量的精确性,必须确保放大倍数的精确性,设计中电源电压为 ±5 V,反馈电阻 R_{f} 为 100 Ω,如果被测二端网络的阻抗为 22 Ω,则 2 V 的输入信号经过线性放大后,将会得到接近 10 V 的幅值输出,这远远超出了器件的供电范围,所以本设计中前级放大电路选用 OPA228 器件可以满足设计需求,并且可以测量的最小阻抗为 50 Ω,这样经过放大之后得到大约 4 V 的电压幅值输出。

本设计方案不能为了获得较小的阻抗而去一味地减小反馈电阻的阻值,因为当被测二端网络的阻抗较大时,例如当 $|Z|=10$ kΩ,$R_{\text{f}}=100$ Ω 时,经过 I/V 转换电路后的输出电压幅值只有 20 mV,这么小的电压如果没有很好的降噪输出,也很难确保阻抗模测量的精确性。因此为了使电路能够测量尽可能宽广的阻抗模范围,选择了反馈电阻 R_{f} 为 100 Ω,这样对应于被测二端网络的阻抗模从 50 Ω~10 kΩ 变化,I/V 转换电路的电压幅值从 4 V~20 mV 变化,该电压幅值的变化范围较好地利用到了运放能够输出信号的范围,并且这个电压幅值也在 AD603 的测量范围之内。并且满足系统设计需求。

为了测量出二端网络的阻抗,除了需要测量阻抗模,还需要测量阻抗角,二端网络的阻抗角实质上就是施加在二端网络的两端电压与流经电流的相位差,由于 I/V 转换电路的反馈网络是纯电阻网络,所以其输出电压 $\dot{U}_{\text{o}}$ 与二端网络的电流 $\dot{I}_{\text{f}}$ 呈反向关系。而 $\dot{I}_{\text{f}}$ 与 $\dot{I}_{\text{i}}$ 的大小与相位相同,因此 $\dot{U}_{\text{o}}$ 与 $\dot{I}_{\text{i}}$ 也是反相关系,因此为了获得 $\dot{U}_{\text{i}}$ 与 $\dot{I}_{\text{i}}$ 之间的相位关系,可以间接地通过考察 $\dot{U}_{\text{o}}$ 与 $\dot{U}_{\text{i}}$ 的相位关系来获知 $\dot{U}_{\text{i}}$ 与 $\dot{I}_{\text{i}}$ 之间的相位关系。

6.3.5　峰值检波电路的设计

为了获知二端口网络的阻抗模,需要通过 AD 采样测量出 I/V 转换电路之后的输出电压幅值,由于输出电压频率可能会达到 200 kHz,因此要求 AD 采样模块有较高的采样频率,将采样的模拟值经过 FFT 运算来获取信号的幅值,这样就会产生较大的运算量和计算时间,当输入扫频信号来获取阻抗特性曲线时,需要耗费更长的时间。如果通过加入一个峰值检波电路来将 I/V 转换电路的输出信号转换成直流量送给处理器内部的 AD 转换模块读取,这样的模式大大加快了二端网络的阻抗特性分析过程。

峰值检波电路的作用是对输入信号的峰值进行测量,产生输出电压 U_{o}。本系统中采用了以 AD637 集成芯片作为核心的峰值检波电路,电路图如图 6-19 所示。AD637 是一款完整的高精度、单芯片均方根直流转换器,可计算任何复杂波形的真均方根值。它提供集成电路均方根直流转换器前所未有的性能,精度、带宽和动态范围与分立和模块式设计相当。AD637 提供波峰因数补偿方案,允许以最高为 10 的波峰因数测量信号,额外误差小于 1%。带宽允许测量 200 mV 均方根、频率最高达 600 kHz 的输入信号以及 1 V 均方根以上、频率最高达 8 MHz 的输入信号,满足设计目标的要求。通过集成芯片的应用,大大减少了外围电路,并且测量出的数据更加精确。

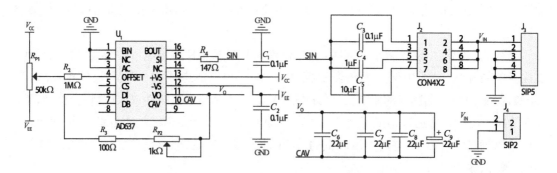

图 6-19 由 AD637 芯片构成的峰值检波电路

设计电路中,针对不同频率的输入信号采用了 J2 端子分四路接入不同的耦合电容以达到最佳测量效果。AD637 集成芯片的 11 号引脚即可得到输入正弦信号的均方根值。

6.3.6 过零比较器电路设计

设计中通过鉴相电路来实现对 I/V 转换电路中输出电压与输入电压相位差的测量,从而获知二端网络输入电压与电流的相位关系。由于鉴相电路采用 FPGA 器件来实现,因此要求输入的两路信号必须是幅值不超过 3.3 V 的脉冲信号。而 I/V 转换电路中的输入电压和输出电压都是带有负极性的正弦波,因此需要将这两路正弦波各自经过一个同相过零比较器将其转换成正极性的脉冲信号,才可以送至鉴相电路进行相位差的测量。

由于施加给被测二端网络的信号频率最大可达 200 kHz 以上,因此比较器采用高速运放 OPA820,在双电源供电下可以获得较好的方波信号输出,由于鉴相电路只可以接收没有负半周的 TTL 信号,因此在比较器的输出端通过二极管整流电路将信号的负半周截除。正弦信号施加给过零比较器的输入与输出信号如图 6-20 所示。

因此,I/V 转换电路中的输入电压 v_i 经过过零比较器得到同频的脉冲信号 v_{ip},输出电压 v_o 经过过零比较器得到同频的脉冲信号 v_{op}。

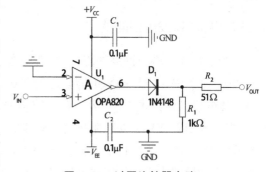

图 6-20 过零比较器电路

6.3.7 基于 FPGA 的鉴相电路的设计

鉴相电路是用来测量两路同频周期脉冲输入信号的相位差,从而间接地获知被测二端网络两端施加的电压超前电流的角度,也就是被测二端网络的阻抗角。

设计目标中测量激励源的频率需要达到 200 kHz,为了获得较高的测量精度,选用 Intel 公司的型号为 EP4CE6E22C8 的 FPGA 器件来实现相位差的测量。鉴相电路的设计原理图如图 6-21 所示。

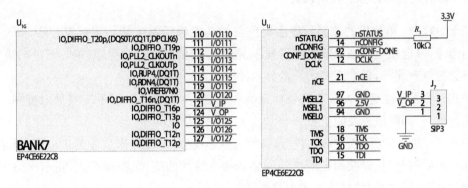

图 6-21　鉴相电路

　　由于 FPGA 采用 SRAM 存储编程数据,掉电后将丢失所储存的信息,因此,在接通电源后,首先必须对 FPGA 中的 SRAM 载入编程数据,使 FPGA 配置成相应逻辑功能的芯片。FPGA 有多种配置模式,通过将 MSEL0～MSEL2 引脚配置成 010 来实现 AS 配置模式,串行配置芯片选用 EPCS4。设计中的 AS 配置模式电路实现如图 6-22 所示。

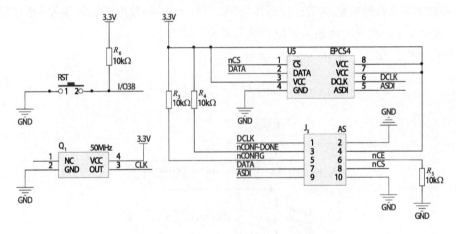

图 6-22　FPGA 的 AS 配置模式实现电路

6.4　软件程序设计

　　网络阻抗测试仪的软件部分主要包括基于 STM32 单片机的控制程序设计和基于 FPGA 的鉴相电路的硬件描述语言设计。STM32 单片机的控制程序设计主要包括 DDS 信号源的控制输出,对峰值检波电路送过来的峰值电压进行模数转换,从而计算出被测二端网络的阻抗角。串口接收 FPGA 器件实现的鉴相电路送过来的阻抗角,驱动液晶显示阻抗的特性曲线以及被测二端网络的各项参数,读取矩阵键盘输入的键值。

6.4.1 系统软件程序总体架构设计

基于 STM32 单片机的控制程序主要负责的功能包括系统初始化配置程序、DDS 信号源控制程序、峰值检波模拟量输入测量程序、相位差测量数据处理程序、矩阵键盘扫描程序、人机界面控制程序等,整个系统的测量分两种模式:

模式一:通过键盘输入激励信号特定的频率点,在该频率点下系统测量出被测二端网络的阻抗值,包括阻抗模及阻抗角。

模式二:通过键盘设定激励信号频率的起点和终点,以及频率变化的步进值,让信号源扫频输出激励信号,从而获得被测二端网络的频率特性曲线、谐振频率点、指示网络中元件的类型与参数以及它们的拓扑连接方式。

整个程序采用前后台程序结构,前台程序包括外部中断触发函数、串口中断服务函数、模数转换中断服务函数、定时器中断服务函数等。后台函数主要是轮询各个中断触发的情况,对应上述的中断去执行 KeyHandle 函数,该函数将会根据输入的按键位置来确定系统的工作模式,以及在此模式下对 DDS 信号源作出相应的控制等。UARTHandle 函数主要接收基于 FPGA 的相位差测量电路送过来的测量数据。ADHandle 函数是将峰值检波电路测量出来的模拟值转换成数字量进行运算处理。THandle 函数用于定时触发相应的其他功能函数。另外,每一次的轮询还需要刷新液晶屏显示内容。

系统程序的工作流程图如图 6-23 所示。

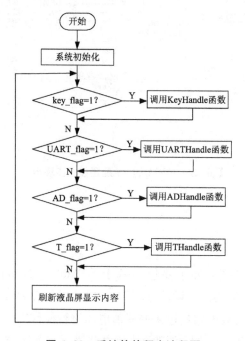

图 6-23　系统软件程序流程图

6.4.2　正弦波信号源控制程序设计

在 DDS 应用系统中,输出信号频率、系统时钟频率和频率控制字三者之间的关系是:

$$f_{out} = (\Delta Phase \times f_{clk})/2^{32} \tag{6-6}$$

可推导出频率控制字应该设置的值:

$$\Delta Phase = f_{out} \times (2^{32}/f_{clk}) \tag{6-7}$$

在 AD9851 内部有一个 40 位的寄存器用来存储 32 位频率控制字、一个 5 位的相位调制字、一个 6 倍参考时钟倍乘器使能位和一个掉电功能控制位。这 40 位的寄存器可以分割成 5 个 8 位字,定义为 W0～W4;这 5 个 8 位字的每一位对应的含义见表 6-2。

表 6-2　8 位并行载入数据控制字功能分配

Word	Data[7]	Data[6]	Data[5]	Data[4]	Data[3]	Data[2]	Data[1]	Data[0]
W0	Phase-b4(MSB)	Phase-b3	Phase-b2	Phase-b1	Phase-b0(LSB)	Power-Down	Logic 0★	6×REFCLK Multiplier Enable
W1	Freq-b31(MSB)	Freq-b30	Freq-b29	Freq-b28	Freq-b27	Freq-b26	Freq-b25	Freq-b24
W2	Freq-b23	Freq-b22	Freq-b21	Freq-b20	Freq-b19	Freq-b18	Freq-b17	Freq-b16
W3	Freq-b15	Freq-b14	Freq-b13	Freq-b12	Freq-b11	Freq-b10	Freq-b9	Freq-b8
W4	Freq-b7	Freq-b6	Freq-b5	Freq-b4	Freq-b3	Freq-b2	Freq-b1	Freq-b0(LSB)

运用单片机对 AD9851 的 40 位的寄存器进行控制就可以获得不同频率的信号输出。其中 W0 的 Data[0] 位是 6 倍参考时钟倍乘器的使能位,将该位置 1 将会对晶振的振荡频率 6 倍频后作为采样时钟。在本设计中参考时钟输入是 30 MHz 的晶振,经过 6 倍频后就会得到 $f_{clk} = 180$ MHz 的采样时钟。W0 的 Data[1] 位必须要求始终为 0,W0 的 Data[2] 位是掉电功能控制位,将该位置 1 将会使得该芯片处于休眠状态,从而可以大大减小芯片的能耗。W0 的 Data[7]～Data[3] 共 5 位是相位调制字,可以控制输出信号的相移最大分辨率为 11.25°。

对该寄存器的数据装载有串行和并行两种数据输入方式,在并行数据控制方式中,通过 8 位总线 D0～D7 将对应数据输入到寄存器,在依次 5 个字载入时钟 W_CLK 上升沿之后,将 5 个 8 位的控制字 W0～W4 依次装载到输入寄存器中,再通过频率更新控制引脚 FQ_UD 的上升沿把 40 位数据从输入寄存器装入到频率/相位数据寄存器(更新 DDS 输出频率和相位),同时把地址指针复位到第一个输入寄存器。延迟至少 7ns 的时间再让 FQ_UD 恢复到低电平。

整个控制字的并行输入时序图如图 6-24 所示。

串行数据输入操作有两种数据传送方式,即从最高位开始传送和从最低位开始传送,这是由控制寄存器 1 的第 8 位来决定的。默认状态为低电平,此时先传送最高位,若为高电平则先传送最低位。串行操作的时序如图 6-25 所示。

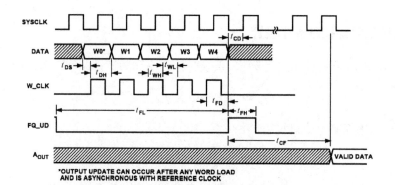

图 6-24　控制字并行输入的时序图

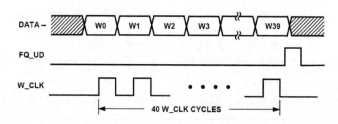

图 6-25　控制字串行输入的时序图

在串行输入方式,W-CLK 上升沿把 25 引脚的一位数据串行移入,当移动 40 位后,用一个 FQ_UD 脉冲即可更新输出频率和相位。图 6-25 是相应的控制字串行输入的控制时序图。AD9851 的复位(RESET)信号为高电平有效,且脉冲宽度不小于 5 个参考时钟周期。AD9851 的参考时钟频率一般远高于单片机的时钟频率,因此 AD9851 的复位端(RESET)可与单片机的复位端直接相连。

在用单片机控制的过程中,如果单片机的 I/O 口数量足够,可以采用并行装载控制字的方式对 AD9851 的输出信号进行控制;根据 AD9851 的操作时序,在控制它产生波形之前需要对该器件进行初始化。

```
void AD9851_reset(void)//并行初始化

{

    DDS_W_FQ_UD_L();//拉低 FQ_UD

    delay_μs(1);//延时 1 μs

    DDS_W_CLK_L();//拉低 CLK,数据传输等待状态

    delay_μs(1);//延时

    DDS_RST_L();//产生一个高电平的脉冲信号 RESET 对 AD9851 进行复位

    delay_μs(10);

    DDS_RST_H();

    delay_μs(10);

    DDS_RST_L();

}
```

在主控制程序中, 当需要 AD9851 产生相应频率的信号时, 可以通过调用一个函数 AD9851_WR() 来实现, 该函数需要提供控制字 W0 及所需产生信号的频率作为实参; 电路中采用并行输入数据, 因此, 设计出该功能函数的源代码如下:

```
//并行写数据,W0 是 40 位寄存器的第一个字节,包括是否开启参考时钟倍乘器等内容
//frequency 为目标所输出的信号频率
void AD9851_WR(μ8 W0,double frequency)
{
    μ8 W;
    long int M;//根据目标频率计算出的频率控制字装载到 M 变量中
    double   x;
    int i;
    x = 4294967296u/180;// 2³²/System Clock
    frequency = frequency/1000000;//将输入的频率转换成兆赫兹(MHz)
    M = frequency * x;//再乘上之前所算出的 2³²/System Clock 得到 Δphase
    //首先向 AD9851 传送控制字 W0
    GPIO_Write(GPIOA,W0);//传送的内容主要包括相位调制字和是否使能倍频器
    delay_μs(10);
    DDS_W_CLK_H();//拉高 CLK
    delay_μs(10);
    DDS_W_CLK_L();//拉低 CLK,数据传输成功
    //将频率控制字部分即 W1~W4 依次写入到 AD9851
for(int i=3;i>=0;i--)
{
    W=(M>>(8*i));//当 i=3 时,右移 24 位后,频率控制字的最高 8 位被移入 W
        GPIO_Write(GPIOA,W);//W1 对应的是频率控制字的最高 8 位
        delay_μs(10);
        DDS_W_CLK_H() ;//拉高 CLK
        delay_μs(10);
        DDS_W_CLK_L();//拉低 CLK,数据传输成功
}
DDS_W_FQ_UD_H();//40 位数据写入完毕后,通过 FQ_UD 信号的上升沿将数据载入
delay_μs(10);
DDS_W_FQ_UD_L();
}
```

6.4.3　模拟量输入测量模块程序设计

峰值检波电路可以获得正弦波信号的有效值, 通过 STM32 内部的 12 位分辨率的 A/D 转换器模块可以获得有效值的电压大小, 从而计算出被测二端网络的阻抗模。设计中 $V_{REF}-$ 取自电路的 AGND, $V_{REF}+$ 取自电路的 AVCC, 由于 AVCC 的供电为 3.3 V, 因此, 单

片机的最小分辨电压为 $0.8\ \mathrm{mV}$。

在本设计中,使用 A/D 转换器模块前进行了如下的初始化设置:

```
void   Adc_Init(void)//adc 初始化
    {
    ADC_InitTypeDef ADC_InitStructure;
    GPIO_InitTypeDef GPIO_InitStructure;
    RCC_APB2PeriphClockCmd(RCC_APB2Periph_GPIOA|RCC_APB2Periph_ADC1,ENABLE
);//使能 ADC1 通道时钟
    RCC_ADCCLKConfig(RCC_PCLK2_Div6);//设置 ADC 工作时钟为 72M/6 = 12MHz
    GPIO_InitStructure.GPIO_Pin = GPIO_Pin_1;
    GPIO_InitStructure.GPIO_Mode = GPIO_Mode_AIN;//将 PA1 设置为模拟量输入引脚
    GPIO_Init(GPIOA,&GPIO_InitStructure);
    ADC_DeInit(ADC1);//复位 ADC1
    ADC_InitStructure.ADC_Mode = ADC_Mode_Independent;//ADC 工作模式:ADC1 和 ADC2 工
作在独立模式
    ADC_InitStructure.ADC_ScanConvMode = DISABLE;//模数转换工作在单通道模式
    ADC_InitStructure.ADC_ContinuousConvMode = DISABLE;//模数转换工作在单次转换模式
    ADC_InitStructure.ADC_ExternalTrigConv = ADC_ExternalTrigConv_None;//转换由软件而
不是外部触发启动
    ADC_InitStructure.ADC_DataAlign = ADC_DataAlign_Right;//ADC 数据右对齐
    ADC_InitStructure.ADC_NbrOfChannel = 1;//顺序进行规则转换的 ADC 通道的数目
    ADC_Init(ADC1,&ADC_InitStructure);//根据 ADC_InitStruct 中指定的参数初始化外设
ADCx 的寄存器
    ADC_Cmd(ADC1,ENABLE);//使能指定的 ADC1
    ADC_ResetCalibration(ADC1);//使能复位校准
    while(ADC_GetResetCalibrationStatus(ADC1));//等待复位校准结束
    ADC_StartCalibration(ADC1);//开启 AD 校准
    while(ADC_GetCalibrationStatus(ADC1));//等待校准结束
    ADC_ITConfig(ADC1,ADC_IT_EOC,ENABLE);//使能 EOC 中断
    ADC_SoftwareStartConvCmd(ADC1,ENABLE);//使能 ADC1 的软件转换启动功能
    }
```

在获取 AD 转换结果时采用了中断的方式,如图 6-26 所示。

中断处理函数的代码如下:

```
voidADC_Init(void)/
    {
    ADC_ClearITPendingBit(ADC1,ADC_IT_EOC);
    ADCDAT = ADC_GetConversionValue(ADC1);
    }
```

6.4.4　矩阵键盘扫描程序设计

设计中选用一个 4×4 的矩阵键盘作为网络阻抗测试仪的输入设备,可以为不同位置的按键赋予具体的含义以实现所需要的设置输入。其中有 10 个按键是数值键,对应数值 0～9,另外 6 个按键被定义成控制按键,包括 WakeUp、Enter、ModeSelect、Delete、Next 等。

在设计中为了预防用户不小心碰到按键产生误操作,程序中设置了 WakeUp 唤醒键,只有当用户首先按下的是 WakeUp 键,后续的按键输入才会被响应。由于在用户输入的过程中可能出现差错并修改,因此只有当输入完毕按下 Enter 键后,系统才会处理整个完整的输入内容,从而根据设置的模式控制 DDS 信号源产生相应的正弦波进行测量显示。系统的工作模式需要通过按键来设置,对应两种不同的工作模式需要有不同的设置过程:

模式一:固定频率测量模式

通过按下 WakeUp→频率值的最高位→……→频率值的最低位→Enter,实现设置以所输入的固定频率来触发 DDS 信号源产生该频率的正弦波。

模式二:扫频测量模式

通过按下 WakeUp→ModeSelect→起始频率值的最高位→……→起始频率值的最低位→ModeSelect→终止频率值的最高位→……→终止频率值的最低位→ModeSelect→扫描步进值的最高位→……→扫描步进值的最低位→Enter,实现从起始频率到终止频率按照步进值触发 DDS 信号源产生扫频正弦波。

在固定频率测量模式中,系统会自动定时测量二端网络的阻抗并刷新显示结果;在扫描测量模式中系统会按照键盘所设置的测量模式测量一次并显示测量结果。如需进行下一次扫描测量,则需要再次进行完整的按键输入。

按键中断的处理函数的流程图如图 6-27 所示,每一次的按键输入都会触发一次按键中断处理,但是只有当一次完整的输入结束后即检测到 Enter 键被按下才会启动系统进行一次新的设置及测量。

通过扫描读取 4×4 的矩阵键盘的键值流程图如图 6-28所示。

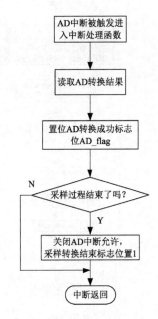

图 6-26　AD 转换中断服务程序

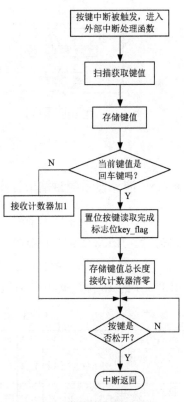

图 6-27　键盘中断服务程序

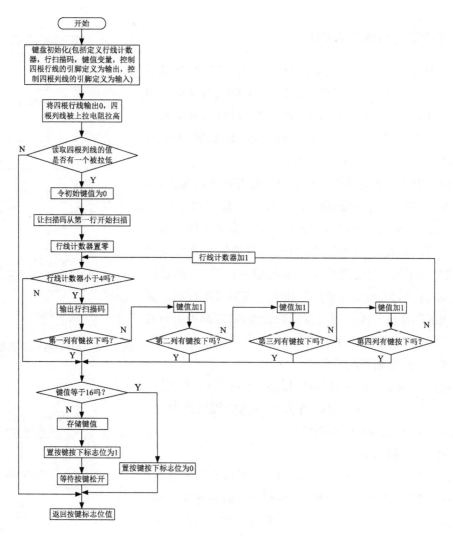

图 6-28　扫描读取键值流程图

6.4.5　液晶显示测量结果程序设计

本设计中,液晶显示采用 7 寸 TFT-LCD 液晶屏,液晶屏的驱动控制采用了 ILI9341 驱动芯片。ILI9341 液晶控制器自带显存,其显存总大小为 172800(24032018/8),即 18 位模式(26 万色)下的显存量。在 16 位模式下,ILI9341 采用 RGB565 格式存储颜色数据,此时 ILI9341 的 18 位数据线与 MCU 的 16 位数据线以及 LCD GRAM 的对应关系见表 6-3。

表 6-3　ILI9341 驱动芯片与 LCD GRAM 数据位关系表

9341 总线	D17	D16	D15	D14	D13	D12	D11	D10	D9	D8	D7	D6	D5	D4	D3	D2	D1	D0
MCU 数据 (16 位)	D15	D14	D13	D12	D11	NC	D10	D9	D	D	D	D	D	D	D	D	D	NC
LCD GRAM (16 位)	R[4]	R[3]	R[2]	R[1]	R[0]	NC	G[5]	G[4]	G[3]	G[2]	G[1]	G[0]	B[4]	B[3]	B[2]	B[1]	B[0]	NC

从表 6-3 中可以看出，ILI9341 在 16 位模式下数据线用到的是：D17～D13 和 D11～D1，D0 和 D12 并未用到，设计中采用的 TFT-LCD 模块里面，ILI9341 的 D0 和 D12 并没有引出，所以 ILI9341 的 D17～D13 和 D11～D1 对应 MCU 的 D15～D0。

这样 MCU 的 16 位数据，最低 5 位代表蓝色，中间 6 位为绿色，最高 5 位为红色。数值越大，表示该数值的颜色越深。ILI9341 所有的指令都是 8 位（高 8 位无效），且参数除了读写 GRAM 的时候是 16 位，其他操作参数都是 8 位。

TFT-LCD 使用流程如图 6-29 所示，其中硬复位和初始化序列只需要执行一次即可。而画点流程就是：设置坐标→写 GRAM 指令→写入颜色数据，然后在 LCD 上面，就可以看到对应的点显示写入的颜色了。读点流程为：设置坐标→读 GRAM 指令→读取颜色数据，这样就可以获取到对应点的颜色数据了。

本项目设计中，对于 UI 界面采用的是基于 STM32 的 STemWin 图形用户界面设计，界面简洁美观，通过相应 GUI 函数调用，参数计算，可以设计出相应的图形界面。不需要单个描点

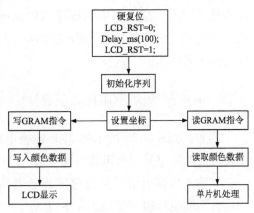

图 6-29　TFT-LCD 使用流程图

绘画曲线，将项目相关数据参数传入函数中，便能够精确显示出波形曲线。

STemWin 是 STM32 单片机中最为常用的图形用户界面，该 GUI 是由德国 SEGGER 公司专门为 ST 公司 STM32 系列单片机设计的 GUI，在使用 STM32 系列单片机时可以免费使用这款 GUI。STemWin 是闭源的，在工程初始化 STemWin 前需要使能 CRC 时钟进行校验，如果没有使能 CRC 时钟，STemWin 并不能初始化完成，启动不起来。

在使用 STemWin 时，最为常用的是其中的 GUIBuilder 工具。使用该工具可以更加方便地对 UI 界面进行设计。

GUIBuilder 应用程序是一款无须使用 C 语言编程即可创建对话框的工具。小工具的放置和大小调整，可通过拖放操作来实现，无须编写源代码。根据上下文菜单，能添加其他各种属性。对这些小工具的属性进行编辑后，就能实现微调。对话框可以另存为 C 文件，在添加用户定义的代码后可对其进行增强。GUIBuilder 可以加载并修改具有嵌入式用户代码的这些 C 文件。

6.4.6　相位差测量的硬件描述语言设计

从过零比较器出来的两路脉冲信号 v_{ip} 和 v_{op} 需要通过鉴相电路获得这两路信号的相位差。具体实现方案如下：

先将这两路信号进行与运算获得信号 v_a，测量出该信号的高电平脉冲宽度 T_h 以及信号的周期 T_a，以 v_{ip} 的上升沿作为参考时刻，如果 v_a 在对应的参考时刻是高电平，说明被测二端网络是感性的，并且 v_a 信号的高电平脉冲的宽度 T_h 占整个周期 T_a 的比例就是被测二端网

络中电压超前电流的角度占整个周期（360°）的比例。即二端网络的阻抗角有如下表达式：

$$\varphi = \frac{T_\mathrm{h}}{T_\mathrm{a}} \times 360° （阻抗 Z 呈感性）\tag{6-8}$$

如果 v_a 在对应的参考时刻是低电平，即 v_a 高电平的出现滞后于 v_ip 的上升沿一个小于 180° 的角，说明被测二端网络是容性的，并且 v_a 信号的高电平脉冲的宽度 T_h 占整个周期 T_a 的比例就是被测二端网络中电压滞后电流的角度占整个周期（360°）的比例。即二端网络的阻抗角有如下表达式：

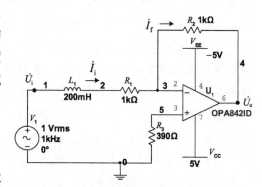

$$\varphi = \frac{T_\mathrm{h}}{T_\mathrm{a}} \times 360° （阻抗 Z 呈容性）\tag{6-9}$$

例如：如图 6-30 所示的 I/V 转换电路，其中被测二端网络是由电阻和电感构成。

图 6-30　被测网络由电阻、电感构成的 I/V 转换电路

其输入与输出信号经过过零比较器再进行与运算后的波形图情况如图 6-31 所示。

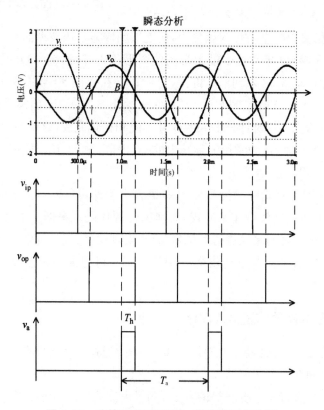

图 6-31　感性二端网络输入/输出信号相位图

若 $\dot{U}_i$ 超前 $\dot{I}_i$ 的角度为 φ，该角就是被测二端网络的阻抗角，$\dot{I}_i$ 与 $\dot{I}_f$ 相等，而 $\dot{U}_o$ 与 $\dot{I}_f$ 反相，则 $\dot{U}_i$ 超前 $\dot{U}_o$ 的角度为 $\varphi+180°$，或者说 $\dot{U}_o$ 超前 $\dot{U}_i$ 的角度为 $180°-\varphi$，从波形图中的 A 点与 B 点的关系能够看出这种关系。因此，$\dot{U}_o$ 与 $\dot{U}_i$ 对应的方波信号进行逻辑与得到的高电平宽度占整个周期的比例就是 $\dot{U}_i$ 超前 $\dot{I}_i$ 的角度 φ。

根据以上的设计方案，设计出 FPGA 的顶层原理图，如图 6-32 所示。其中 signal 模块负责输入信号的与逻辑处理及与逻辑之后高电平脉宽的测量。uart_send 模块负责将高电平脉宽及总周期宽度的数值通过串口发送给 STM32 主处理器。两个模块功能的具体实现可以采用硬件描述语言实现。

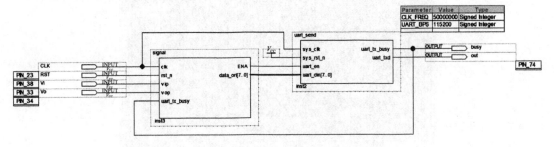

图 6-32　相位差测量顶层原理图

6.5　系统的调试与测试

6.5.1　I/V 转换电路的调试

在设计完整的电路之前需要对各个功能模块进行局部调试，以确保各个功能模块器件的选型合适，参数设置合适。

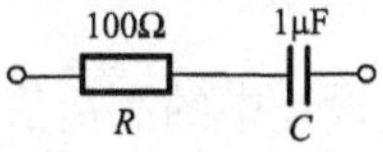

选择被测二端网络为 RC 串联电路，元件参数如图 6-33 所示，通过信号源施加不同频率的输入信号，测量输入与输出电压。

图 6-33　RC 串联电路

当 $f=1\,\text{kHz}$ 时，RC 串联电路的阻抗理论值 $Z=100-\text{j}159\ \Omega=188\angle57.8°\ \Omega$。调节信号源的输出为正弦波，调节输出幅值使得加在输入端的电压幅值大小为 2 V，此时观察到信号源的输出幅值为 2.3 V，这说明由反相比例放大电路构成的 I/V 转换电路的输入电阻不是无穷大，所以由信号源输出的信号有一部分施加到了外部电路上，其自身内阻也消耗了一部分电压。按照理论计算，转换之后的输出电压幅值为 $100/188\times2=1.06$ V。实测输出电压幅值 $U_{\text{outm}}=0.94$ V，根据实测值由单片机计算出反馈支路的电流 $I_{\text{fm}}=0.94/100=9.4$ mA，再依据阻抗模 $|Z|=U_{\text{im}}/I_{\text{im}}=2\,\text{V}/9.4\,\text{mA}\approx212\ \Omega$，比理论值大了约 24 Ω。

当信号源 $f=10\,\text{kHz}$ 时，阻抗理论值 $Z=100-\text{j}15.9\ \Omega=101.25\angle9°\Omega$，实测当信号源的输出幅值为 2.82 V 时，施加在 I/V 转换电路的输入端电压为 $U_{\text{im}}=2$ V，说明随着信号频率的增大，二端网络的阻抗在减小，实测输出电压幅值 $U_{\text{outm}}=1.84$ V，因此反馈支路的电流 $I_{\text{fm}}=1.84\,\text{V}/100=18.4$ mA，最后，根据测量值计算得到阻抗模 $|Z|=U_{\text{im}}/I_{\text{im}}=2\,\text{V}/18.4\,\text{mA}=$

108 Ω,比理论值大了约 7 Ω。

由于器件标称值与实际值之间会存在误差,且被测电解电容的容量误差更大,及绝缘电阻偏小等原因,测量值与理论值的偏差在正常范围内。因此该电路是可行的。

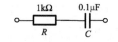

图 6-34　改变 RC 串联电路参数

当改变 RC 串联电路的参数,$R = 1\,k\Omega$,$C = 0.1\,\mu F$ 时,测出的波形如图 6-35 所示。

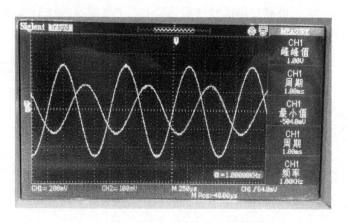

图 6-35　RC 串联电路参数改变后的波形图

从波形上可以看出输入与输出电压同为上半周的时间宽度约为 $18° \times 3 = 54°$。根据器件参数计算出二端网络的阻抗角为 $\varphi_Z = \arctan(X/R) = \arctan(-159/100) = -57.8°$,与观测值非常接近。

6.5.2　过零比较器电路调试

设计中的测量信号是频率为 $1\,kHz \sim 200\,kHz$ 的正弦波,为了在经过比较器之后获得性能较好的方波输出,必须采用压摆率较高的比较器来工作,为此选用了 $\mu A741$ 和 OPA820 芯片进行比较测试。

在采用了 $\mu A741$ 进行调试时,当 $R_1 = 1\,k\Omega$ 时方波的下降沿效果不错,高电平幅值在 3.2 V 左右。当频率较大时,方波的上升时间已经占据了脉宽较大的比例,这给后续测量脉冲宽度的精确度带来严重影响。

在采用了 OPA820 进行调试时,当输入信号频率在 $1\,kHz \sim 200\,kHz$ 范围内变化时,信号的上升时间都小于 $1\,\mu s$,高电平的幅值也可以调到合适的范围,以满足 FPGA 器件的测量要求。因此,选用 OPA820 是能够满足设计要求的。

6.5.3　峰值检波电路调试

基于 AD637 的峰值检波电路可以对有效值在 $0 \sim 2\,V$ 范围内信号进行测量并获得信号的有效值,为了获得较高的测量精度需要对图 6-19 做以下两个步骤的调试:

首先,将信号输入端接地,调节电路中的 R_{P1} 电阻,使得 11 号引脚的输出电压为零,通过这种补偿的方法来保证零点输出的精度。

然后,接入一个校准过的、确定的交流信号到输入端,调节电路中的 R_{P2} 电阻,使得 11 号引脚的输出电压为正确的目标值,例如:当输入一个峰峰值为 2 V 的正弦波时,需要在输出端得到 0.707 V 的直流电压值。

6.5.4　相位差测量调试

经过校准之后的电路就可以接入到系统中进行测量了,器件的带宽完全满足目标中所要求的 1 kHz～200 kHz 的频率范围。在这样的情况下所产生的误差主要是芯片本身的非线性所造成的。

6.5.5　整体调试

接通整体电路检查无误,各功能模块调试通过后再进行整机调试。扫频信号通过待测网络产生两路既有相位差又有幅度差的正弦信号,用设计的相位测量电路对它们进行测量,与数字相位计的测量结果进行比较,矫正相位测量电路的测量精度。然后通过 STM32 内部的 ADC 测量峰值检波电路输出的信号的真有效值,观察和测量系统计算出来的被测网络的幅度值,与实际两路信号的幅度值(用示波器测量)之比相比较,并与理论值相比较得出相对误差。最后选择几个边缘频点,对信号的相位差值和幅度进行校准补偿,从而提高整个系统的性能。

思考题

1. 是否可以用 AD9851 产生两路具有确定相位差的正弦波信号?

2. 是否可以采用单片机来测量两路同频信号的相位差? 如果可以,思考一下测量的方法步骤以及这种方法与基于 FPGA 器件的测量有何差异。

3. 运用 STM32 单片机里面的 ADC12 模块进行模拟量测量需要进行哪些方面的设置,是否采用中断方式会有什么区别?

4. 本章所介绍的阻抗测量方案在哪些部分会产生误差? 如何减小误差? 还有哪些其他的阻抗测量方法?

第 7 章

无线环境检测装置的设计与制作

> **导读**
>
> 本章主要介绍一种无线环境监测模拟装置,首先给出项目具体要求,再根据具体要求给出参考硬件电路收发和系统软件的设计方法。该装置可对周边多点环境温度、光照等环境信息进行探测,实现各探测点与监测终端之间信息的无线传输。

7.1 设计目标

设计并制作一个无线环境监测模拟装置,实现对周边温度和光照信息的探测。该装置由 1 个监测终端和不多于 255 个探测节点组成(实际制作 2 个)。监测终端和探测节点均含一套无线收发电路,要求具有无线传输数据功能,收发共用一个天线。

1)基本要求

(1)制作 2 个探测节点。探测节点有编号预置功能,编码预置范围为 00000001B～11111111B。探测节点能够探测其环境温度和光照信息。温度测量范围为 $0℃～100℃$,绝对误差小于 $2℃$;光照信息仅要求测量光的有无。探测节点采用两节 1.5 V 干电池串联的单电源供电。

(2)制作 1 个监测终端,用外接单电源供电。探测节点分布示意图如图 7-1 所示。监测终端可以分别与各探测节点直接通信,并能显示当前能够通信的探测节点编号及其探测到的环境温度和光照信息。

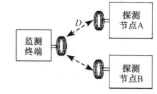

图 7-1 探测节点分布示意图

(3)无线环境监测模拟装置的探测时延不大于 5 s,监测终端天线与探测节点天线的距离 D 不小于 10 cm。在 0～10 cm 距离内,各探测节点与监测终端应能正常通信。

2)发挥部分

(1)每个探测节点增加信息的转发功能,节点转发功能示意图如图 7-2 所示。即探测节点 B 的探测信息能自动通过探测节点 A 转发,以增加监测终端与节点 B 之间的探测距离 $D+D_1$。该转发功能应自动识别完成,无须手动设置,且探测节点 A、B 可以互换位置。

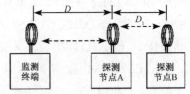

图 7-2　节点转发功能示意图

(2) 在监测终端电源供给功率不大于 1 W,无线环境监测模拟装置探测时延不大于 5 s 的条件下,使探测距离 $D+D_1$ 达到 50 cm。

(3) 尽量降低各探测节点的功耗,以延长干电池的供电时间。各探测节点应预留干电池供电电流的测试端子。

7.2　方案设计

整个系统分为三个部分,两个探测点和一个监测终端。探测点用于对所处环境的温度和光照进行信号采集和数据处理。所以我们可以应用温度传感器和光电传感器对探测点环境的温度和光照情况进行数据采集。然后我们可以利用单片机对数据进行相关的处理。再经过无线发射模块把信息反馈到监测终端的无线接收模块,然后把信息传给监测终端的中央处理器。在监测终端将探测点的温度和光照情况进行实时显示。同样,在监测终端可以发送命令对探测点进行相关的操作。系统总体框图见图 7-3。

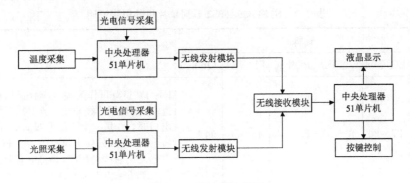

图 7-3　系统总体框图

7.3　硬件电路设计

本小节主要介绍项目实施所需要的常见元器件,如 51 单片机、1602 液晶显示、2401 无线传输模块、18B20 温度传感器以及项目中所涉及的一些单元电路。

7.3.1　单片机介绍

STC12C5A60S2 系列单片机是 STC 公司生产的低功耗、高速、超强抗干扰的单时钟、机器周期(1T)的新一代 8051 单片机,兼容传统 8051 的指令代码,其速度比传统 8051 单片机快 8~12 倍。STC12C5A60S2 系列单片机内部集成了 2 路 PWM、MAX80 专用复位电路、8路高速 10 位 A/D 转换(250 k/s,即 25 万次/秒)。

STC12C5A60S2 系列单片机是增强型的 8051 CPU,其工作温度范围:—40~+85℃(工业级)/0~75℃(商业级),工作电压在 5.5 V~3.5 V 范围内,工作频率范围:0~35 MHz,相当于传统 8051 单片机的 0~420 MHz。STC12C5A60S2 系列单片机片上集成 1280 字节 RAM,用户应用程序空间有 8K/16K/20K/32/40K/48K/52K/60K/62K 字节等多种类型,方便用户选择,并且具有 EEPROM 功能。其内部集成 MAX810 专用复位电路(外部晶体 12 M 以下时,复位脚可直接 1 kΩ 电阻到地),且内部共有 4 个 16 位的定时器:两个 16 位定时器/计数器 T0 和 T1,加上 2 个独立波特率发生器,可实现 2个 16 位定时器,具有 3 个时钟输出端口:P3.4/T0、P3.5/T1、P1.0。

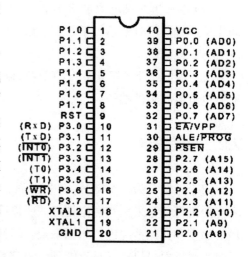

图 7-4　STC12C5A60S2 系列单片机引脚图

STC12C5A60S2 系列单片机的引脚图如图 7-4 所示,各引脚编号及功能见表 7-1。

表 7-1　STC12C5A60S2 系列单片机的引脚说明

管脚	管脚编号					说明	
	LQFP44	LQFP48	PDIP40	PLCC44	QFN40		
P0.0~P0.7	37~30	40~33	39~32	43~36	34~27	P0:P0 口既可作为输入/输出口,也可作为地址/数据复用总线使用。当 P0 口作为输入/输出口时,P0 是一个 8 位准双向口,内部有弱上拉电阻,无须外接上拉电阻。当 P0 作为地址/数据复用总线使用时,是低 8 位地址线[A0~A7],数据线的[D0~D7]	
P1.0/ADC0/CLKOUT2	40	43	1	2	36	P1.0	标准 I/O 口 PORT[0]
						ADC0	ADC 输入通道-0
						CLKOUT2	独立波特率发生器的时钟输出,可通过设置 WAKE_CLKO[2]位/BRT—,CLKO 将该管脚配置为 CLKOUT2
P1.1/ADC	4	44	2	3	37	P1.1	标准 I/O 口 PORT[ ]
						ADC	ADC 输入通道-1

（续表）

管脚	管脚编号					说明	
	LQFP44	LQFP48	PDIP40	PLCC44	QFN40		
P1.2/ ADC2/ ECI/ RxD2	42	45	3	4	38	P1.2	标准 I/O 口 PORT[2]
						ADC2	ADC 输入通道-2
						ECI	PCA 计数器的外部脉冲输入脚
						RxD2	第二串口数据接收端
P1.3/ ADC3/ CCP0/ TxD2	43	46	4	5	39	P1.3	标准 I/O 口 PORT[3]
						ADC3	ADC 输入通道-3
						CCP0	外部信号捕获（频率测量或当外部中断使用）、高速脉冲输出及脉宽调制输出
						TxD2	第二串口数据发送端
P1.4/ ADC4/ CCP/ SS	44	47	5	6	40	P1.4	标准 I/O 口 PORT[4]
						ADC4	ADC 输入通道-4
						CCP	外部信号捕获（频率测量或当外部中断使用）、高速脉冲输出及脉宽调制输出
						SS	SPI 同步串行接口的从机选择信号
P1.5/ ADC5/ MOSI	1	2	6	7	1	P1.5	标准 I/O 口 PORT [5]
						ADC5	ADC 输入通道-5
						MOSI	SPI 同步串行接口的主出从入（主器件的输出和从器件的输入）
P1.6/ ADC6/ MISO	2	3	7	8	2	P1.6	标准 I/O 口 PORT[6]
						ADC5	ADC 输入通道-6
						MISO	SPI 同步串行接口的主入从出（主器件的输入和从器件的输出）
P1.7/ ADC7/ SCLK	3	4	8	9	3	P1.7	标准 I/O 口 PORT[7]
						ADC7	ADC 输入通道-7
						SCLK	SPI 同步串行接口的时钟信号
P2.0~P2.7 A8~A15	8~25	9~23 26~28	2~28	24~3	6~23	Port2：P2 口内部有上拉电阻，既可作为输入/输出口，也可作为高 8 位地址总线使用[A8~A15]	

（续表）

管脚	管脚编号					说明	
	LQFP44	LQFP48	PDIP40	PLCC44	QFN40		
P3.0/RxD	5	6	10	11	5	P3.0	标准 I/O 口 PORT3[0]
						RxD	串口 1 数据接收端
P3.1/TxD	7	8	11	3	6	P3.1	标准 I/O 口 PORT3[ ]
						TxD	串口 1 数据发送端
P3.2/INT0	8	9	12	4	7	P3.2	标准 I/O 口 PORT3[2]
						INT0	外部中断 0，下降沿中断或低电平中断
P3.3/INT	9	10	13	5	8	P3.3	标准 I/O 口 PORT3[3]
						INT	外部中断 1，下降沿中断或低电平中断
P3.4/T0/ INT/ CLKOUT0	10	11	14	16	9	P3.4	标准 I/O 口 PORT3[4]
						T0	定时器/计数器 0 的外部输入
						INT	定时器 0 下降沿中断
						CLKOUT0	定时器/计数器 0 的时钟输出，可通过设置 WAKE_CLKO[0]位/T0CLKO 将该管脚配置为 CLKOUT0
P3.5/T / INT/ CLKOUT	11	12	15	17	10	P3.5	标准 I/O 口 PORT3[5]
						T	定时器/计数器 1 的外部输入
						INT	定时器 1 下降沿中断
						CLKOUT1	定时器/计数器 1 的时钟输出，可通过设置 WAKE_CLKO[ ]位/TCLKO 将该管脚配置为 CLKOUT
P3.6/WR	12	13	16	18	11	P3.6	标准 I/O 口 PORT3[6]
						WR	外部数据存储器写脉冲
P3.7/RD	13	14	17	19	12	P3.7	标准 I/O 口 PORT3[7]
						RD	外部数据存储器读脉冲
P4.0/SS	17	18		23		P4.0	标准 I/O 口 PORT4[0]
						SS	SPI 同步串行接口的从机选择信号

管脚	管脚编号					说明	
	LQFP44	LQFP48	PDIP40	PLCC44	QFN40		
P4.1 /ECI/ MOSI	28	3		34		P4.1	标准 I/O 口 PORT4[1]
						ECI	PCA 计数器的外部脉冲输入脚
						MOSI	SPI 同步串行接口的主出从入（主器件的输出和从器件的输入）
P4.2/CCP0/ MISO	39	42		1		P4.2	标准 I/O 口 PORT4[2]
						CCP0	外部信号捕获（频率测量或当外部中断使用）、高速脉冲输出及脉宽调制输出
						MISO	SPI 同步串行接口的主入从出（主器件的输入和从器件的输出）
P4.3/CCP / SCLK	6	7		12		P4.3	标准 I/O 口 PORT4[3]
						CCP	外部信号捕获（频率测量或当外部中断使用）、高速脉冲输出及脉宽调制输出
						SCLK	SPI 同步串行接口的时钟信号
P4.4/NA	26	29	29	32	24	标准 I/O 口 PORT4[4]	
P4.5/ALE	27	30	30	33	25	P4.5	标准 I/O 口 PORT4[5]
						ALE	地址锁存允许
P4.6/ EX_LVD/ RST2	29	32	31	35	26	P4.6	标准 I/O 口 PORT4[6]
						EX_LVD	外部低压检测中断/比较器
						RST2	第二复位功能脚
P4.7/RST	4	5	9	10	4	P4.7	标准 I/O 口 PORT4[7]
						RST	复位脚
P5.0		24				标准 I/O 口 PORT5[0]	
P5.1		25				标准 I/O 口 PORT5[1]	
P5.2		48				标准 I/O 口 PORT5[2]	
P5.3		1				标准 I/O 口 PORT5[3]	
XTAL	15	16	19	21	14	内部时钟电路反相放大器输入端,接外部晶振的一个引脚。当直接使用外部时钟源时,此引脚是外部时钟源的输入端	

（续表）

管脚	管脚编号					说明
	LQFP44	LQFP48	PDIP40	PLCC44	QFN40	
XTAL2	14	15	18	20	13	内部时钟电路反相放大器的输出端,接外部晶振的另一端。当直接使用外部时钟源时,此引脚可浮空,此时 XTAL2 实际将 XTAL1 输入的时钟进行输出
VCC	38	41	40	44	35	电源正极
Gnd	16	17	20	22	15	电源负极,接地

7.3.2　LCD1602 芯片介绍及应用

1) LCD1602 显示原理

LCD1602 是指显示的内容为 16×2,即可以显示两行,每行 16 个字符液晶模块(显示字符和数字)。每个液晶模块由 5×7 个显示单元组成,也就是说每个显示出来的字符或数字是由 5×7 个点阵明暗分布显示出来的。在 LCD1602 内置的 DDRAM 的不同地址写入不同的字符或数据的代码,即可显示出相应的字符或数字。

2) LCD1602 基本参数及引脚功能

LCD1602 分为带背光和不带背光两种,其控制器大部分为 HD44780,带背光的比不带背光的厚,是否带背光在应用中并无差别。LCD1602 采用标准的 14 脚(无背光)或 16 脚(带背光)接口,本次设计采用 16 脚(带背光)来显示各种信息。各引脚接口说明见表 7-2。

表 7-2　LCD1602 引脚接口说明

编号	符号	电平	输入/输出	引脚说明
1	VSS			电源地
2	VDD			电源正极
3	VL			液晶显示偏压
4	RS	0/1	输入	数据/命令选择
5	RW	0/1	输入	读/写选择
6	E	0/1	输入	使能信号
7	DB0	0/1	输入/输出	数据总线 line0
8	DB1	0/1	输入/输出	数据总线 line1
9	DB2	0/1	输入/输出	数据总线 line2
10	DB3	0/1	输入/输出	数据总线 line3

（续表）

编号	符号	电平	输入/输出	引脚说明
11	DB4	0/1	输入/输出	数据总线 line4
12	DB5	0/1	输入/输出	数据总线 line5
13	DB6	0/1	输入/输出	数据总线 line6
14	DB7	0/1	输入/输出	数据总线 line7
15	A	+VCC		LCD 背光正极
16	K	接地		LCD 背光负极

3）LCD1602 特性

（1）电压，对比度可调；

（2）内含复位电路；

（3）提供各种控制命令，如：清屏、字符闪烁、光标闪烁、显示移位等多种功能；

（4）有 80 字节显示数据存储器 DDRAM；

（5）内建有 160 个 5×7 点阵字形的字符发生器 CGROM；

（6）8 个可由用户自定义的 5×7 的字符发生器 CGRAM。

4）LCD1602 使用方法

LCD1602 内置了 DDRAM（显示数据存储 RAM）、CGROM（字符存储 ROM）和 CGRAM（用户自定义 RAM）。DDRAM 就是显示数据 RAM，用来寄存待显示的字符代码，共 80 个字节，其地址和屏幕的对应关系见表 7-3。

表 7-3　LCD1602 内置存储器的地址和屏幕的对应关系

	显示位置	1	2	3	4	5	6	7	……	40
DDRAM 地址	第一行	00H	01H	02H	03H	04H	05H	06H	……	27H
	第二行	40H	41H	42H	43H	44H	45H	46H	……	67H

想要在 LCD1602 屏幕的第一行第一列显示一个"L"字，就要向 DDRAM 的 00H 地址写入"L"的代码。一行有 40 个地址，但在 LCD1602 中只用前 16 个就行了。第二行也一样用前 16 个地址。

DDRAM 地址与显示位置的对应关系如图 7-5 所示。LCD1602 液晶模块的内部字符发生存储器（CGROM）存储了 160 个不同的点阵字符图形（有阿拉伯数字、英文字母的大小写、常用的符号和日文假名等），每一个字符都有相应的代码。

5）LCD1602 的控制指令

对 DDRAM 的内容和地址操作，HD44780 的指令集及其设置说明共有 11 条，其基本操作时序指令如下：

图 7-5　LCD1602 内置存储器的地址和屏幕的对应关系

（1）读状态输入：RS＝L，RW＝H，E＝H；读状态输出：DB0～DB7＝状态字。

（2）写指令输入：RS＝L，RW＝L，E＝下降沿脉冲，DB0～DB7＝指令码；写指令输出：无。

（3）读数据输入：RS＝H，RW＝H，E＝H；读数据输出：DB0～DB7＝数据。

（4）写数据输入：RS＝H，RW＝L，E＝下降沿脉冲，DB0～DB7＝数据；写数据输出：无。

7.3.3　DS18B20 芯片介绍及应用

DALLAS 生产的单线数字温度传感器 DS18B20 是新一代的"一线器件"，具有体积更小、适用电压更宽、更经济的优点。其一线总线独特和经济实惠的特点，使其可以轻松地组建传感器网络。DS18B20 温度传感器支持"一线总线"接口，可测量－55℃～＋125℃范围内的温度，精度为±0.5℃。数据采用"一线总线"的数字方式进行传输，可以大大提高系统的抗干扰性，适合于各种恶劣环境下进行温度测量。DS18B20 可以在 3 V～5.5 V 的电压范围内正常工作，使用起来更为灵活、方便，加上便宜、体积小等特点，使其成为理想的测温模块。

1）DS18B20 引脚功能

DS18B20 芯片的外部引脚分配见图 7-6。

（1）VDD：为外接供电电源输入端，电源供电；

（2）DQ：为数字信号输入/输出端；

（3）GND：为电源地。

2）DS18B20 读写说明

DS18B20 单线通信功能是分时完成的,它有严格的时隙概念,如果出现序列混乱,1-WIRE 器件将不响应主机,因此读写时序很重要。系统必须按照协议对 DS18B20 温度传感器进行操作。按照 DS18B20 协议的规定,单片机控制 DS18B20 温度传感器来完成温度的转换必须经过以下四个步骤。

（1）每次读写前要对 DS18B20 温度传感器进行复位初始化操作。复位要求主 CPU 将数据线下拉 500 ms,然后释放,DS18B20 温度传感器收到信号后等待 16 ms～60 ms 左右,然后发出 60 ms～240 ms 的存在低脉冲,主 CPU 收到此信号后表示复位成功。

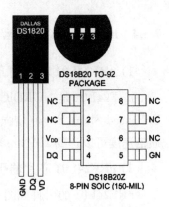

图 7-6　DS18B20 的外部引脚分配

（2）发送一条 ROM 指令,见表 7-4。

表 7-4　DS18B20 的 ROM 指令集

指令名称	指令代码	指令功能
读 ROM	33H	读 DS18B20ROM 中的编码（即读 64 位地址）
ROM 匹配	55H	发出此命令之后,接着发出 64 位 ROM 编码,访问单总线上与编码相对应的 DS18B20 使之作出响应,为下一步对该 DS18B20 读写作准备
搜索 ROM	0F0H	用于确定挂接在同一总线上 DS18B20 的个数和识别 64 位 ROM 地址,为操作各器件作好准备
跳过 ROM	0CCH	忽略 64 位 ROM 地址,直接向 DS18B20 发送温度变换命令,适用于单片机工作
警报搜索	0ECH	该指令执行后,只有温度超过设定值上限或下限的片子才作出响应

（3）发送存储器指令,见表 7-5。

表 7-5　DS18B20 的存储器指令集

指令名称	指令代码	指令功能
温度变换	44H	启动 DS18B20 进行温度转换,转换时间最长为 500 ms（典型的为 200 ms）,结果存入内部 9 字节 RAM 中
读暂存器	0BEH	读内部 RAM 中 9 字节的内容
写暂存器	4EH	发出向内部 RAM 的第 3,4 字节写上、下限温度数据命令,紧跟该命令之后,是传送两字节的数据
复制暂存器	48H	将 RAM 中第 3,4 字节的内容复制到 EEPROM 中
重调 EEPROM	0B8H	EEPROM 中的内容恢复到 RAM 中的第 3,4 字节
读供电方式	0B4H	读 DS18B20 的供电模式,寄生供电时 DS18B20 发送"0",外接电源供电时 DS18B20 发送"1"

（4）进行数据通信。

7.3.4 nRF24L01 芯片介绍及应用

1) nRF24L01 芯片的介绍

nRF24L01 是 NORDIC 公司生产的一款无线通信芯片,其采用 FSK 调制,内部集成 Enhanced Short Burst(增强型短脉冲)协议,可以实现点对点或是 1 对 6 的无线通信。无线通信速度可以达到 2M(bps)。

2) nRF24L01 芯片的引脚功能

nRF24L01 的引脚如图 7-7 所示,从单片机控制的角度来看,只需要关注芯片上的 6 个控制和数据信号,分别为 CSN、SCK、MISO、MOSI、IRQ、CE。

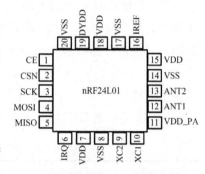

图 7-7 nRF24L01 芯片的引脚图

（1）CSN：芯片的片选线,为低电平芯片工作;

（2）SCK：芯片控制的时钟线(SPI 时钟);

（3）MISO：芯片控制数据线（Master input slave output）;

（4）MOSI：芯片控制数据线（Master output slave input）;

（5）IRQ：中断信号。无线通信过程中 MCU 主要是通过 IRQ 与 nRF24L01 进行通信;

（6）CE：芯片的模式控制线。在 CSN 为低的情况下,CE 协同 nRF24L01 的 CONFIG 寄存器共同决定 nRF24L01 的状态。

3) nRF24L01 的固件编程的基本思路

发送模式初始化过程如下:

（1）写 Tx 节点的地址：TX_ADDR;

（2）写 Rx 节点的地址(主要是为了使能 Auto Ack)：RX_ADDR_P0;

（3）使能 AUTO：ACKEN_AA;

（4）使能 PIPE 0：EN_RXADDR;

（5）配置自动重发次数：SETUP_RETR;

（6）选择通信频率：RF_CH;

（7）配置发射参数：RF_SETUP;

（8）选择通道 0 的有效数据宽度：Rx_Pw_P0;

（9）配置 24L01 的基本参数以及切换工作模式：CONFIG。

接收模式初始化过程如下:

（1）写 Rx 节点的地址：RX_ADDR_P0;

（2）使能 AUTO：ACKEN_AA;

（3）使能 PIPE 0：EN_RXADDR;

（4）选择通信频率：RF_CH;

（5）选择通道 0 的有效数据宽度：Rx_Pw_P0；

（6）配置发射参数：RF_SETUP；

（7）配置 24L01 的基本参数以及切换工作模式：CONFIG。

7.3.5　供电方案

如果要使本次设计的无线环境监测模拟装置能正常而稳定的工作，就必须要有稳定可靠的电源。而本装置涉及的模块比较多，电源供求量比较大，而且 NRF24L01 无线模块需要使用 3.3 V 的电源供电，所以设计了以下方案。

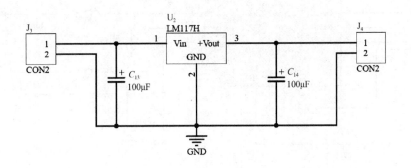

图 7-8　5 V 转 3.3 V 电路图

采用 USB 转接口提供 5 V 电压供电，再使用 LM117 芯片将 5 V 电压转换为 3.3 V 的电压。这样既简单又可提供稳定的电源。5 V 的转 3.3 V 的供电电路如图7-8所示。

USB-5 V 供电接口电路如图 7-9 所示。

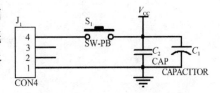

图 7-9　USB-5 V 供电接口电路

7.3.6　无线通信方案

本无线环境监测模拟装置设计的无线通信模块采用的是 NORDIC 公司生产的一款 NRF24L01 无线通信芯片，其采用 FSK 调制，内部集成 NORDIC 自己的 Enhanced Short Burs 协议。可以实现点对点或是 1 对 6 的无线通信。无线通信速度可以达到 2M（bps）。无线通信模块电路如图 7-10 所示。

7.3.7　显示方案

本无线环境监测模拟装置的设计涉及温度、光亮等显示功能。基于功能需求，设计了以下方案。

由于 LCD1602 液晶显示器使用方便且价格便宜，又能很好地满足本次设计的要求，故采用 LCD1602 液晶显示器来显示，其电路如图 7-11 所示。

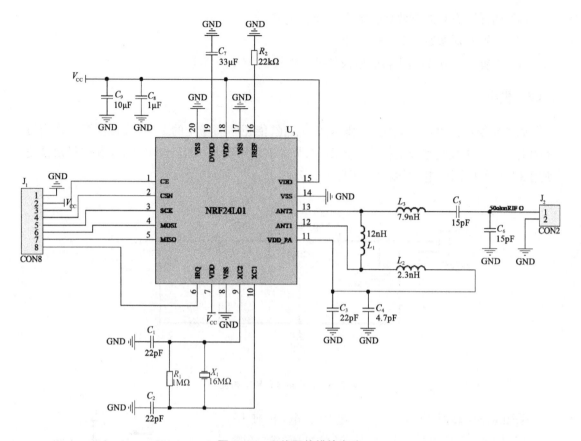

图 7-10 无线通信模块电路

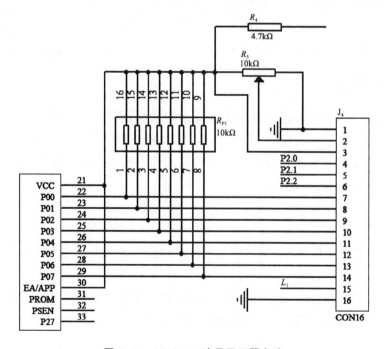

图 7-11 LCD1602 液晶显示器电路

7.3.8　温度检测方案

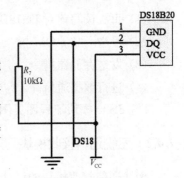

DS18B20 温度传感器具有体积小,硬件开销低,抗干扰能力超强,检测精度高,附加功能强,使用简单的优点。符合本次无线环境监测模拟装置的设计要求,且经济实用,故使用 DS18B20 温度传感器作为本次无线环境监测模拟装置的温度检测器件,DS18B20 温度传感器电路如图 7-12 所示。

图 7-12　DS18B20 温度传感器电路

7.3.9　光线检测方案

本次无线环境监测模拟装置的设计只对光线的有无做监测,电路相对简单,故采用光敏电阻和可变电阻作为光线检测及其灵敏度的调节部件。光检测模块只输出高电平或低电平。光线检测电路如图 7-13 所示。

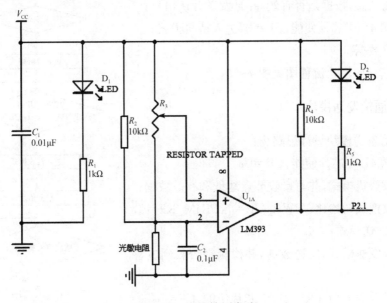

图 7-13　光线检测电路

7.4　软件程序设计

本节主要介绍项目完成所使用的 DS18B20 温度传感器、nRF24L01 无线收发模块以及 1602 液晶显示三个模块的软件设计流程。

7.4.1　DS18B20 模块

根据 DS18B20 的协议规定,微控制器控制 DS18B20 完成温度的转换必须经过以下四个步骤:

（1）每次读写前对 DS18B20 进行复位初始化；

（2）发送一条 ROM 指令；

（3）发送存储器指令；

（4）进行数据通信。

DS18B20 模块流程图见图 7-14。

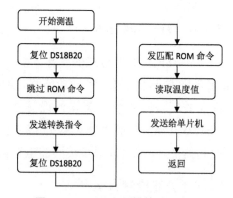

图 7-14　DS18B20 模块流程图

7.4.2　无线通信接收模块

无线通信接收模块的设计思路为：

（1）nRF24L01 芯片使能，CE＝0；

（2）进入待机模式；

（3）接收模式初始化：PWR_UP＝1，PRIM_Rx＝1，CE＝1，进入接收模式；

（4）检测信息，数据是否有效，并且发送确认信息；

（5）nRF24L01 芯片使能，CE＝0，进入待机模式；

（6）读取数据。

无线通信接收模块流程图见图 7-15。

7.4.3　无线通信发送模块

无线通信发送模块设计思路为：

（1）nRF24L01 芯片使能，CE＝0；

（2）进入待机模式，并写接收节点地址和有效数据；

（3）接收模式初始化：PWR_UP＝1，PRIM_Rx＝0，CE＝1，进入发送模式；

（4）进入发送模式，发送数据，并检测是否收到应答信号；

（5）发送数据成功，nRF24L01 芯片使能，CE＝0；

（6）进入待机模式。

无线通信发送模块流程图见图 7-16。

7.4.4　LCD1602 模块

LCD1602 模块的设计思路为：LCD 初始化；将无线模块接收到的温度数据转换成 LCD 显示数据；发送数据并显示，然后返回。LCD1602 模块流程图见图 7-17。

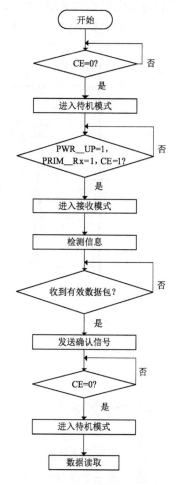

图 7-15　无线通信接收模块流程图

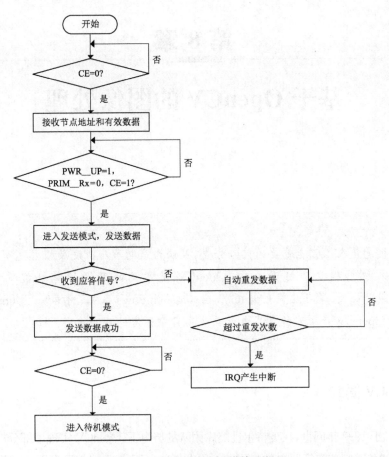

图 7-16　无线通信发送模块流程图

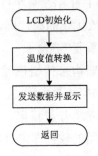

图 7-17　LCD1602 模块流程图

思考题

1. 本章节无线环境检测装置主要介绍了温度检测和传输,是否可以增加其他环境信息? 有哪些可以增加?

2. 传输距离是否可以增大? 有哪些方法?

3. 实际使用场景中是否有其他方案能够减少能耗? 具体讲一讲。

第 8 章

基于 OpenCV 的图像处理

导读

机器视觉是人工智能重要的前沿分支,被认为是电子产业发展极具光明前景的细分方向。在机器视觉项目开发中,OpenCV 是常用的开源计算机视觉库。了解 OpenCV 问世初衷,学习配置 OpenCV,在本地 Windows 系统、树莓派 Ubuntu 系统上开发使用 OpenCV 是机器视觉在电子系统项目中开发的基本要求。

8.1 OpenCV 简介

OpenCV 于 1999 年问世,在英特尔性能库团队的努力下,OpenCV 实现了部分核心代码和算法,并将其发送给英特尔在俄罗斯的库团队。因此,OpenCV 是英特尔研发中心与俄罗斯库团队合作下诞生的。当初 OpenCV 团队提出了著名的"三个目标",这也诠释了 OpenCV 开发的初衷:

(1) 为基础视觉方案应用提供开放优化的源代码,通过开放,有力促进全球视觉研究的发展,有效避免研究人员"闭门造车"、重复"造轮子"。

(2) 通过提供一个通用平台或者架构来传播视觉知识,全球开发人员可以继续使用这个架构开展科研或开发工作,所以代码应该易上手。

(3) OpenCV 库不需要商业产品继续开放代码,也就是说商业化落地后产品可以选择不开放源码只给出接口或者只给出使用的软件即可,可以极大地激励视觉技术商业化应用。

如今,OpenCV 提供了一个通用的计算机视觉库。无论学术界还是工业界应用都非常广泛。OpenCV1.0 于 2006 年发布,在 2009 年发布了 OpenCV2.0,2014 年发布了 OpenCV3.0,截止到 2021 年,OpenCV4.x 也已发布。这个强大的计算机视觉库被越来越多的科研人员和开发人员接纳。

8.2 基于 Visual Studio 的 OpenCV 的下载与配置

Visual Studio 功能强大,视觉开发只是其中一个功能,读者可按自己的实际情况选择

Visual Studio 版本,Visual Studio2013、Visual Studio2015、Visual Studio2019 对视觉开发来说,并无太大影响。Visual Studio 2015(以下简称 VS2015)是一套基于组件的软件开发工具,VS2015 可用于构建功能强大、性能出众的应用程序。在视觉开发中,多采用 C/C++和 Python 语言。VS2015 在视觉开发中应用广泛、功能强大,深受视觉开发者的喜爱。考虑支持各版本 OpenCV 配置资源的丰富性及安装便捷性,本书采用 VS2015 社区版。Visual Studio 2015 包含社区版、专业版(收费)、企业版(收费),对于个人进行视觉算法学习交流,采用社区版足够,有余力请支持专业版和企业版。

　　无论是在云端训练机器视觉深度学习模型,还是移植至嵌入式,在本地初步调试项目较为方便。本书以 OpenCV3.x 为例,在 VS2015 环境下配置 OpenCV,这里给出相应的下载地址。

　　OpenCV3.4.0 下载地址:

https://sourceforge.net/projects/opencvlibrary/files/opencv-win/3.4.0/opencv-3.4.0-vc14_vc15.exe/download

　　VS2015 下载地址:

https://my.visualstudio.com/Downloads? q=visual％20studio％202015&wt.mc_id=o~msft~vscom~older-downloads

8.2.1　在 Windows 中配置环境变量

　　选择 OpenCV3.4.0 版本进行下载,得到其安装文件: opencv-3.4.0.exe。双击打开下载好的 opencv-3.4.0.exe 文件,进行解压,选择安装目录,如图 8-1 所示。

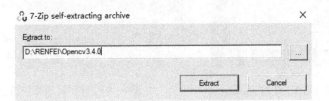

图 8-1　解压 opencv-3.4.0.exe 文件

　　在安装目录下可以找到 build 和 sources 两个文件夹。build 包含 OpenCV 调用时要需要使用的库文件,sources 中包含一些基于 OpenCV 的 demo 源码,如图 8-2 所示。

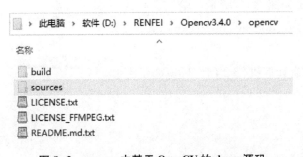

图 8-2　sources 中基于 OpenCV 的 demo 源码

上述操作仅仅是解压 OpenCV，为了正常调用 OpenCV，用户还需对环境变量进行配置，具体操作步骤为：此电脑→属性→高级系统设置→环境变量，找到 Path 变量，选中并点击编辑。

注意：x64 文件夹中包含 vc12(vc12＝Visual Studio 2013)和 vc14(vc14＝Visual Studio 2015)两个文件夹，它们分别对应于 VS 的不同版本，例如 VS2013 使用 vc12，本文采用的是 VS 2015，所以应该使用 vc14 文件目录。

针对 Win7 系统，在 Path 变量中添加"；opencv 安装路径\build\x64\vc14\bin"，注意，一定要在地址前增加"；"，值得注意的是，分号"；"要在英文输入法下打出才有效，计算机需要用这个分割符区分其他软件的配置路径。在本例中，Path 变量路径为"；D：\RENFEI\Opencv3.4.0\opencv\build\x64\vc14\bin"。

注意：从 OpenCV3.1.0 版本以后，OpenCV 中已经不存在 x86 这个目录，换言之，OpenCV3.1.0 之后的版本不可进行 32 位的 OpenCV 编译。

针对 Win10 系统，配置环境变量的具体操作如下。

单击"此电脑"，右击显示"属性"选项，如图 8-3 所示。

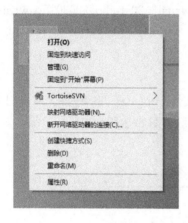

图 8-3　右击"属性"选项　　　　图 8-4　选择"高级系统设置"

单击选择"高级系统设置"，如图 8-4 所示。

点击"环境变量"，如图 8-5 所示。

在系统变量中，单击"Path"，点击"新建"，编辑环境变量，如图 8-6 和图 8-7 所示。输入："D：\RENFEI\Opencv3.4.0\opencv\build\x64\vc14\bin"。

配置完成后，重启计算机(重启后，环境变量配置才会生效)。

图 8-5　点击"环境变量"

图 8-6 选择"Path"

图 8-7 编辑环境变量

8.2.2 在 VS 中配置 OpenCV

在 Windows 中配置好环境变量后，打开 VS2015，单击"文件"，选中"新建"，选择"项目"，新建一个空白工程。在 Visual C++语言的下拉框中，点击"Win32"，选中"Win32 控制台应用程序"，给新建工程命名并设置存储路径，如图 8-8 所示。

点击"确定"，在"应用程序类型"中选择"控制台应用程序"，在"附加选项"中勾选"空项目"，应用程序设置如图 8-9 所示，然后点击"完成"。

建立好工程之后，选中解决方案栏中的"源文件"，右击选择"新建项"，如图 8-10 所示。

选择"C++文件"，新建一个 C++源码文件。设置文件名，例如："main.cpp"，如图 8-11 所示。然后点"添加"创建此源码文件到工程中。

图 8-8　新建工程

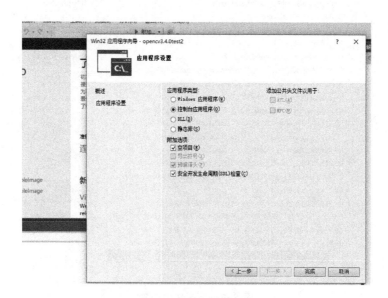

图 8-9　应用程序设置

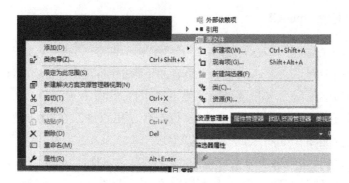

图 8-10　新建"源文件"

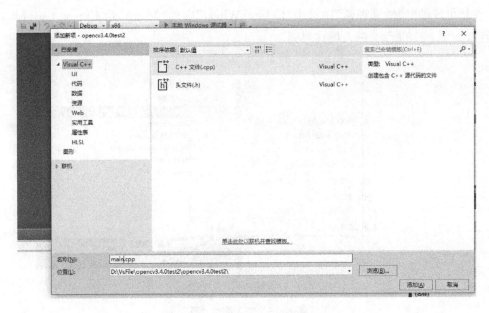

图 8-11　新建 C++源码文件

VS 中的"属性管理器"工具可将配置的参数应用于以后新建的项目,无须重复配置。

点击工具栏中的"视图"→"其他窗口"→"属性管理器",调出"属性管理器",如图 8-12 所示。

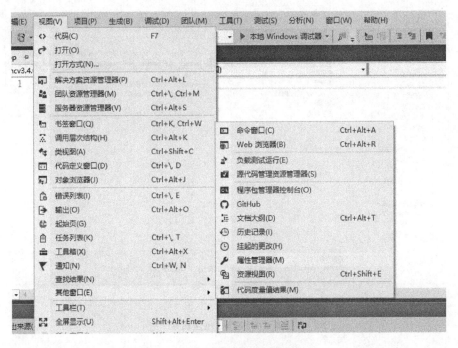

图 8-12　调出"属性管理器"

在新出现的"属性管理器"中选中"Debug|Win64"中的"Microsoft.Cpp.x64.user",右击"属性",如图8-13所示,进入属性界面。

图8-13　进入属性页面

在属性页面中的"通用属性"中选择:"VC++目录",选中"包含目录",然后点击右侧下拉菜单(三角标志),选中"编辑",进入路径编辑页面,如图8-14所示。

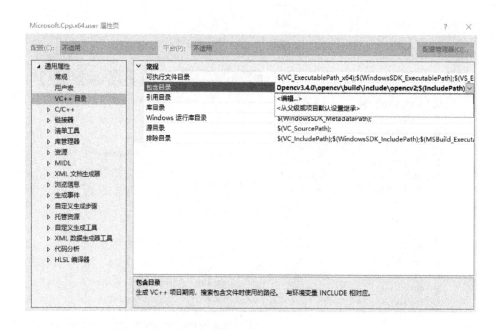

图8-14　编辑"包含目录"

在路径编辑页面添加三个地址(根据自己安装OpenCV中的地址选定),如图8-15所示。

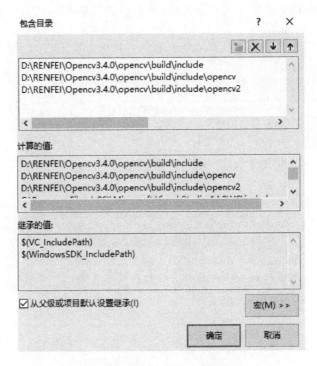

图 8-15　在"包含目录"中添加地址

点击"确定",配置好包含目录路径以后,进行"库目录"的配置。在通用属性页面中选择"VC++目录",选中"库目录",然后点击右侧下拉菜单(三角标志),选中"编辑",进入路径编辑页面,如图 8-16 所示。

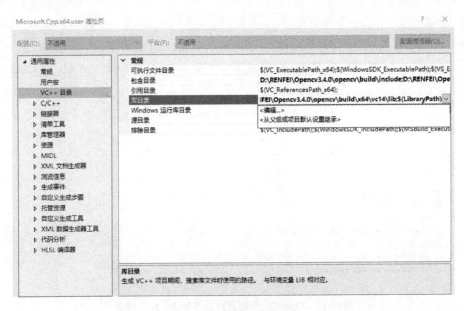

图 8-16　编辑"库目录"

向库目录下添加 OpenCV 的库目录地址(根据自己安装 OpenCV 中的地址选定),然后点击“确定”,如图 8-17 所示。

库目录
D:\RENFEI\Opencv3.4.0\opencv\build\x64\vc14\lib
计算的值:
D:\RENFEI\Opencv3.4.0\opencv\build\x64\vc14\lib
C:\Program Files (x86)\Microsoft Visual Studio 14.0\VC\lib\amd64
C:\Program Files (x86)\Microsoft Visual Studio 14.0\VC\atlmfc\lib\
继承的值:
$(VC_LibraryPath_x64)
$(WindowsSDK_LibraryPath_x64)
$(NETFXKitsDir)Lib\um\x64
从父级或项目默认设置继承(I)
宏(M) >>
确定
取消

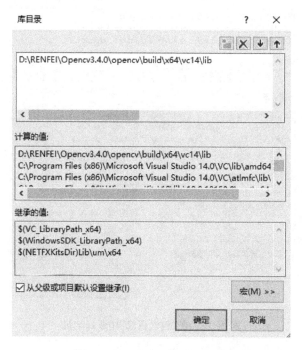

图 8-17　在“库目录”中添加地址

打开 OpenCV 安装目录表下的.lib 文件列表,如图 8-18 所示。在 3.4.0 版本的 OpenCV 中,仅剩下两个库文件,分别是:opencv_world340.lib 和 opencv_world340d.lib。在 OpenCV2.x 版本中.lib 文件有很多,不方便配置,在 OpenCV3.x 及以后的版本中,一般只存在两个.lib 文件,极大地方便了配置。这里两个库文件的区别是:一个有“d”,一个没有“d”。opencv_world340.lib 是 Release 模式版本,而 opencv_world340d.lib 是 Debug 模式版本。

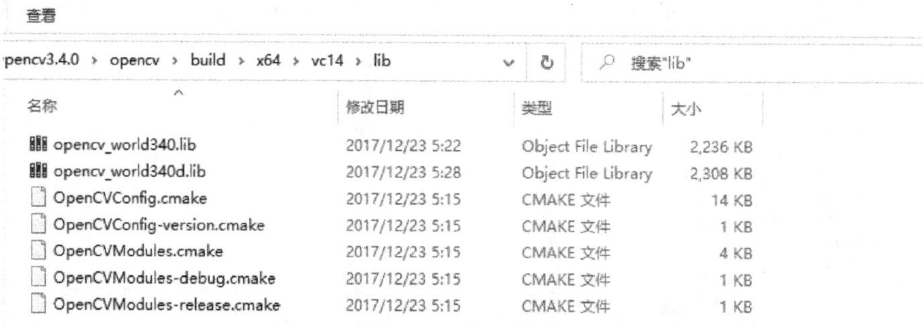

查看
pencv3.4.0 › opencv › build › x64 › vc14 › lib
搜索"lib"
名称
修改日期
类型
大小
opencv_world340.lib 2017/12/23 5:22 Object File Library 2,236 KB
opencv_world340d.lib 2017/12/23 5:28 Object File Library 2,308 KB
OpenCVConfig.cmake 2017/12/23 5:15 CMAKE 文件 14 KB
OpenCVConfig-version.cmake 2017/12/23 5:15 CMAKE 文件 1 KB
OpenCVModules.cmake 2017/12/23 5:15 CMAKE 文件 4 KB
OpenCVModules-debug.cmake 2017/12/23 5:15 CMAKE 文件 1 KB
OpenCVModules-release.cmake 2017/12/23 5:15 CMAKE 文件 1 KB

图 8-18　OpenCV 安装目录表下的.lib 文件列表

在属性界面中展开"链接器",选中"输入",选中"附加依赖项",然后点击右侧下拉菜单(三角标志),选中"编辑",进入编辑页面,如图 8-19 所示。

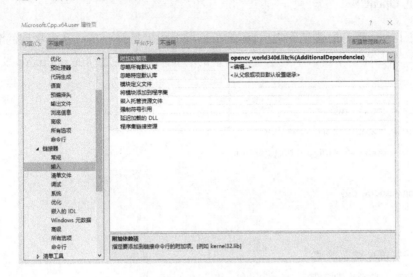

图 8-19　编辑"附加依赖项"

将刚刚在 OpenCV 库文件目录下看到的两个库文件名称中的一个添加到这里(根据模式需求选择 Release 模式或 Debug 模式),本文配置的是 Debug 模式,输入"opencv_world340d.lib",点击"确定",如图 8-20 所示。

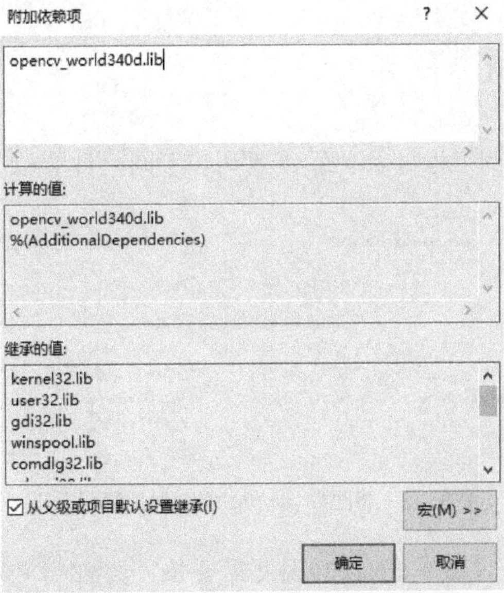

图 8-20　在"附加依赖项"中添加地址

如果配置 Release 模式,在"属性管理器"中选中"Release|Win64"中的"Microsoft.Cpp.x64.user",继续重复上述配置,在最后一步选中"附加依赖项",然后点击右侧下拉菜单(三角

标志),选中"编辑",进入编辑页面后,输入"opencv_world340.lib",点击"确定"即可。

8.2.3 测试 OpenCV

在完成了上述所有配置工作之后,测试验证以上配置是否成功。这里我们的测试 demo 功能很简单,就是在一个窗口中显示我们指定的一张图片。在之前的 main.cpp 文件中添加以下代码:

```cpp
# include <iostream>
# include <opencv2/core/core.hpp>
# include <opencv2/highgui/highgui.hpp>

using namespace cv;

int main() {
// 读入一张图片(测试图片)
Mat img = imread("pic.png");
// 创建一个名为 "测试"的窗口
namedWindow("测试");
// 在窗口中显示测试
imshow("测试", img);
// 等待 8000 ms 后窗口自动关闭
waitKey(8000);
return 0;
}
```

将图片 pic.png 复制到工程目录下面,与源码位于同一目录,如图 8-21 所示。

名称 ^	修改日期	类型	大小
Debug	2021/7/20 14:29	文件夹	
main.cpp	2015/7/6 21:54	C++ Source file	0 KB
opencv3.4.0test2.vcxproj	2021/7/20 9:15	VC++ Project	8 KB
opencv3.4.0test2.vcxproj.filters	2021/7/20 9:15	VC++ Project Fil...	1 KB
pic.png	2021/7/20 14:43	PNG 文件	97 KB

图 8-21　将图片 pic.png 复制到工程目录下

由于配置是针对 64 位系统进行的,因此需要使 VS 2015 在 x64 调试模式下运行,在工具栏中将"x86"切换为"x64",如图 8-22 所示。

在 VS2015 工具栏中点击"调试",选择"启动调试"。或者按快捷键"F5"运行工程,显示图片 pic.png,

图 8-22　运行 x64 调试模式

则配置成功,如图 8-23 所示。

图 8-23　配置成功运行界面

8.3　OpenCV 图像处理(模板匹配)

在 VS2015 中完成配置 OpenCV 后,接下来调用 OpenCV 对图像进行处理。

打开 VS2015,单击"文件",选中"新建",选择"项目",新建图像处理工程。在 Visual C++语言的下拉框中,点击"Win32",选中"Win32 控制台应用程序",给新建工程命名并设置存储路径,如图 8-24 所示。

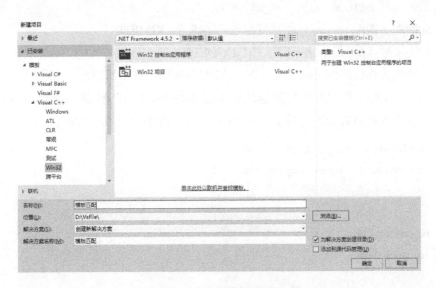

图 8-24　新建"图像处理"工程

点击"确定"后点击"下一步",进行应用程序设置,并新建"图像处理"的 C＋＋源码文件,添加创建此源码文件到工程中,如图 8-25 所示。

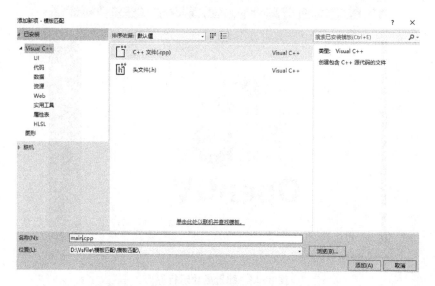

图 8-25　新建"图像处理"的 C＋＋源码文件

在这里调用 OpenCV 实现模板匹配算法。OpenCV 封装好的模板匹配算法包含 6 种计算方式(通过模板匹配实现目标检测的算法有很多,例如基于梯度的多角度模板匹配,这些需要自行写函数,OpenCV 封装好的模板匹配算法包含 6 种计算方式,封装好的直接调用即可,无须再写函数然后调用)。模板匹配的 6 种计算方式分别是:

(1) 平方差匹配 method＝CV_TM_SQDIFF;

(2) 标准平方差匹配 method＝CV_TM_SQDIFF_NORMED;

(3) 相关匹配 method＝CV_TM_CCORR;

(4) 标准相关匹配 method＝CV_TM_CCORR_NORMED;

(5) 相关系数匹配 method＝CV_TM_CCOEFF;

(6) 标准相关系数匹配 method＝CV_TM_CCOEFF_NORMED。

除了(1)、(2)两种平方差匹配值越低匹配度越好外,其余几种都是值越高越好。利用 trackbar 显示出 6 种模板的匹配算法。在 main.cpp 文件中添加以下代码:

```cpp
# include "opencv2/highgui/highgui.hpp"
# include "opencv2/imgproc/imgproc.hpp"
# include <iostream>

using namespace std;
using namespace cv;

Mat img; Mat templ;Mat result;
```

```
char *  image_window = "Source Image";//窗口名称定义
char *  result_window = "Result window";//窗口名称定义
int match_method;
int max_Trackbar = 5;
void MatchingMethod(int, void *)
{
    Mat img_display;
    img.copyTo(img_display);//将 img 的内容拷贝到 img_display
```

///创建输出结果的矩阵

```
int result_cols = img.cols - templ.cols + 1; //计算用于储存匹配结果的输出图像矩阵的大小。
int result_rows = img.rows - templ.rows + 1;
result.create(result_cols, result_rows, CV_32FC1);//被创建矩阵的列数、行数,以 CV_32FC1 形
```
式储存。

///进行匹配和标准化

```
matchTemplate(img, templ, result, match_method); //待匹配图像,模板图像,输出结果图像,
```
匹配方法(由滑块数值给定)

```
normalize(result, result, 0, 1, NORM_MINMAX, -1, Mat());//输入数组,输出数组,range
```
normalize 的最小值,range normalize 的最大值,归一化类型,当 type 为负数时输出的 type 和输入的
type 相同。

///通过函数 minMaxLoc 定位最匹配的位置

```
double minVal; double maxVal;Point minLoc;Point maxLoc;
Point matchLoc;
minMaxLoc(result,&minVal,&maxVal,&minLoc,&maxLoc,Mat());//用于检测矩阵中最大值和
```
最小值的位置

///对于方法 SQDIFF 和 SQDIFF_NORMED,越小的数值代表越高的匹配结果。而对于其他方法,数值越大匹配越好

```
if (match_method = = CV_TM_SQDIFF||match_method = =
CV_TM_SQDIFF_NORMED)
{
    matchLoc = minLoc;
}
    else
{
    matchLoc = maxLoc;
}
```

```
rectangle(img_display,matchLoc,Point(matchLoc.x + templ.cols, matchLoc.y + templ.
rows), Scalar(0, 0, 255), 2, 8, 0);//将得到的结果用矩形框起来
rectangle(result,matchLoc,Point(matchLoc.x+ templ.cols, matchLoc.y+ templ.rows),
    Scalar(0, 0, 255),2,8,0);
    imshow(image_window, img_display);//输出最终得到的结果
    imwrite("result.jpg",img_display);//将得到的结果写到源代码目录下
    imshow(result_window, result);//输出匹配结果矩阵
    }
    int main( int argc,char * * argv)
    {
    img = imread("source.png");//载入待匹配图像
    templ = imread("temp.png");//载入模板图像

//创建窗口
    namedWindow(image_window,CV_WINDOW_AUTOSIZE);//窗口名称,窗口标识 CV_WINDOW_
AUTOSIZE 是自动调整窗口大小以适应图片尺寸
    namedWindow(result_window,CV_WINDOW_AUTOSIZE);//创建滑动条
    createTrackbar("匹配方法",image_window,&match_method,max_Trackbar,
    MatchingMethod);//滑动条提示信息,滑动条所在窗口名,匹配方式(滑块移动之后将移动到的值赋
予该变量),回调函数
    MatchingMethod(0,0);//初始化显示
    waitKey(0);//等待按键事件,如果值为 0 则永久等待
    return 0;
    }
```

将图片"source.png"和"temp.png"复制到工程目录下面,与源码.cpp 文件位于同一目录。"source.png"是待检测目标图片,"temple.png"是模板图片,可在附件源码中找到,也可自行找图片命名。

运行"x64"调试模式,在工具栏中点击"调试",选择"启动调试"。运行后效果如图 8-26 所示,再根据模板图像成功找到目标图像并绘制矩形框。

图 8-26   运行模板匹配 demo

8.4   OpenCV 视频处理

在实际工程中,不仅要处理图像,还要调用相机实时处理图像或者处理拍摄好的视频。本节介绍如何使用 OpenCV 调用摄像头实时处理视频以及如何处理拍摄好的视频。

8.4.1　利用 OpenCV 打开本地视频或摄像头

打开 VS2015,单击"文件",选中"新建",选择"项目",新建视频处理工程。在 Visual C++的下拉框中点击"Win32",选中"Win32 控制台应用程序",给新建工程命名并设置存储路径,如图 8-27 所示。

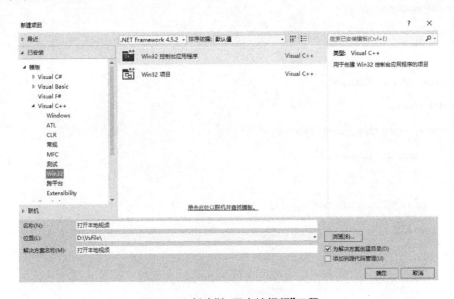

图 8-27　新建"打开本地视频"工程

同样,点击"确定"后进行应用程序设置。新建一个视频 C++源码文件,添加创建此源码文件到工程中,如图 8-28 所示。

图 8-28　新建视频 C++源码文件

首选介绍调用 OpenCV 读取视频。视频读取,主要利用 VideoCapture 类的方法打开视频并获取视频中的帧,在 main.cpp 文件中添加以下代码:

```
#include<iostream>
#include<opencv2/opencv.hpp>
using namespace cv;
int main()
{
    VideoCapture capture;
    Mat frame;
    frame = capture.open("video.mp4");
    if (! capture.isOpened())
    {
        printf("can not open ...\n");
        return -1;
    }
    namedWindow("output", CV_WINDOW_AUTOSIZE);
    while (capture.read(frame))
    {
        imshow("output", frame);
        waitKey(10);
    }
    capture.release();
    return 0;
}
```

拍摄一段视频命名为"video.mp4",复制到工程目录下面,与源码.cpp 文件位于同一目录,或者将附件源码工程下载,将其中的"video.mp4"视频文件复制到工程目录下面,与源码.cpp文件位于同一目录,运行后效果如图 8-29 所示。

在开发中,不仅要处理拍摄好的视频,还需要处理实时拍摄的视频。因此,需要了解如何通过摄像头实时读取视频,这时可利用函数 capture.open( )进行处理。capture.open("video.mp4")表示打开源码同一目录下"video.mp4"的视频;一般来说,capture.open(0)表示调用电脑摄像头;capture.open(1)表示调用 USB 外接摄像头;capture.open(-1)表示捕获摄像机等监控器。将上述代码中 capture.open("video.mp4")改为 capture.open(0),运行程序调用电脑摄像头,如图 8-30 所示。

图 8-29　基于 OpenCV 读取视频　　　　图 8-30　调用电脑摄像头

8.4.2　利用 OpenCV 处理视频

通过 OpenCV 读取视频（或摄像头）以后，下面利用 OpenCV 对视频进行处理。

打开 VS2015，单击"文件"，选中"新建"，选择"项目"，新建视频处理工程。在 Visual C++的下拉框中点击"Win32"，选中"Win32 控制台应用程序"，给新建工程命名并设置存储路径，如图 8-31 所示。

图 8-31　新建"视频处理"工程

同样，点击"确定"后进行应用程序设置。新建"视频处理"的 C++源码文件，添加创建此源码文件到工程中，如图 8-32 所示。

图 8-32　新建"视频处理"的 C＋＋源码文件

　　将下列代码复制到 main.cpp 文件中，打开计算机摄像头，将拍到的视频实时二值化并实时输出：

```cpp
#include<iostream>
#include<opencv2/opencv.hpp>
using namespace cv;
using namespace std;
int main()
{
    VideoCapture capture;
    capture.open(0);//调用电脑摄像头
    //capture.open("video.mp4");
    if (! capture.isOpened())
    {
        cout<<"can not open ...\n"<<endl;
        return -1;
    }
    Size size = Size(capture.get(CV_CAP_PROP_FRAME_WIDTH),
capture.get(CV_CAP_PROP_FRAME_HEIGHT));
    VideoWriter writer;
    /* writer.open("writevideo.mp4", CV_FOURCC('M', 'J', 'P', 'G'), 10, size, true); */
    Mat frame, gray;
    namedWindow("output", CV_WINDOW_AUTOSIZE);
    while (capture.read(frame))
```

```
    {
        //转换为黑白图像
        cvtColor(frame, gray, COLOR_BGR2GRAY);
        //二值化处理
        threshold(gray, gray, 0, 255, THRESH_BINARY | THRESH_OTSU);
        cvtColor(gray, gray, COLOR_GRAY2BGR);
        imshow("output", gray);
        writer.write(gray);
        if(waitKey(10)>0)//按下任意键退出摄像头
break;
    }
    cout << "write end!" << endl;
    capture.release();
    destroyAllWindows();//关闭所有窗口
    return 0;
}
```

在 VS2015 工具栏中点击"调试",选择"启动调试"。或者按快捷键"F5",运行后效果如图 8-33 所示。

将"capture.open(0);//调用电脑摄像头"改为"capture.open("video.mp4");",拍摄一段视频命名为"video.mp4",复制到工程目录下面,与源码.cpp 文件位于同一目录,或者将附件源码工程下载,将其中的"video.mp4"复制到工程目录下面,与源码位于同一目录,运行效果如图 8-34 所示。

图 8-33　调用摄像头并二值化　　　　　图 8-34　读取本地视频并二值化

8.5　基于树莓派的 OpenCV 应用实例

英国的慈善组织"Raspberry Pi 基金会"开发出树莓派项目。2012 年 3 月,英国剑桥大学的埃本·阿普顿(Eben Epton)正式开售"树莓派"。树莓派又称卡片式电脑,外形只有银行卡片大小,但是具备电脑的基本功能。

树莓派极其适合高校教学使用。对于高校和培训机构而言,学生人数众多,不可能人手一台重达几百斤的无人车,也不可能人手一台工控机,而树莓派则像是一个迷你版的工控机,配合各类传感器,例如雷达、相机等可实现 slam 算法及目标检测算法的开发。通过培训和学习,学生毕业以后,可以很快上手相关工作(即便硬件升级,其系统和操作原理也基本一致)。因此,结合市场和就业需求,越来越多的高校、培训机构推荐使用价格合适、功能全面、市场需要的树莓派作为教学硬件,学生也在对树莓派的学习中收获颇多。

如何安装、使用树莓派这里不多做赘述。简单来说,Ubuntu 系统是在卡片式电脑上运行,操作和个人笔记本上的 Ubuntu 系统并无明显区别,而且 Ubuntu 系统更加适合做开发。

购买的树莓派相当于电脑主板,包含 CPU、内存等,要有显示器才能方便操作,树莓派提供了 HDMI 接口用于外接显示器。但不是每个人手头都刚好有一块支持 HDMI 的显示器,因此树莓派也可采用局域网 SSH 进行远程登录。对于新手来说,操作越简单越方便越好,因此并不推荐新手采用 SSH 远程登录树莓派,学有余力的朋友可以尝试使用。

友情提示:如上所说,建议新手用树莓派桌面上自带的命令行工具运行,最好不要使用远程 SSH 连接。一是操作较为烦琐,容易影响学习兴趣;二来因为执行命令有时需要的时间较长,中途如果 SSH 断线,无法得知是否已经安装完毕。

本章重点介绍树莓派 3b,实物如图 8-35 所示。下一章还将继续介绍其他系列的树莓派,并在此基础上进行开发。Broadcom BCM2837 芯片组,运行频率为 1.2 GHz,64 位四核 ARM Cortex - A53,802.11b/g/n 无线局域网,蓝牙 4.1(经典和低能耗 BLE),双核 VideoCore IV ©多媒体协处理器,1 GB LPDDR2 存储器,支持所有新的 ARM GNU/Linux 分发和 Windows 10 IoT,MicroUSB 连接器,1×10/100 以太网端口,1 HDMI 视频/音频连接器,1×RCA 视频/音频连接器,4 个 USB2.0 端口,40 个 GPIO 引脚,芯片天线,DSI 显示连接器,microSD 卡插槽,尺寸:85 mm×56 mm×17 mm,操作系统为 Ubuntu16.04。

图 8-35 本书中所用的树莓派

8.5.1　在树莓派中配置 OpenCV

打开树莓派的命令行界面可以采用快捷键"Ctrl＋Alt＋T"打开终端。也可在桌面或者目标文件夹下右击鼠标,点击出现的"Open in Terminal"的快捷方式。采用鼠标在目标文件夹下右击打开的方式,能直接将命令行界面位置 cd 到文件夹位置,快捷方便,如图 8-36 所示。

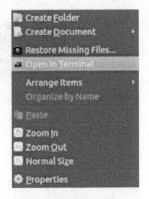

图 8-36　鼠标右击打开命令行界面

首先更新系统,打开命令行界面(Ctrl＋Alt＋T),分别输入以下命令,并按下"回车"键:

```
sudo apt-get update
sudo apt-get upgrade
```

注意:Ubuntu 中 sudo 命令以系统管理者的身份执行指令,也就是说,经由 sudo 所执行的指令就好像是 root 亲自执行,需要输入 password 然后按"回车"键。输入 password 时并不显示是否输入,输入后直接按"回车"键即可。

安装编译 OpenCV 源码的工具,输入以下命令,按下"回车"键:

```
sudo apt-get install build-essential cmake pkg-config
```

完成系统更新和安装编译工具以后,安装 Python 科学计算库 numpy:

```
sudo pip3 install numpy
```

在树莓派设置中把根目录扩大到整个 SD 卡(本步操作是因为有时候设置的根目录容量较小,OpenCV 编译时需要的存贮空间较大,若根目录较小会报错)。

命令行界面输入命令,进入树莓派配置界面,如图 8-37 所示,用上下键和左右键切换光标位置:

```
sudo raspi-config
```

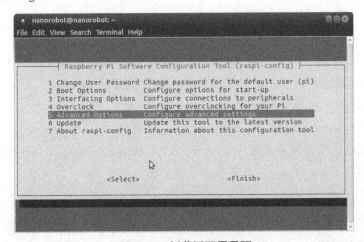

图 8-37　树莓派配置界面

选择 Expand Filesystem,如图 8-38 所示。将根目录扩展到整个 SD 卡,充分利用 SD 卡的存储空间。如果不进行这一步,后续命令有可能出现卡死,处理起来费时费力。

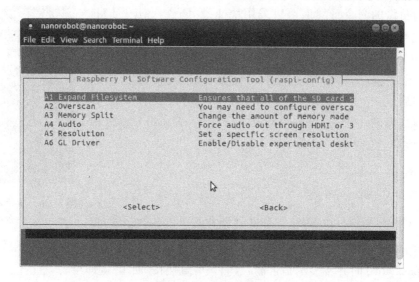

图 8-38　扩展根目录

退出设置界面,输入下面指令,重启树莓派:

```
sudo reboot
```

在命令行界面输入命令,安装 OpenCV 所需的库:

```
sudo apt-get install build-essential git cmake pkg-config -y
sudo apt-get install libjpeg8-dev -y
sudo apt-get install libtiff5-dev -y
sudo apt-get install libjasper-dev -y
sudo apt-get install libpng12-dev -y
sudo apt-get install libavcodec-dev libavformat-dev libswscale-dev libv4l-dev -y
sudo apt-get install libgtk2.0-dev -y
sudo apt-get install libatlas-base-dev gfortran -y
```

下载两个压缩包 opencv 和 opencv_contrib 到/home/nanorobot/目录下,命名为 opencv—3.1.0.zip 和 opencv_contrib—3.1.0.zip,下载网址为:

https://github.com/Itseez/opencv/archive/3.1.0.zip

https://github.com/Itseez/opencv_contrib/archive/3.1.0.zip

通过"cd"指令定位到目录并解压 opencv—3.1.0.zip 和 opencv_contrib—3.1.0.zip,命令如下:

```
cd /nanorobot/
unzip opencv—3.1.0.zip
unzip opencv_contrib—3.1.0.zip
```

通过如下指令设置编译参数：

cd /home/nanorobot/opencv‐3.1.0

mkdir build

cd build

设置 CMAKE 参数：

cmake ‐D ENABLE_PRECOMPILED_HEADERS=OFF\

‐D CMAKE_BUILD_TYPE=RELEASE\

‐DCMAKE_INSTALL_PREFIX=/usr/local\

‐D INSTALL_PYTHON_EXAMPLES=ON\

‐D OPENCV_EXTRA_MODULES_PATH=/home/nanorobot/opencv_contrib‐3.1.0/modules \

‐D BUILD_EXAMPLES=ON ..

以上命令全部输入后按下回车，另外这行命令中：

OPENCV_EXTRA_MODULES_PATH=/home/nanorobot/opencv_contrib‐3.1.0/modules\

最好使用绝对路径，具体地址为：/home/nanorobot/opencv_contrib‐3.1.0/modules\，根据自己的 opencv_contrib‐3.1.0/modules 所在地址填写。

根据图 8‐39 判断 CMAKE 是否配置成功。如果失败，可能是因为两个压缩包的路径和命名问题。注意修改压缩包名称和代码中针对自己树莓派的实际地址，如果成功，就可以开始最为重要的编译了。

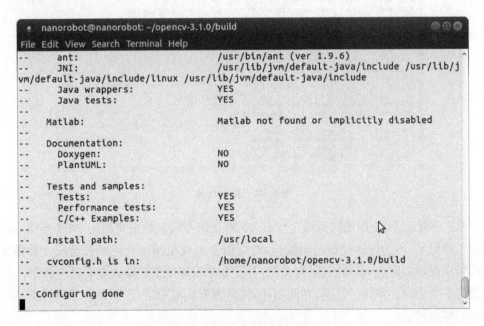

图 8‐39　CMAKE 配置成功界面

最后一步,也是最重要的一步:编译。输入以下命令进行编译:

```
cd /home/nanorobot/opencv-3.1.0/build
sudo make
```

其中,cd/home/nanorobot/opencv-3.1.0/build 是将命令定位,cd 后如图 8-40 所示。前面提到过,也可采用鼠标在目标文件夹/home/nanorobot/opencv-3.1.0/build 空白处右击,点击出现的"Open in Terminal"快捷方式,得到的效果与 cd/home/nanorobot/opencv-3.1.0/build 是一样的。注意:目标文件夹/home/nanorobot/opencv-3.1.0/build 根据自己树莓派中 opencv-3.1.0/build 的实际地址变动而变动。

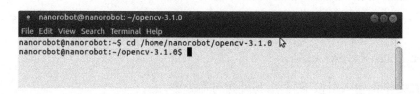

图 8-40 cd 到指定文件夹

编译过程如图 8-41 所示。

```
nanorobot@nanorobot: ~/opencv-3.1.0/build
File Edit View Search Terminal Help
[ 20%] Built target opencv_perf_reg
[ 21%] Built target opencv_test_reg
[ 21%] Built target example_reg_map_test
[ 21%] Built target opencv_surface_matching
[ 21%] Built target example_surface_matching_ppf_load_match
[ 21%] Built target example_surface_matching_ppf_normal_computation
[ 21%] Built target opencv_video
[ 21%] Built target opencv_test_video
[ 22%] Built target opencv_perf_video
[ 25%] Built target opencv_dnn
[ 25%] Built target example_dnn_caffe_googlenet
[ 25%] Built target opencv_test_dnn
[ 25%] Built target opencv_fuzzy
[ 25%] Built target example_fuzzy_fuzzy_inpainting
[ 25%] Built target opencv_test_fuzzy
[ 25%] Built target example_fuzzy_fuzzy_filtering
[ 25%] Built target opencv_perf_imgcodecs
[ 26%] Built target opencv_test_imgcodecs
[ 27%] Built target opencv_shape
[ 29%] Built target opencv_test_shape
[ 30%] Built target opencv_test_videoio
[ 30%] Built target opencv_perf_videoio
[ 30%] Built target opencv_test_highgui
```

图 8-41 编译过程

注意:一般来说,要保证树莓派至少有 5G 的存储空间以及不要使用 SSH 连接,这两点在前面已经提及,因为编译过程时间较长,有可能会出现报错或者死机的情况。若报错,可百度搜索错误耐心解决,若是死机,可重启,打开命令行界面重新输入上面两个命令。

静待 5 个小时的编译。注意,在此期间,树莓派要供电充足,不要运行其他任务,以免因为内存不够报错。

编译到 81% 时若出现报错,如图 8-42 所示。此时,可进行如下处理。

```
In file included from /home/nanorobot/opencv_contrib-3.1.0/modules/tracking/incl
ude/opencv2/tracking/tracker.hpp:48:0,
                 from /home/nanorobot/opencv-3.1.0/build/modules/python2/pyopenc
v_generated_include.h:49,
                 from /home/nanorobot/opencv-3.1.0/modules/python/src2/cv2.cpp:1
2:
/home/nanorobot/opencv_contrib-3.1.0/modules/tracking/include/opencv2/tracking/o
nlineMIL.hpp:57:23:       expected unqualified-id before '>' token
 #define sign(s) ((s > 0 ) ? 1 : ((s<0) ? -1 : 0))

/home/nanorobot/opencv_contrib-3.1.0/modules/tracking/include/opencv2/tracking/o
nlineMIL.hpp:57:23:       expected ')' before '>' token
/home/nanorobot/opencv_contrib-3.1.0/modules/tracking/include/opencv2/tracking/o
nlineMIL.hpp:57:23:       expected ')' before '>' token
modules/python2/CMakeFiles/opencv_python2.dir/build.make:292: recipe for target
'modules/python2/CMakeFiles/opencv_python2.dir/__/src2/cv2.cpp.o' failed
make[2]: *** [modules/python2/CMakeFiles/opencv_python2.dir/__/src2/cv2.cpp.o] E
rror 1
CMakeFiles/Makefile2:13834: recipe for target 'modules/python2/CMakeFiles/opencv
_python2.dir/all' failed
make[1]: *** [modules/python2/CMakeFiles/opencv_python2.dir/all] Error 2
Makefile:160: recipe for target 'all' failed
make: *** [all] Error 2
nanorobot@nanorobot:~/opencv-3.1.0/build$
```

图 8-42　编译报错

在命令行中输入以下代码,并打开问题文件:

gedit～/opencv_contrib/modules/tracking/include/opencv2/tracking/onlineMIL.hpp

找到下面这一行代码:

#define sign(a) a ＞ 0 ? 1 : a ＝＝ 0 ? 0 ： -1

替换为:

```
namespace {
    template<typename T>
    CV_INLINE int sign(const T v) {
        return (v > 0) ? 1 : ((v < 0) ? -1 : 0);
    }
} // anon namespace
```

代码修改后重新编译,命令如下:

sudo make

重启后会在原来进度上继续 make,最终编译成功,如图 8-43 所示。
注意:重启之后会在原进度上继续编译,不会重新开始编译。
make 命令执行完成之后,执行下面的命令:

sudo make insall

执行命令需要 1 分钟左右,install 过程如图 8-44 所示。
安装好之后,在命令行中输入:

python3

按下"回车"键,继续输入以下命令再次"回车":

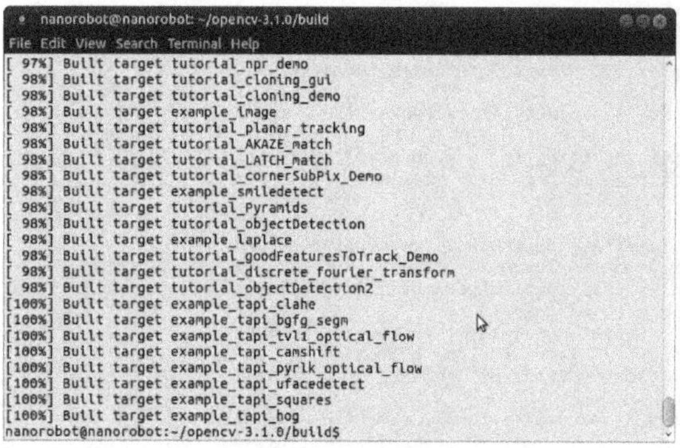

<table>
<tr><td>图 8-43 编译成功</td><td>图 8-44 执行 install 命令</td></tr>
</table>

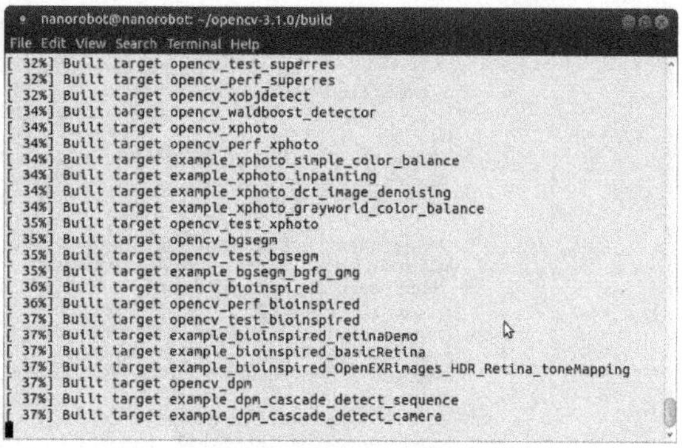

```
import cv2

cv2.__version__
```

如果出现如图 8-45 的结果，说明 Python3 环境下的 OpenCV 安装成功。

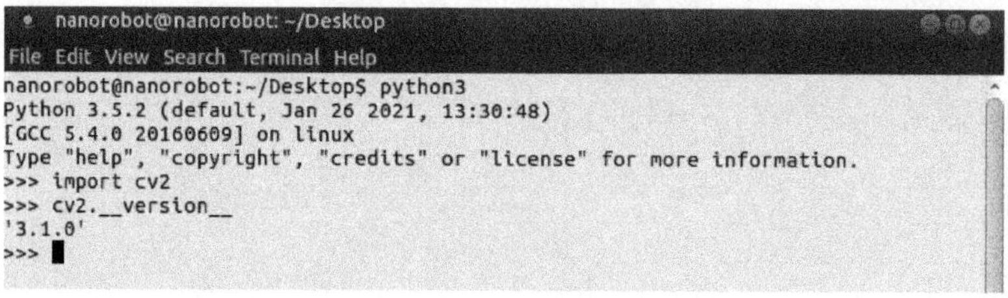

图 8-45 OpenCV 安装成功

8.5.2 配置树莓派摄像头

如果有树莓派官方的摄像头 Picamera，需按如下方法正确配置（如果没有官方摄像头，也不影响安装）。

在命令行输入以下命令，这个命令的意思是用 nano 编辑器打开 modules 这个文件：

```
sudo nano /etc/modules
```

在这个文件末尾添加一行：

```
bcm2835-v4l2
```

输入命令：

```
sudo raspi-config

Interfacing Options->Camera 选择 Enable
```

测试系统已经完成安装并正常工作，可尝试以下命令：

```
raspistill-o image.jpg
```

调用摄像头拍一张照片,命名为 image.jpg,存储在/home 路径,位于桌面左上角资源管理器打开后显示的路径下。如果能看到摄像头上红灯亮,目录里面有照片,则说明摄像头配置正确。

8.5.3　基于树莓派的 OpenCV 实例

OpenCV 的 demo 即/usr/local/share/OpenCV/sample/里的 python 文件夹拷贝到 Downloads/sample/文件夹下,如图 8-46 所示。

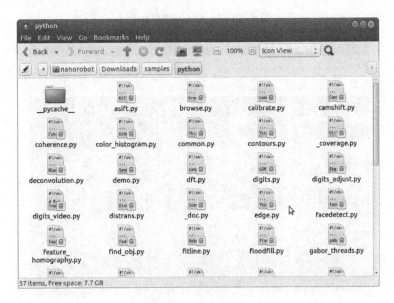

图 8-46　复制 demo

运行 demo 边缘检测算法,在此目录空白处右击鼠标,在弹出的菜单中单击"Open in Terminal",如图 8-47 所示。

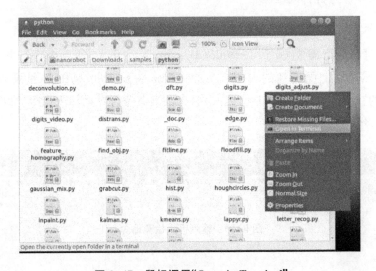

图 8-47　鼠标调用"Open in Terminal"

在调出的命令行界面输入边缘提取命令：

```
python3 edge.py
```

如图 8-48 所示，按下"回车"后，调用摄像头并提取摄像头拍摄的图像进行边缘提取，如图8-49所示。

图 8-48　输入边缘提取命令

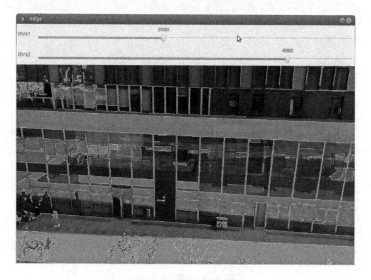

图 8-49　对图像进行边缘提取

找一张名为"people.jpg"的行人图片放在"Downloads/sample/python"文件夹中，输入以下命令并"回车"，进行行人检测：

```
python3 peopledetec.py people.jpg
```

注意：此时命令行需要 cd 到 Downloads/sample/python，如果命令行并未 cd 到目录下，会报错，依然采用上面提到的方式：在 Downloads/sample/python 目录空白处右击鼠标，单击出现的"Open in Terminal"快捷方式，在调出命令行界面输入命令，如图 8-50 所示。检测结果如图 8-51 所示。

图 8-50　输入行人检测命令

图 8-51　对图片进行行人检测

思考题

1. 为什么学术界、工业界非常青睐 OpenCV?

2. OpenCV 各个版本间兼容吗?

3. OpenCV 处理的图片不一定非要放在源码目录下,如果放在其他目录下,如何调用呢?

4. 视频本质上就是一张张图片在播放,OpenCV 实时处理视频以后,可以将处理好的视频转化为若干张图片,试着找找这样的视频转图片源码,新建工程跑跑看。

5. 在树莓派中调用边缘检测 demo 算法输入: python3 edge.py,为什么输入 python3 而不是 python 呢? 如何操作直接输入 python 也能调用 python3?

6. 对于新手不建议采用建立 python 虚拟环境用于配置 OpenCV,但是采用建立 python 虚拟环境是十分有意义的,可以针对不同项目配置不同的虚拟环境,例如可以配置不同版本的 OpenCV 虚拟环境,有兴趣的话可以试一试。

7. 机器视觉如何配合 STM32 及电机常用控制板实现视觉反馈然后控制电机呢? 方案有很多种,开动大家的小脑筋想一想。

第 9 章

SLAM 技术概述与应用

导读

　　SLAM 的全称为 Simultaneous Localization and Mapping，是以定位和建图两大技术为目标的一个研究领域，其解决了移动机器人导航中的地图未知问题。本章主要介绍 SLAM 技术的原理，并通过实际案例介绍了 SLAM 在移动机器人导航中的应用。

9.1　SLAM 技术概述

9.1.1　SLAM 技术原理

　　SLAM 技术——同步定位与地图构建技术（Simultaneous Localization and Mapping），是指当某种移动设备从一个未知环境里的未知地点出发，在运动过程中通过传感器（激光雷达、摄像头）观测定位自身位置、姿态、运动轨迹，再根据自身位置进行增量式的地图构建，从而达到同步定位与地图构建的目的。SLAM 技术广泛应用于机器人、自动驾驶、增强现实及三维重建等领域。

9.1.2　SLAM 技术分类

　　主流 SLAM 技术分为两大类，激光 SLAM 和视觉 SLAM。激光 SLAM 算法分类如图 9-1 所示，根据激光雷达传感器的类型可分为单线激光 SLAM 和多线激光 SLAM，单线激光 SLAM 分为基于滤波方法（如经典的 Gmapping 算法）和基于图优化方法的（如谷歌开源的 Cartographer 算法），典型开源激光 SLAM 算法的优缺点如表 9-1 所示。视觉 SLAM 算法分类如图 9-2 所示，根据相机类型分为基于单目、双目和 RGB-D 的，根据图像信息可以分为基于特征点法和基于直接法的，根据减少漂移的方法又可分为基于滤波的和基于非线性优化的，如今主流的 ORB-SLAM 和 VINS 算法都属于非线性优化方法。

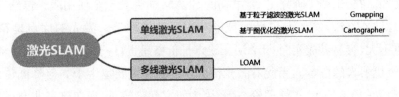

图 9-1　SLAM 算法分类

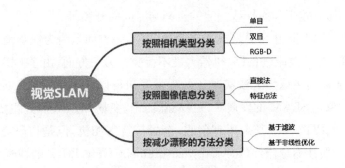

图 9-2　视觉 SLAM 算法分类

表 9-1　典型开源激光 SLAM 算法的优缺点

算法	优势	缺点
Gmapping	1. 小场景地图计算量小,精度高,对 CPU 要求较低; 2. 对激光雷达频率要求低,鲁棒性高; 3. 在长廊及特征场景中建图效果好	1. 高度依赖里程计; 2. 无法适用无人机及地面不平坦区域; 3. 随着场景增大,粒子数增加,计算量大; 4. 没有回环检测
Hector	不需要使用里程计,使得无人机及地面小车在不平坦区域建图存在运用的可行性	1. 对传感器要求较高,依赖精度较高、噪声较小的激光类的数据; 2. 在大地图、低特征场景中建图误差高,在长廊问题中尤为明显
Karto	基于图优化框架,在大环境中建图效果好	内存需求大
Cartographer	1. 基于图优化框架,在大环境中建图效果好; 2. 有回环检测,累计误差小; 3. 在没有很好的激光雷达传感器的情况下也能建立效果不错的地图	内存需求大

9.1.3　激光 SLAM 与视觉 SLAM 比较

激光雷达是研究时间最早且应用最广的 SLAM 传感器,它可提供机器人本体与周围环境障碍物间的距离与角度信息。常见的激光雷达有 SICK、Velodyne 和 RPLIDAR 等,都可以拿来作为 SLAM 系统获取环境信息的传感器。激光雷达能以很高精度测出机器人周围障碍点的角度和距离,从而很方便地实现 SLAM、避障等功能。主流的 2D 激光传感器可扫描一个平面内的障碍物,适用于对平面运动的机器人(如扫地机等)进行定位,并建立 2D 的栅格地图。这种地图在机器人导航中很实用,因为多数机器人还不能在空中飞行或走上台

237

阶,仍限于地面。在 SLAM 研究史上,早期的 SLAM 研究几乎全使用激光传感器进行建图,且多数使用滤波器方法,例如卡尔曼滤波器与粒子滤波器等。激光的优点是精度高,速度快,计算量也不大,容易做成实时 SLAM。缺点是价格昂贵,一台激光传感器动辄上万元,会大幅提高一个机器人的成本。因此对激光传感器的研究主要集中于如何降低传感器的成本上。对应于激光的 EKF-SLAM 理论方面,因为研究起步较早,现在已经非常成熟。与此同时,人们对 EKF-SLAM 的缺点也有了较清楚的认识,例如不易表示回环、线性化误差严重、因维护路标点的协方差矩阵而导致一定的空间与时间的开销等。

视觉 SLAM 是 21 世纪 SLAM 研究的热点之一,一方面是因为视觉画面十分直观,不免令人觉得:为何人能通过眼睛认路,机器人就不行呢? 另一方面,由于 CPU、GPU 处理速度的提高,使得许多以前被认为无法实时化的视觉算法得以在 10 Hz 以上的速度运行。硬件的提高也促进了视觉 SLAM 的发展。以传感器而论,视觉 SLAM 研究主要分为三大类:单目、双目(或多目)、RGB-D。其余还有鱼眼、全景等特殊相机,但是在研究和产品中都属于少数。此外,结合惯性测量器件(Inertial Measurement Unit,IMU)的视觉 SLAM 也是现在的研究热点之一。就实现难度而言,我们可以大致将这三类方法排序为:单目视觉＞双目视觉＞RGB-D。单目相机 SLAM 简称 MonoSLAM,即只用一个摄像头就可以完成 SLAM。这样做的好处是传感器简易、成本低,所以单目 SLAM 非常受研究者关注。相比其他视觉传感器,单目 SLAM 有个最大的问题,就是没法确切地得到深度。这是一把双刃剑,一方面,由于绝对深度未知,单目 SLAM 没法得到机器人运动轨迹以及地图的真实大小。直观地说,如果把轨迹和房间同时放大两倍,单目看到的图像是一样的。因此,单目 SLAM 只能估计一个相对深度,在相似变换空间 Sim(3) 中求解,而非传统的欧氏空间 SE(3)。如果我们必须要在 SE(3) 中求解,则需要用一些外部的手段,例如 GPS、IMU 等传感器,确定轨迹与地图的尺度(Scale)。另一方面,单目相机无法依靠一张图像获得图像中物体离自己的相对距离。为了估计这个相对深度,单目 SLAM 要靠运动中的三角测量来求解相机运动并估计像素的空间位置。它的轨迹和地图,只有在相机运动之后才能收敛,如果相机不进行运动时,就无法得知像素的位置。同时,相机运动还不能是纯粹的旋转,这就给单目 SLAM 的应用带来了一些麻烦,好在日常使用 SLAM 时,相机都会发生旋转和平移。不过,无法确定深度同时也有一个好处:它使得单目 SLAM 不受环境大小的影响,因此既可以用于室内,又可以用于室外。

1) 应用场景

激光 SLAM 目前主要被应用在室内,用来进行地图构建和导航工作。VSLAM 的应用场景要丰富很多,既能在室内环境下开展工作,也能用于室外环境,但是它对光的依赖程度高,在暗处或者一些无纹理区域是无法进行工作的。

服务机器人领域已成为当前 SLAM 技术的热门应用场景,此外还有无人驾驶及 AR/VR 等领域。近年来,Google、Uber、百度等企业都在加速研发的无人车,相信大家并不陌生,随着城市物联网和智能系统的完善,无人驾驶将是大势所趋。无人驾驶主要是利用激光雷达或相机(特斯拉使用纯视觉研究无人驾驶)作为核心传感器,来获取地图数据,并构建地图,规避路程中遇到的障碍物,实现路径规划。相比较于 SLAM 在机器人中的应用,无人驾驶对激光雷达的要求和成本都高很多。

SLAM 在 AR 领域的应用与其在机器人、无人驾驶中的应用有很多不同。通过 SLAM 技术的实时定位,可以将虚拟的信息应用到真实世界,真实的环境和虚拟的物体实时地叠加在同一个画面或空间,这一画面的实现,离不开 SLAM 技术,虽然在 AR 行业中也有一些可替代技术,但 SLAM 技术目前仍是最为理想的定位导航技术。在 AR 中,一般更关注于局部的精度,要求避免出现相机运动漂移和抖动的情况,这样叠加的虚拟物体才能看起来与现实场景真实的融合在一起。但在机器人及无人驾驶上,一般更关注于全局的精度,需要恢复的整条运动轨迹不能产生累计误差,循环回路要能闭合,而在某个局部的漂移、抖动等问题往往对机器人应用来说影响不大。另外,在 AR 上对硬件的体积、功率、成本等方面的要求比机器人更敏感,比如机器人上可以配置鱼眼、双目或深度摄像头、高性能 CPU 等硬件来降低 SLAM 的难度,而 AR 应用更倾向于采用更为高效、鲁棒的算法来满足需求。SLAM 技术在不同的应用场景都扮演了非常重要的角色,基于 SLAM 技术,机器人能在无人干预的情况下实现自主行走,无人机不再依赖于色块识别,虚拟的世界也看起来更加"真实"。

2) 成本

激光雷达成本相对来说比较高,但国内也有低成本激光雷达(RPLIDAR)解决方案,比如思岚科技的 A1 与 A2 激光雷达,售价仅千元。VSLAM 主要是通过摄像头来采集数据信息,有基于单目、双目和 RGB-D 相机的,成本显然要低很多。

3) 地图精度

深度摄像机 Kinect 的测距范围在 3～12 m 之间,地图构建精度约 3 cm。激光雷达可 360° 扫描,测距范围可达 0.15～18 m,能更高精度的测出障碍点的角度和距离,方便定位导航。

4) 易用性

激光 SLAM 和基于深度相机的 VSLAM 均是通过直接获取环境中的点云数据,根据生成的点云数据,测算哪里有障碍物以及障碍物的距离。但是基于单目、双目、鱼眼摄像机的 VSLAM 方案,则不能直接获得环境中的点云,而是形成灰色或彩色图像,需要不断移动自身的位置,通过提取、匹配特征点,利用三角测距的方法测算出障碍物的距离。

5) 其他

在探测范围、运算强度、实时数据生成、地图累计误差等方面,激光 SLAM 和视觉 SLAM 也会存在一定的差距。对于同一个场景,VSLAM 在后半程中出现了偏差,这是由于累积误差所引起的,所以 VSLAM 要进行回环检验。

激光 SLAM 是目前比较成熟的定位导航方案,视觉 SLAM 是未来研究的一个主流方向。所以以多传感器融合是未来研究的必然趋势。只有取长补短,优势结合,才能为市场打造出真正好用的、易用的 SLAM 方案。

9.1.4 SLAM 算法流程

SLAM 算法基本流程包含传感器数据输入、前端拼接、后端非线性优化、建图、回环检测，如图 9-3 所示。

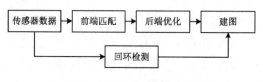

图 9-3 SLAM 算法基本流程

（1）传感器数据输入：激光雷达传感器输入的是点云数据，相机传感器输入的是图像数据。

（2）前端：根据相邻两帧图像（视觉 SLAM）或者两片点云（激光 SLAM）的匹配与比对，计算出传感器相邻时刻的位置和姿态变化，进而对机器人进行定位。根据传感器的不同，分为激光点云、图像、RGB-D 拼接几种，其中点云拼接中又分基于稀疏特征（Sparse）的和稠密（Dense）的两种。

（3）后端：主要是对前端给出结果进行优化，利用滤波理论或者优化理论，最终得到最优的位姿估计。

（4）建图：利用传感器数据增量式的构建占据栅格地图。

（5）回环检测：通过发现到达过的地方，可以有效修正运动轨迹，消除累积误差，从而保证了轨迹与地图的全局一致性。

1）激光 SLAM 算法流程

下面以经典的 Gmapping 算法和 Cartographer 算法为例介绍激光 SLAM 算法的具体流程。

Gmapping 算法流程如图 9-4 所示，首先系统从/scan 话题上接收激光数据，判断是否为第一帧，若是，则初始化地图，若不是，则处理当前激光数据和里程计位姿；之后进行 TF（坐标系变换）；最后更新地图。

Cartographer 算法流程如图 9-5 所示。Cartographer 架构主要由 Local SLAM 和 Global SLAM 两部分组成。

（1）Local SLAM

① 利用里程计（Odometry）和 IMU 数据进行轨迹推算，给出小车位姿估计值；

② 将位姿估计值作为初值，对雷达数据进行匹配，并更新位姿估计器的值；

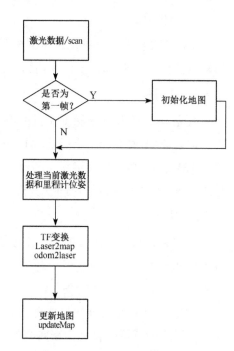

图 9-4 Gmapping 算法流程图

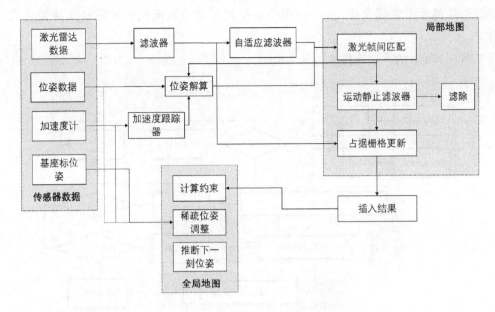

图 9-5　Cartographer 算法流程图

③ 雷达一帧帧数据经过运动滤波后,进行叠加,形成子图(submap)。

(2) Global SLAM

① 回环检测;

② 后端优化,全部子图形成一张完整可用的地图。

2) 视觉 SLAM 算法流程

下面以经典的 ORB-SLAM2 算法、VINS-Mono 算法和 VINS-Fusion 算法为例介绍视觉 SLAM 的具体算法流程。

ORB-SLAM 的算法流程如图 9-6 所示。

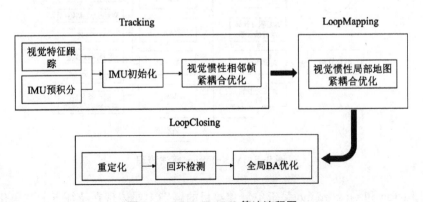

图 9-6　ORB-SLAM2 算法流程图

主要包含三个线程:Tracking、LocalMapping 和 Loopclosing。其中,Tracking 线程中进行视觉特征跟踪、IMU 预积分和视觉惯性相邻帧紧耦合优化;LocalMapping 线程中进行视觉惯性局部地图紧耦合优化；Loopclosing 线程中进行重定位和回环检测并做全局 BA 优化。

VINS-Mono 的算法流程如图 9-7 所示。

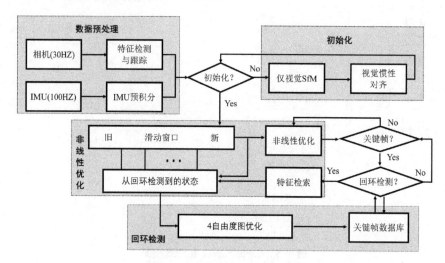

图 9-7　VIN-Mono 算法流程图

算法前端基于 KLT 跟踪算法，后端基于滑动窗口的优化（采用 ceres 库），基于 DBoW 的回环检测。

VINS-Fusion 的算法流程如图 9-8 所示。

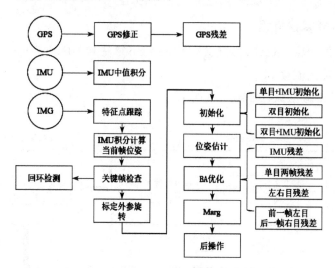

图 9-8　VIN-Fusion 算法流程

vins-fusion 和 vins-mono 关于单目和双目的区别主要体现在特征点的三角化、初始化和重投影误差上。

（1）mono 的三角化，是对前一帧和后一帧进行的；fusion 的三角化，是对左目和双目进行的。

（2）mono 的初始化非常复杂，先 SFM，再与 IMU 进行松耦合相互标定；fusion 的初始化是在三角化后再进行一次非线性优化就完成了。

（3）mono 的重投影误差，是左目的 i，j 时刻关于共视点的重投影；fusion 的重投影误差是左目的 i 时刻和右目的 j 时刻关于共视点的重投影。

9.1.5　SLAM 算法运行的建图效果

Gmapping 和 Cartographer 的建图效果分别如图 9-9 和图 9-10 所示。

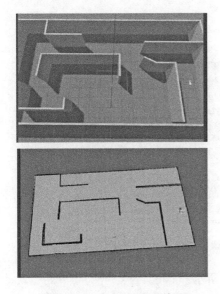

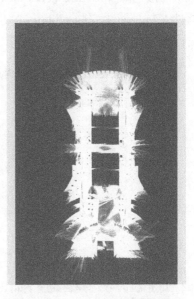

图 9-9　Gmapping 建图效果　　　　图 9-10　Cartographer 建图效果

9.2　SLAM 仿真平台搭建与机器人操作系统介绍

SLAM 算法的搭建步骤复杂，对开发者来说，从底层利用计算机语言进行算法软件架构难度较大，需要团队共同完成，为了让研究人员更好的研究 SLAM 算法本身，因此开发出了机器人操作系统，简称 ROS。在 ROS 系统上，SLAM 算法各部分的通信框架已搭建完毕，开发者只需要研究算法本身，不必花费大量的精力在底层通信开发上。本项目中的 ROS 系统是基于 Ubuntu 系统的二级操作系统，因此需提前安装 Ubuntu 系统，然后在 Ubuntu 系统的基础上搭建 ROS 系统，进而开发 SLAM 系统。

9.2.1　SLAM 算法运行的建图效果

本项目中，SLAM 算法运行以 Ubuntu 系统为基础，所有的调试工作都需在此系统下完成，或者通过远程控制的方式，直接控制 SLAM 移动机器人搭载的树莓派 4B（预先安装好了 Ubuntu 系统）。下面对 Ubuntu 系统的安装进行简单的介绍，主要分为两种方式，对于性能较好的计算机,可以在 Windows 系统下安装虚拟机运行 Ubuntu 系统,或者安装双系统。

首先下载 Ubuntu 系统,进入官网 http://www.ubuntu.com,找到下载界面,选择 Ubuntu Desktop(建议选择 16.04 或 18.04 版本,64 位)并下载镜像文件,保存以备使用。(本章节的环境搭建教程,因个人电脑配置、系统设置、系统版本各有不同的原因,可能会出现教程中未提及的问题,需要读者自行查阅相关资料解决。)

1) 虚拟机安装教程

虚拟机一般选择 VMware 软件,如果电脑性能不是非常强劲,不推荐安装较高版本。在虚拟机软件 VMware 中安装 Ubuntu 的步骤如下。

Step1:创建虚拟机,如图 9-11 所示。

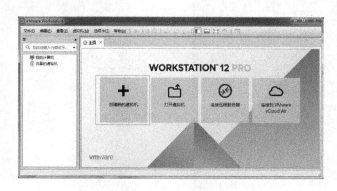

图 9-11　创建虚拟机

Step2:虚拟机向导选择自定义,如图 9-12 所示。

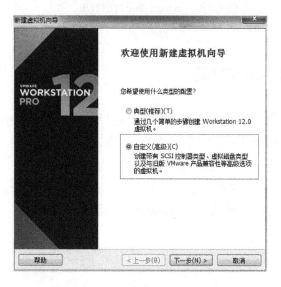

图 9-12　虚拟机向导选择自定义

图 9-13　选择"稍后再安装系统"

Step3:下一步再下一步,选择"稍后再安装系统",如图 9-13 所示。

Step4：操作系统选择"Linux(L)"，如图 9-14 所示。注意下拉菜单选择 Ubuntu64（对应 64 位），选择 Ubuntu 会安装出错。

Step5：选择安装位置，如图 9-15 所示。在此，必须输入一个已经存在的目录，否则会报错。

图 9-14　操作系统选择

图 9-15　选择安装位置

Step6：默认选项即可，最大磁盘大小建议设成 20 G，如图 9-16 所示。

Step7：点击自定义硬件，如图 9-17 所示。

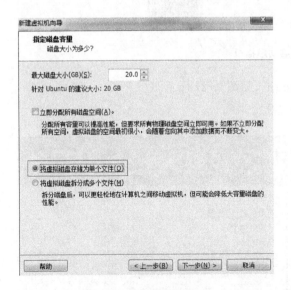

图 9-16　指定磁盘容量

图 9-17　自定义硬件

Step8：选择要下载的 Ubuntu 镜像文件，如图 9-18 所示。

Step9：点击"完成"，虚拟机向导创建完毕，如图 9-19 所示。

图 9-18　选择 Ubuntu 镜像文件

图 9-19　虚拟机向导创建完毕

Step10：启动虚拟机，如图 9-20 所示。

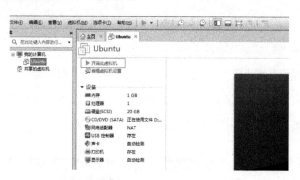

图 9-20　启动虚拟机

Step11：选择简体中文，点击"Install Ubuntu"，如图 9-21 所示。

Step12：到如图 9-22 所示的界面，点击"继续"。

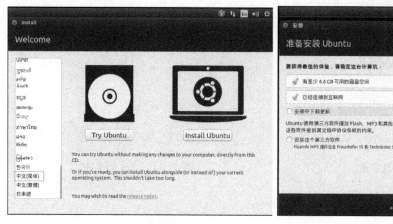

图 9-21　选择简体中文

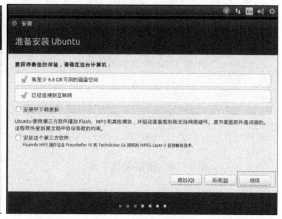

图 9-22　准备安装 Ubuntu

Step13：选择安装类型，点击"现在安装"，如图 9-23 所示。

Step14：确定安装类型，点击"继续"，如图 9-24 所示。

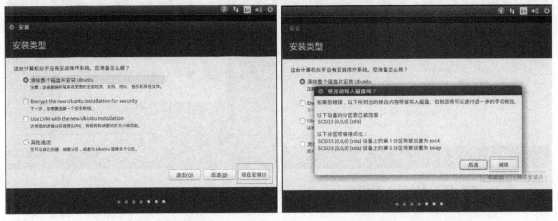

图 9-23　选择安装类型　　　　　　　　　图 9-24　确定安装类型

Step15：输入你的位置，点击"继续"，如图 9-25 所示。

Step16：键盘布局，选择"汉语"，点击"继续"，如图 9-26 所示。

图 9-25　输入位置　　　　　　　　　　　图 9-26　键盘布局

Step17：设置用户名密码，建议勾选上自动登录，如图 9-27 所示。

Step18：安装完成后会提示重启，重启即可完成安装，如图 9-28 所示。

2）双系统安装教程

本案例以联想 Win10 为例，在此基础上安装双系统，其他品牌型号或者系统版本可能有所差别，请自行查阅资料。安装双系统分为以下几个步骤：

（1）下载 Ubuntu 镜像文件（此步骤已完成）；

（2）利用一个空 U 盘制作镜像；

（3）文件备份（可选）；

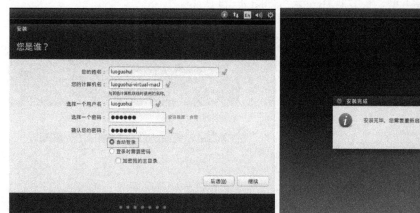

图 9-27　设置用户名密码

图 9-28　重启完成安装

（4）磁盘分区；

（5）禁用快速启动；

（6）禁用安全启动；

（7）安装 Ubuntu。

3）Ubuntu 系统配置及 ROS 安装教程

（1）ROS 安装教程

进入 ROS 官方的安装指引网页可进行 ROS 的安装。

Ubuntu 不同的版本对应 ROS 不同的版本，在安装过程中要先找到对应的版本，然后在终端进行安装操作。上一节安装的为 Ubuntu18.04 版本，因此 ROS 的安装版本为 ROS Melodic，其他 Ubuntu 版本对应的 ROS 版本见表 9-2。

表 9-2　ROS 版本与 Ubuntu 版本对应关系

ROS 发布日期	ROS 版本	对应 Ubutnu 版本
2016.3	ROS Kinetic Kame	Ubuntu 16.04（Xenial）/ Ubuntu 15.10（Wily）
2015.3	ROS Jade Turtle	Ubuntu 15.04（Wily）/ Ubuntu LTS 14.04（Trusty）
2014.7	ROS Indigo lgloo	Ubuntu 14.04（Trusty）
2013.9	ROS Hydro Medusa	Ubuntu 12.04 LTS（Precise）
2012.12	ROS Groovy Galapagos	Ubuntu 12.04（Precise）

在安装前保证一个良好的网络环境十分重要，必要时开热点，网络不稳定也是安装失败的一大因素。

以 Ubuntu16.04 系统安装 ROS Kinetic 为例介绍安装步骤：

① 设置 sources.list

```
$ sudo sh -c 'echo "deb http://packages.ros.org/ros/ubuntu $(lsb_release -sc) main" > /
```

etc/apt/sources.list.d/ros-latest.list'

② 设置 key

$ sudo apt-key adv − − keyserver 'hkp://keyserver. ubuntu. com: 80' − − recv-key C1CF6E31E6BADE8868B172B4F42ED6FBAB17C654

③ 更新 package

$ sudo apt-get update

④ 安装 ROS Kinetic 完整版

$ sudo apt-get install ros-kinetic-desktop-full

⑤ 初始化 rosdep

$ sudo rosdep init

$ rosdep update

⑥ 配置 ROS 环境

$ echo "source /opt/ros/kinetic/setup.bash" >> ∼/.bashrc

$ source ∼/.bashrc

⑦ 安装依赖项

$ sudo apt-get install python-rosinstall python-rosinstall-generator python-wstool build-essential

⑧ 测试 ROS 是否安装成功

打开端口"roscore",出现如图 9-29 所示的界面。

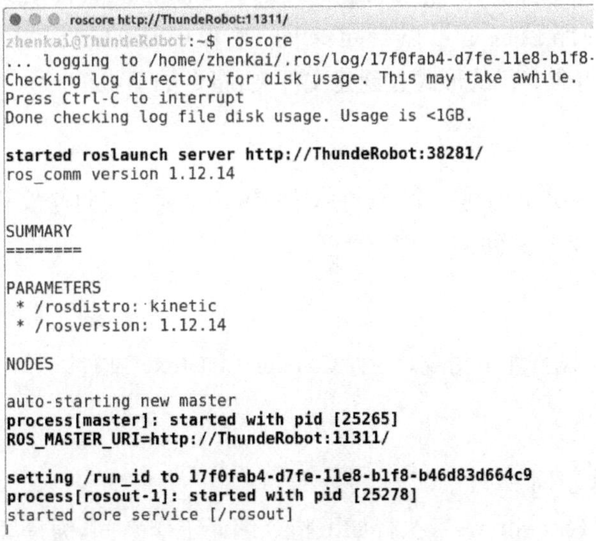

```
● ● ● ●   roscore http://ThundeRobot:11311/
zhenkai@ThundeRobot:~$ roscore
... logging to /home/zhenkai/.ros/log/17f0fab4-d7fe-11e8-b1f8-
Checking log directory for disk usage. This may take awhile.
Press Ctrl-C to interrupt
Done checking log file disk usage. Usage is <1GB.

started roslaunch server http://ThundeRobot:38281/
ros_comm version 1.12.14


SUMMARY
========

PARAMETERS
 * /rosdistro: kinetic
 * /rosversion: 1.12.14

NODES

auto-starting new master
process[master]: started with pid [25265]
ROS_MASTER_URI=http://ThundeRobot:11311/

setting /run_id to 17f0fab4-d7fe-11e8-b1f8-b46d83d664c9
process[rosout-1]: started with pid [25278]
started core service [/rosout]
```

图 9-29 打开端口"roscore"

打开另一个端口：$ rosrun turtlesim turtlesim_node，出现如图 9-30 所示的界面。

再打开端口：$ rosrun turtlesim turtle_teleop_key。若可以通过键盘控制小乌龟移动，如图 9-31 所示，则表明 ROS 安装成功。

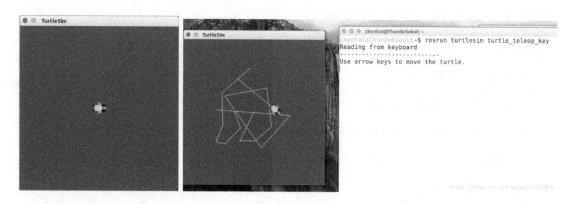

图 9-30　打开端口"$ rosrun turtlesim turtlesim_node"

图 9-31　ROS 安装成功

当装好双系统或虚拟机的情况下，在 Ubuntu18.04 操作系统下，打开终端开始操作（Ubuntu 的一些基本操作指令建议提前学习），参照官方安装教程（http://wiki.ros.org/melodic/Installation/Ubuntu），如中途安装错误，建议完全卸载后再重新安装。

（2）建立 ROS 的工作空间

要使虚拟机的 ROS 和树莓派上的 ROS 进行通信，需要在 ROS 的工作空间环境下。因此有必要在虚拟机上也创建一个工作空间。

Step1：创建工作空间。

先创建工作空间的文件夹，工作空间的文件夹名字可以自定义，教程中自定义为 catkin_ws，文件夹的路径也是可以自定义的，教程中选的是根目录下创建的文件夹 catwin_ws。建议使用命令行的形式去创建文件夹，指令如下：

```
$ mkdir catkin_ws
```

在 catkin_ws 文件夹下创建一个 src 的文件夹，这里要注意这个文件夹名称必须是 src，执行如下的指令可以新建文件夹。

```
$ mkdir src
```

进入 src 文件夹，执行如下指令，生成"CMakerList.text"文件。

```
$ catkin_init_workspace
```

Step2：编译工作空间。

返回上一级目录（catwin_ws），执行如下指令编译工作空间，编译完成后可以看到工作空间文件夹里多了 build 和 devel 文件夹。

```
$ catkin_init
```

Step3：设置环境变量。

通过以下指令去设置环境变量，在设置好环境变量后可以通过以下指令查看环境变量。

```
$ source devel/setup.bash
$ echo $ ROS_PACKAGE_PATH
```

要注意的是，在修改完环境变量后需重启终端窗口才可以生效，到这一步 ROS 的工作空间就已经建立好了。

（3）虚拟机 Ubuntu 配置静态 IP 地址

虚拟机的 Ubuntu 和树莓派的 Ubuntu 在进行通信时需要知道对方的 IP 地址，系统默认使用的是动态分配的 IP 地址，使用的过程中可能出现 IP 地址不停变更的情况，因此设置静态 IP 地址可以为后续减少很多麻烦。

Step1：设置虚拟机的网络连接选项。

在虚拟机软件 VMware 设置中，将网络连接模式改成"桥接模式"，如图 9-32 所示。需要注意的是，如果使用的 Windows 系统在接通网线的同时又使用无线网卡（Wi-Fi），可能会出现网络配置修改之后虚拟机的网络无法使用的情况，因此这里建议只使用 Wi-Fi。

Step2：新建 Ubuntu 网络连接设置。

进入 Ubuntu 系统，在系统桌面的右上角找到网络按钮，按照图 9-33 所示的步骤打开网络设置界面。

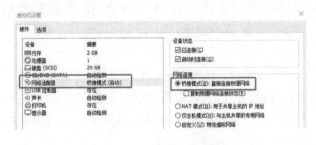

图 9-32　网络连接设置

图 9-33　进入 Ubuntu 系统

点击齿轮按钮，这里需要先查看当前系统在用的动态 IP 地址和网关等信息，如图 9-34 所示。

如图 9-35 所示，将当前的网络配置信息先记录下来，在后面设置静态 IP 地址时会用到。记录完成后，点击左上角的"取消"回到刚刚的界面。

新建一个自定义的网络配置，将网络配置修改成静态 IP，点击"＋"添加新的网络配置，如图 9-36 所示。

图 9-34　查看网络配置

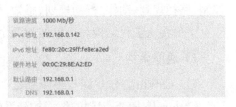

图 9-35　网络配置信息

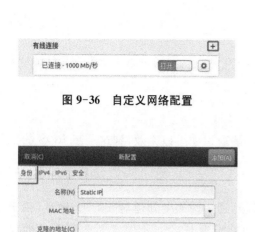

图 9-36 自定义网络配置

图 9-37 设置静态 IP 名称 　　　　　　　图 9-38 设置静态 IP 名称

Step3：配置静态 IP，为了区分，将设置的名称修改成"Static IP"，如图 9-37 所示。

借助继续设置 IPV4 的静态 IP，这里会用到刚刚查看的消息，如图 9-38 所示。如全部都自定义设置，容易出现不能上网的情况，因此最好根据可用的动态 IP 将其固定成静态 IP。

这一步需要根据前面查到的信息去填入，DNS 和 IP 地址和刚刚查到的信息一致；子网掩码默认填写255.255.255.0；网关根据自己的网段，将 IP 地址的最后一位改成 1，如果 IP 地址为 192.168.1.126，那么改为 192.168.1.1；路由选择自动。"IPV6"和安全不需要配置，到这里静态 IP 地址就设置完成了，点击右上角的"添加"保存退出。

9.2.2　机器人操作系统简介

机器人操作系统 ROS 其实是一套通信机制、开发工具、应用功能以及生态系统的组合，其目的是提高机器人开发中的软件复用率以及程序复用率，让程序员在开发出一套算法时能够很方便的验证其可行性，并能更方便的进行相应的应用。

ROS 提供了一套标准操作系统服务，包括底层设备控制、硬件抽象、进程间通信、软件管理等，且其功能模块是分布式管理，各功能模块间相对独立，互不影响。ROS 是一种图状架构，其节点能够发布和接收各种传感器、控制和状态等信息。ROS 可分为两层，底层是操作系统层，上层则是广大用户群贡献的能够实现不同功能的各种软件包，如建图、定位、运动控制、路径规划、动作/行动规划、感知、模拟等。

下面将从工程结构和通信架构两个方面介绍机器人操作系统：

1）通信架构

（1）Catkin 工作空间与编译系统

Catkin 是 ROS 定制的编译构建系统对 CMake 的扩展。Catkin 工作空间是组织和管理功能包的文件夹，用 Catkin 工具编译。Catkin 工作空间的组成如图 9-39 所示。

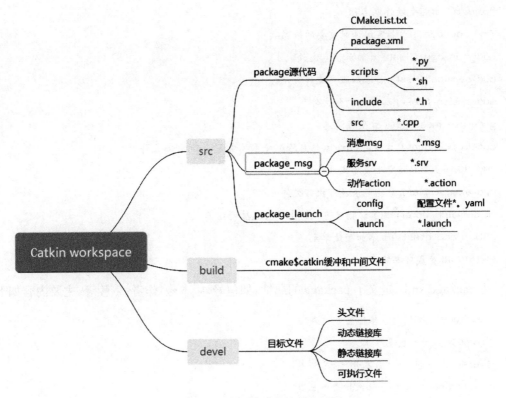

图 9-39 Catkin 工作空间组成

关于 Catkin 工作空间的指令如下：

$ mkdir catkin_ws/src(创建工作空间)

$ catkin_init_workspace(初始化工作空间)

$ catkin_make(编译工作空间)

$ source devel/setup.bash(编译完成后要 source 刷新环境)

$ echo $ROS_PACKAGE_PATH(检查环境变量)

（2）Package 功能包组成

Package 功能包是 ROS 软件的基本组织形式、Catkin 编译的基本单元，一个 Package 可以包含多个可执行文件(节点)。关于 Package 功能包的相关指令如下：

$ catkin_create_pkg package_name std_msgs rospy roscpp

$ rosdep install [pkg_name](安装某个功能包所需的依赖)

下面介绍两个重要的文件：

① CMakeLists.txt：规定 Catkin 编译的规则，如源文件、依赖项、目标文件，主要内容如下：

cmake_minimum_required() #指定 catkin 最低版本

```
project() #指定软件包名称

find_package() #指定编译时需要的依赖项

add_message_files() #添加消息文件

add_service_files() #添加服务文件

add_action_files() #添加动作文件

generate_message() #生成消息

catkin_package() #指定 catkin 信息给编译系统生成的 Cmake 文件

add_library() #指定生成库文件

add_executable() #指定生成可执行文件

target_link_libraries() #指定可执行文件去连接哪些库

catkin_add_gtest() #添加测试单元

install() #生成可安装目标
```

② package.xml：定义了 package 的属性，如包号、版本号、作者、依赖等，主要内容如下：

```
<package> <!--根标签-->
<name> <--包名-->
<version> <!--版本号-->
<maintainer> <!--维护者-->
<license> <!--软件许可-->
<buildtool_depend> <!--编译工具-->
<build_depend> <!--编译时的依赖-->
<run_depend> <!--运行时的依赖-->
</package>
```

（3）Meta package 虚包

Meta package 虚包是一个功能包集，需要依赖其他的功能包。ROS 中主要的虚包如下：

① Navigation：导航相关的功能包集；

② Moveit：运动规划相关（主要是机械臂）的功能包集；

③ Image_pipeline：图像获取、处理相关的功能包集；

④ Vision_poencv：ROS 与 OpenCV 交互的功能包集；

⑤ Turtlebot：机器人相关的功能包集；

⑥ Pr2_robot：驱动功能包集。

2）ROS 通信架构

ROS 中采用节点（Node）通信，所采用的通信方式（话题和服务通信）都是建立在节点的基础上，节点与节点管理器定义如下：

节点（Node）——执行单元。执行具体任务的进程，是独立运行的可执行文件；不同节点可使用不同的编程语言，可分布式运行在不同的主机；节点在系统中的名称必须是唯一的。

节点管理器（ROS Master）——控制中心。为节点提供命名和注册服务；跟踪和记录话题/服务通信，辅助节点相互查找、建立连接；提供参数服务器，节点使用此服务器存储和检索运行时的参数。

与节点相关的指令如下：

查看所有节点：$ rosnode list

查看某个节点的信息：$ rosnode info [node_name]

结束某个节点：$ rosnode kill [node_name]

使用 launch 文件启动多个节点：$ roslaunch [pkg_name] [file_name.launch]

（1）话题通信

话题 Topic：异步通信方式，发布—订阅通信机制。

消息 Message：Topic 内容的数据类型，定义在 *.msg 文件中。基本数据类型包括：bool，int，float，string，time，duration，header，arry[]。

有关 Topic 和 Message 的指令如下：

列出当前所有的 Topic：$ rostopic list

查看某个话题的信息：$ rostopic info /topic_name

显示某个 Topic 的内容：$ rostopic echo /topic_name

向某个 Topic 发布内容：$ rostopic pub /topic_name

查看所有的消息：$ rosmsg list

显示某个消息内容：$ rosmsg show /msg_name

（2）服务通信

服务 Service：ROS 中的同步通信方式，请求—应答通信机制。

Srv：Service 通信的数据格式，定义在 *.srv 文件中。

有关 Service 的指令如下：

列出当前所有活跃的 Service：$ rosservice list

查看某个服务的内容：$ rosservice info service_name

调用某个 Service：$ rosservice call service_name args

查看所有的 Srv 数据：$ rossrv list

显示某个 Srv 的具体内容：$ rossrv show srv_name

（3）话题通信与服务通信的区别

话题通信与服务通信的区别见表 9-3。

表 9-3　话题通信与服务通信的区别

特性	话题	服务
同步性	异步	同步
话题模型	发布/订阅	服务器/客户端
底层协议	ROSTCP/ROSUDP	ROSTCP/ROSUDP
反馈机制	无	有
缓冲区	有	无
实时性	弱	强
节点关系	多对多	一对多(一个服务器)
适用场景	数据传输	逻辑处理

9.2.3　机器人操作系统编程

1）如何实现一个发布者

实现一个发布者的具体步骤如下：

（1）初始化 ROS 节点；

（2）向节点管理器 ROS Master 注册节点信息，包括发布的话题名和话题中的消息类型；

（3）创建消息数据；

（4）按照一定的循环频率发布消息。

具体的 C++代码如下：

```
/* *
 *该例程将发布 turtle1/cmd_vel 话题,消息类型 geometry_msgs::Twist
 */
#include <ros/ros.h>
#include <geometry_msgs/Twist.h>
int main(int argc, char * * argv)
{
//ROS 节点初始化
ros::init(argc, argv, "velocity_publisher");
//创建节点句柄
ros::NodeHandle n;
//创建一个 Publisher,发布名为/turtle1/cmd_vel 的 topic,消息类型
geometry_msgs::Twist,队列长度 10
    ros::Publisher turtle_vel_pub = n.advertise<geometry_msgs::Twist>("/turtle1/cmd_vel",
10);
```

```
//设置循环的频率
ros::Rate loop_rate(10);

int count = 0;

while (ros::ok())

{
//初始化 geometry_msgs::Twist 类型的消息
geometry_msgs::Twist vel_msg;

vel_msg.linear.x = 0.5;

vel_msg.angular.z = 0.2;
//发布消息
turtle_vel_pub.publish(vel_msg);

    ROS_INFO("Publsh turtle velocity command[%0.2f m/s, %0.2f rad/s]",
vel_msg.linear.x, vel_msg.angular.z);

    //按照循环频率延时
    loop_rate.sleep();

    }

    return 0;

}
```

注：如何配置 CMakeLists.txt 中的编译规则？

（1）设置需要编译的代码和生成的可执行文件；

（2）设置链接库。

```
add_executable(velocity_publisher src/velocity_publisher.cpp)

target_link_libraries(velicity_publisher ${catkin_LIBRARIES})
```

具体的 Python 代码如下：

```
#! /usr/bin/env python
# -*- coding: utf-8 -*-
#该例程将发布 turtle1/cmd_vel 话题,消息类型 geometry_msgs::Twist
import rospy
from geometry_msgs.msg import Twist
def velocity_publisher():
# ROS 节点初始化
rospy.init_node('velocity_publisher', anonymous=True)
#创建一个 Publisher,发布名为/turtle1/cmd_vel 的 topic,消息类型为 geometry_msgs::Twist,
队列长度 10
turtle_vel_pub = rospy.Publisher('/turtle1/cmd_vel', Twist, queue_size=10)
#设置循环的频率
rate = rospy.Rate(10)
```

```
while not rospy.is_shutdown():
#初始化 geometry_msgs::Twist 类型的消息
vel_msg = Twist()
vel_msg.linear.x = 0.5
vel_msg.angular.z = 0.2
#发布消息
turtle_vel_pub.publish(vel_msg)
rospy.loginfo("Publish turtle velocity command[%0.2f m/s, %0.2f rad/s]",
vel_msg.linear.x, vel_msg.angular.z)
#按照循环频率延时
rate.sleep()
if __name__ == '__main__':
try:
velocity_publisher()
except rospy.ROSInterruptException:
pass
```

注：如何编译并运行发布者？

```
$ cd ~/catkin_ws(返回工作空间目录)
$ catkin_make(编译)
$ source devel/setup.bash
$ roscore(打开节点管理器 ros master)
$ rosrun turtlesim turtlesim_node(运行节点)
$ rosrun learning_topic velocity_publisher(运行发布者)
```

2）如何实现一个订阅者

实现一个订阅者的具体步骤如下：

（1）初始化 ROS 节点；

（2）订阅需要的话题；

（3）循环等待话题消息，接收到消息后进入回调函数；

（4）在回调函数中完成消息处理。

具体的 C++代码如下：

```
/**
* 该例程将订阅/turtle1/pose 话题，消息类型 turtlesim::Pose
*/
#include <ros/ros.h>
#include "turtlesim/Pose.h"
//接收到订阅的消息后，会进入消息回调函数
```

```
void poseCallback(const turtlesim::Pose::ConstPtr& msg)
{
//将接收到的消息打印出来
ROS_INFO("Turtle pose: x:%0.6f, y:%0.6f", msg->x, msg->y);
}
int main(int argc, char * * argv)
{
//初始化 ROS 节点
ros::init(argc, argv, "pose_subscriber");
//创建节点句柄
ros::NodeHandle n;
//创建一个 Subscriber,订阅名为/turtle1/pose 的 topic,注册回调函数 poseCallback
ros::Subscriber pose_sub = n.subscribe("/turtle1/pose", 10, poseCallback);
//循环等待回调函数
    ros::spin();
    return 0;
}
```

注：如何配置订阅者代码编译规则？

(1) 设置需要编译的代码和生成的可执行文件；

(2) 设置链接库。

```
add_executable(pose_subscriber src/ pose_subscriber.cpp)
target_link_libraries(pose_subscriber $ {catkin_LIBRARIES})
```

注：如何编译并运行订阅者？

```
$ cd ~/catkin_ws
$ catkin_make
$ source devel/setup.bash
$ roscore
$ rosrun turtlesim turtlesim_node
$ rosrun learning_topic velocity_publisher
```

具体的 Python 代码如下：

```
#! /usr/bin/env python
# - * - coding: utf-8 - * -
#该例程将订阅/turtle1/pose 话题,消息类型 turtlesim::Pose
import rospy
from turtlesim.msg import Pose
def poseCallback(msg):
rospy.loginfo("Turtle pose: x:%0.6f, y:%0.6f", msg.x, msg.y)
```

```
def pose_subscriber():
# ROS 节点初始化
rospy.init_node('pose_subscriber', anonymous = True)
#创建一个 Subscriber,订阅名为/turtle1/pose 的 topic,注册回调函数 poseCallback
rospy.Subscriber("/turtle1/pose", Pose, poseCallback)
#循环等待回调函数
rospy.spin()
if __name__ == '__main__':
pose_subscriber()
```

9.2.4 机器人操作系统常用工具

1) QT 工具箱

(1) 日志输出工具——rqt_console,如图 9-40 所示。

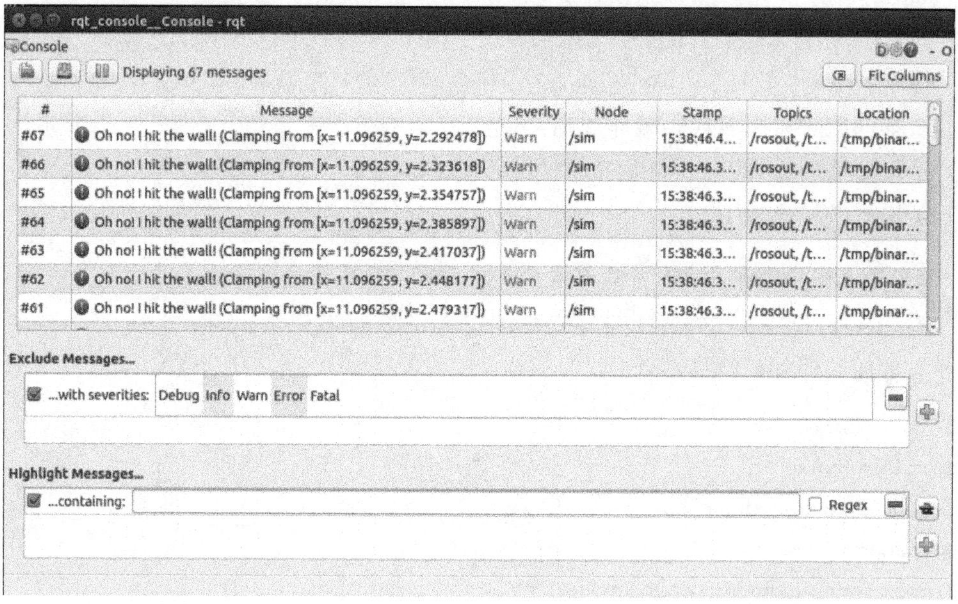

图 9-40 rqt_console

(2) 计算图可视化工具——rqt_graph,如图 9-41 所示。

以小海龟为例,运行 rqt_graph 查看 ROS 节点:

① 启动 ROS Master: $ roscore

② 启动小海龟仿真器: $ rosrun turtlesim turtlesim_node。

③ 启动海龟控制节点: $ rosrun turtlesim turtle_teleop_key。

④ 启动可视化工具: $ rqt_grap,如图 9-42 所示。

(3) 数据绘图工具——rqt_plot,如图 9-43 所示。

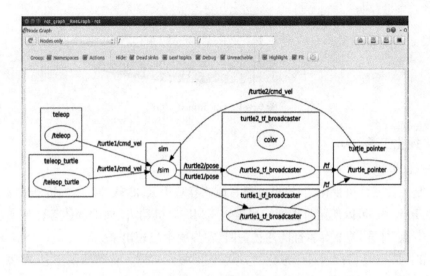

图 9-41　rqt_graph

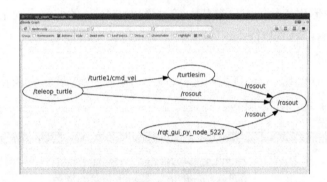

图 9-42　海龟仿真器节点

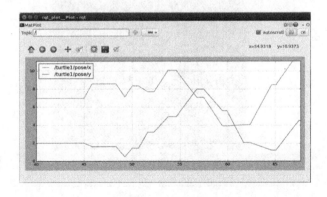

图 9-43　rqt_plot

（4）图像渲染工具——rqt_image_view，如图 9-44 所示。

图 9-44 rqt_image_view

2）可视化工具 Rviz

（1）Rviz 概述

Rviz 是一款三维可视化工具，可以很好地兼容基于 ROS 软件框架的机器人平台。

① 在 Rviz 中，可以使用可扩展标记语言 XML 对机器人、周围物体等任何实物进行尺寸、质量、位置、材质、关节等属性的描述，并且在界面中呈现出来。

② 同时，Rviz 还可以通过图形化的方式，实时显示机器人传感器的信息、机器人的运动状态、周围环境的变化等信息。

③ 总而言之，Rviz 通过机器人模型参数、机器人发布的传感信息等数据，为用户进行所有可监测信息的图形化显示。用户和开发者也可以在 Rviz 的控制界面下，通过按钮、滑动条、数值等方式控制机器人的行为。

（2）Rviz 界面介绍

如图 9-45 所示，区域 0 为 3D 视图区；区域 1 为工具栏；区域 2 为显示项列表；区域 3 为视角设置区；区域 4 为时间显示区。

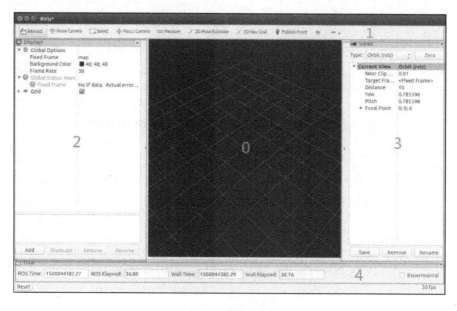

图 9-45 Rviz 界面

3）数据流相关工具 rosbag

（1）rosbag 简介

rosbag 既可以指命令行中数据包相关命令，也可以指 C++/Python 的 rosbag 库。这里的 rosbag 是指前者。

rosbag 主要用于记录、回放、分析 rostopic 中的数据。它可以将指定 rostopic 中的数据记录到.bag 后缀的数据包中，便于对其中的数据进行离线分析和处理。

对于 Subscribe 某个 topic 的节点来说，它无法区分这个 topic 中的数据到底是实时获取的数据还是从 rosbag 中回放的数据。这就有助于我们基于离线数据快速重现曾经的实际场景，进行可重复、低成本的分析和调试。

（2）rosbag 命令及作用见表 9-4。

表 9-4 rosbag 命令及作用

命令	作用
cheak	确定一个包是否可以在当前系统中进行，或者是否可以迁移
decompress	压缩一个或多个包文件
filter	解压一个或多个包文件
fix	在包文件中修复消息，以便在当前系统中播放
help	获取相关命令指示帮助信息
info	总结一个或多个包文件的内容
play	以一种时间同步的方式回放一个或多个包文件的内容
record	用指定主题的内容记录一个包文件
reindex	重新索引一个或多个包文件

（3）如图 9-46 所示，以小海龟为例，运行 rosbag：

$ rosbag record －a － O cmd_record(话题记录)

$ rosbag play cmd_record.bag(话题重现)

图 9-46 rosbag 记录并重现海龟仿真器

9.3 SLAM 技术在移动机器人中的应用实例

掌握机器人操作系统平台搭建技术后,我们即可在小型计算机中搭建移动机器人系统平台,实现移动机器人的建图导航定位功能。总体控制方案如图 9-47 所示。

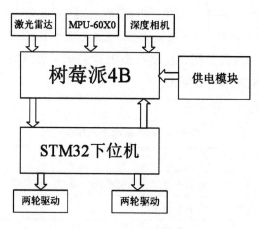

图 9-47　总体控制方案

以树莓派 4B 嵌入式计算机为核心控制器,实时接收深度相机、激光雷达和 MPU-60X0 所采集的环境信息,利用这些信息对周围环境进行建模,从而实现实时建图与同步定位功能。在建立室内地图的基础上,上位机通过运行路径规划与实时定位算法,将路线以速度指令的形式发送给下位机,下位机采用 STM32 作为运动控制器并实时解析来自上位机的速度指令,控制移动机器人按照特定轨迹进行运动,从而实现移动机器人的导航与避障功能。

9.3.1　SLAM 系统硬件设计

1) 树莓派 4B

树莓派是移动机器人的控制中心和数据处理中心,建图、定位和导航功能均由树莓派完成。本书采用树莓派 4B 作为控制器,它包括两个 USB 串口和一个网口,电源为 5V 输入,内存大小为 4G,能够完美运行 Ubuntu 系统,并且满足一定的图像处理需求,自带 Wi-Fi 模块,具有良好的数据处理功能。

树莓派 4B 的板载接口说明如图 9-48 所示。

2) STM32F103RC 控制板

下位机采用 STM32F103 芯片作为微控制器,下位机的作用是对左右两轮电机进行实时控制,弥补了上位机实时性差的缺点。移动机器人导航过程中,上位机解算出左右两轮的期望速度并转发给下位机,从而控制移动机器人按照预定轨迹行使。STM32F103 系列微处理器共有 16 个外部输入通道,支持多个外设,这些外设包括 USART 串口、SPI 通信、定时器和 ADC,尤其是定时器多达 7 个,包括 3 个通用定时器、1 个高级定时器、两个看门狗定时

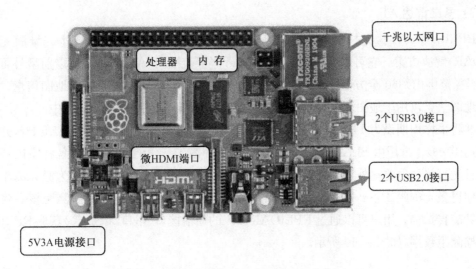

图 9-48　树莓派 4B 板载接口说明图

器和 1 个系统定时器,在开发时可通过 J-Link 下载仿真器进行代码烧入。STM32F103 微处理器具备丰富的通用 I/O 端口,其原理图如图 9-49 所示。

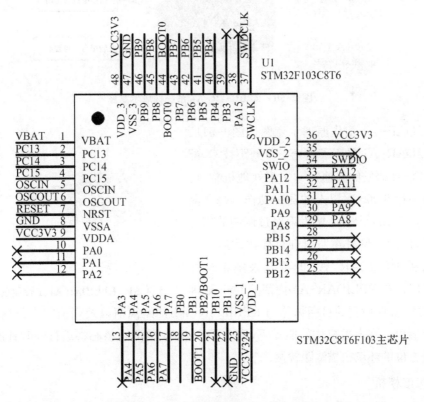

图 9-49　STM32F103RC 控制板原理图

3）思岚雷达 A1

RPLIDAR-A1 激光扫描测距雷达是由 SLAMTEC 公司开发的低成本二维激光雷达（LIDAR）解决方案。它可以在二维平面的 12 m 半径范围内（A1M8-R4 及以前型号可实现 6 m 半径范围内）360°全方位的激光测距扫描，并产生所在空间的平面点云地图信息。这些点云地图信息可用于地图测绘、机器人定位导航、物体/环境建模等实际应用中。

在将采样周期设为 1450 点采样/周的条件下，RPLIDAR 的扫描频率达 5.5 Hz，并且最高可达 10 Hz。采用由 SLAMTEC 研发的低成本的激光三角测距系统，在各种室内环境以及无日光直接照射的室外环境下测距均表现出色。RPLIDAR-A1 主要分为激光测距核心以及使得激光测距核心高速旋转的机械部分。在分别给各子系统供电后，测距核心将开始顺时针旋转扫描。用户可以通过 RPLIDAR-A1 的通信接口（串口/USB 等）获取 RPLIDAR 的扫描测距数据，如图 9-50 所示。

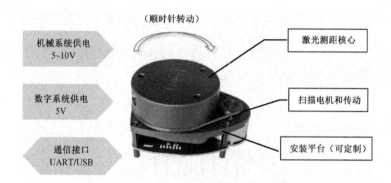

图 9-50　RPLIDAR-A1 系统构成示意图

RPLIDAR-A1 工作原理示意图如图 9-51 所示。RPLIDAR-A1 采用了激光三角测距技术，配合 SLAMTEC 研发的高速视觉采集处理机构，可进行每秒高达 8 000 次以上的测距动作。每次测距过程中，RPLIDAR-A1 将发射经过调制的红外激光信号，该激光信号在照射到目标物体后产生的反光将被 RPLIDAR-A1 的视觉采集系统接收。经过嵌入在 RPLIDAR-A1 内部的 DSP 处理

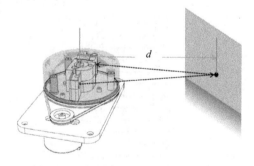

图 9-51　RPLIDAR A1 工作原理示意图

器实时解算，被照射到的目标物体与 RPLIDAR-A1 的距离值以及当前的夹角信息将从通信接口中输出。在电机机构的驱动下，RPLIDAR-A1 的测距核心将进行顺时针旋转，从而实现对全方位的环境扫描测距检测。

4）深度相机

深度相机采用的是 3D 摄像头，3D 摄像头的特点在于除了能够获取平面图像以外，还可以获得拍摄对象的深度信息，即位置和距离信息。3D 摄像头实时获取环境物体深度信息、

三维尺寸以及空间信息,为动作捕捉、三维建模、VR/AR、室内导航与定位等"痛点型"应用场景提供了基础的技术支持。3D 摄像头输出的并不是 3D 模型,而是一张 RGB 图,加上一张深度图像,工作原理示意图如图 9-52 所示。

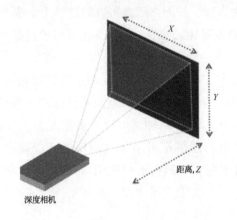

图 9-52　3D 摄像头工作原理示意图　　　　图 9-53　深度相机灰度图显示

不同于 RGB 图像,深度图中每个像素点保存的是视场范围内物体距离相机平面的深度值数据。深度原始数据通常为 16-bitunsignedint 类型,单位可通过 SDK 指定,通常为 1 mm,即深度图中每个像素点保存着 16-bit 无符号整型数据,单位为 1 mm。为了将深度数据可视化地显示出来,通常将其转换为灰度图显示,如图 9-53 所示,不同灰度级表示不同的深度值大小。

5) 12A/24 V 双通道直流有刷电机驱动器

双通道直流有刷电机驱动器专为驱动低压直流电机设计,每通道具有持续输出 12 A 电流能力,可驱动最高 290 W 电功率的直流电机。驱动器内器件时序高度优化,允许 PWM 输入最小脉宽低至 2 μs,充分保证 PWM 的动态调节范围,提高对电机的控制品质。板载保护电路能够降低驱动器在异常工作条件下受损的可能,保护状态由指示灯实时输出。全电气隔离输入增强了主控 MCU 电路的安全性,更可显著提高系统电磁兼容性能。图 9-54 为实物图和原理框图。

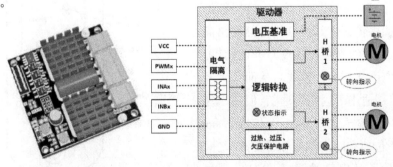

图 9-54　双通道直流有刷电机驱动器实物图及原理框图

6）MPU-60X0 运动传感器

MPU-60X0 是全球首例 9 轴运动处理传感器。它集成了 3 轴 MEMS 陀螺仪，3 轴 MEMS 加速度计，以及一个可扩展的数字运动处理器 DMP（Digital Motion Processor），可用 I^2C 接口连接一个第三方的数字传感器，比如磁力计。扩展之后就可以通过其 I^2C 或 SPI 接口输出一个 9 轴的信号（SPI 接口仅在 MPU-6000 可用）。MPU-60X0 也可以通过其 I^2C 接口连接非惯性的数字传感器，比如压力传感器。

MPU-60X0 对陀螺仪和加速度计分别用了三个 16 位的 ADC，将其测量的模拟量转化为可输出的数字量。为了精确跟踪快速和慢速的运动，传感器的测量范围都是用户可控的，陀螺仪可测范围为 $\pm250°/s$，$\pm500°/s$，$\pm1\,000°/s$，$\pm2\,000°/s$，加速度计可测范围为 $\pm2\,g$，$\pm4\,g$，$\pm8\,g$，$\pm16\,g$。其与所有设备寄存器之间的通信都采用 400 kHz 的 I^2C 接口或 1 MHz 的 SPI 接口（SPI 仅 MPU-6000 可用）。对于需要高速传输的应用，寄存器的读取和中断可用 20 MHz 的 SPI。另外，片上还内嵌了一个温度传感器和在工作环境下仅有 $\pm1\%$ 变动的振荡器。

芯片尺寸 4 mm×4 mm×0.9 mm，采用 QFN 封装（无引线方形封装），可承受最大 10 000 g 的冲击，并有可编程的低通滤波器。关于电源，MPU-60X0 可支持的 V_{DD} 范围为 2.5 V±5%，3.0 V±5%，或 3.3 V±5%。另外 MPU-6050 还有一个 VLOGIC 引脚，用来为 I^2C 输出提供逻辑电平。VLOGIC 电压可取 1.8±5% 或者 V_{DD}。MPU-6050 工作坐标如图 9-55 所示。

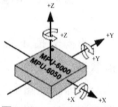

图 9-55　MPU-6050 工作坐标图

9.3.2　软件设计

1）上位机与下位机串口通信

这里的上位机指的是安装了 Ubuntu 系统的树莓派，下位机的主控芯片为 STM32，本章主要解决以 STM32 做 ROS 机器人底层驱动的串口通信问题。

串行接口简称串口，也称串行通信（通常指 COM 接口），是采用串行通信方式的扩展接口。串行接口（Serial Interface）是指数据一位一位地顺序传送。其特点是通信线路简单，只要一对传输线就可以实现双向通信（可以直接利用电话线作为传输线），从而大大降低了成本，特别适用于远距离通信，但传送速度较慢。在一般嵌入式开发中，上位机（一般指电脑）跟下位机（也就是嵌入式设备）之间最简单的通信还是串口通信，其消耗资源最少。串口引脚图如图 9-56 所示。

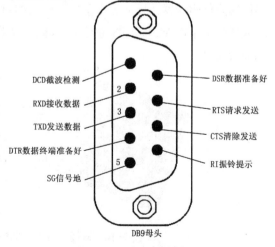

图 9-56　串口引脚图

（1）协议及功能介绍

STM32 和 ROS 的串口通信协议如图 9-57 所示。

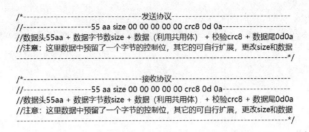

图 9-57　STM32 和 ROS 的串口通信协议

STM32 端和 ROS 端都有一个数据发送函数和一个数据接收函数，发送和接收的内容就是如图 9-57 所示的数据包，该数据包含有数据头（55aa）、数据尾（0d0a）、校验（crc8），保证数据正确安全。通信协议也容易自行扩展更改。

本方案提供的 API 实现的功能：

① STM32 向 ROS 发送左轮实时轮速、右轮实时轮速、航向角、预留控制位（一个字节可灵活使用）。

② ROS 向 STM32 发送左轮设定速度、右轮设定速度、预留控制位（一个字节可灵活使用）。

（2）前期准备

确保硬件连接：STM32 串口＋TTL 转 USB 模块（CH340）＋Linux 硬件设备（树莓派\PC\TX2 等），如图 9-58 所示。

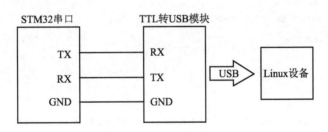

图 9-58　串口通信硬件连接

注意代码部署前提：

a. 确保 STM32 端和 ROS 端串口波特率保持一致。

b. 确保 STM32 串口的 TX 和 RX 是按照上图和 TTL 转 USB 模块连接在一起，一定不是 TX 和 TX 相连接，RX 同理，也要测试连接线的好坏。

c. 确保装载 Linux 系统的设备，具有 CH340\CH341 的驱动，一般都有，但是 TX2 板子自带的系统就没有，解决方法网上很多，请自行查找。

d. 确保自己的串口在 Linux 系统上具有超级用户权限（一般默认都不具有该权限），一般插上 TTL 转 USB 模块,系统会出现 ttyUSB0 的串口设备。

e. 将 ROS 功能包中 mbot_linux_serial.cpp 文件的串口设备名改为实际使用的串口号,如下:

```
$ Boost::asio::serial_port sp(iosev, "/dev/ttyUSB0");＃默认是/dev/ttyUSB0,如若不是必
须改
```

（3）工程代码

① STM32 端

```
# include "delay.h"
# include "sys.h"
# include "usart.h"
# include "mbotLinuxUsart.h"

short testSend1 = 5000;
short testSend2 = 2000;
short testSend3 = 1000;
unsigned char testSend4 = 0x05;
int testRece1 = 0;
int testRece2 = 0;

int main(void)
{
    Delay_init();
    NVIC_PriorityGroupConfig(NVIC_PriorityGroup_2);
    Uart_init(115200);

    While(1)
    {
        usartSendData(testSend1, testSend2, testSend3, testSend4);
        delay_ms(13);
    }
}
//串口终端程序:
void USART1_IRQHandler()
{
    If(USART_GetITStatus(USART1, USART_IT_RXNE) ! = RESET)
    {
        USART_ClearITPendingBit(USART1, USART_IT_RXNE);
        usartReceiveOneData(&testRece1, &testRece2, &testRece3);
```

```
    }
}
```

② ROS 端

```cpp
# include "ros/ros.h"
# include "std_msgs/String.h"
# include "mbot_linux_serial.h"

double testSend1 = 5555.0;
double testSend2 = 2222.0;
unsigned char testSend3 = 0x07;

double testRece1 = 0.0;
double testRece2 = 0.0;
double testRece3 = 0.0;
unsigned char testRece4 = 0x00;

int main()
{
    ros::init(argc, argv, "publish_node");
    ros::NodeHandle nh;
    ros::Rate loop_rate(10);

    serialInit();

    while(ros::ok())
    {
        ros::spinOnce();
        writeSpeed(testSend1, testSend2, testSend3);
        readSpeed(testRece1, testRece2, testRece3, testRece4);
        ROS_INFO("%f, %f, %f, %d\n", testRece1,testRece2,testRece3,testRece4);

        Loop_rate.sleep();
    }
    return 0;
}
```

③ 代码测试

a. 打开终端，启动 ROS Master：

```
$ roscore
```

b. 打开新终端,查看串口号:

```
$ ls - l /dev/ttyUSB *
```

打印如下信息:

```
crw - rw - - - - 1 root dialout 188, 0 Aug 3 21:46 /dev/ttyUSB0
```

如果这里不是/dev/ttyUSB0,一定要更改 ROS 功能包中 mbot_linux_serial.cpp 文件中的串口设备名字。

♯添加设备权限

```
$ sudo chmod 777 /dev/ttyUSB0 ♯根据自己设备的名称修改
♯ source
$ cd catkin_ws_test
$ source devel/setup.bash
♯启动功能包节点
$ rosrun topic_example publish_node
```

终端出现如图 9-59 所示的画面,打印的是从 STM32 接收的测试数据。

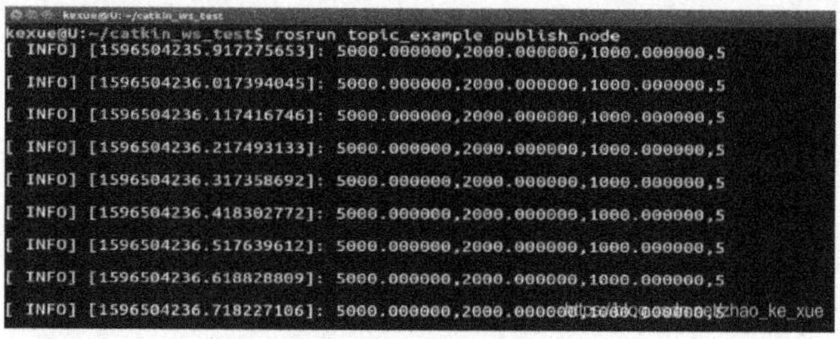

图 9-59 测试数据

2) SSH 远程通信控制

Step1:SSH 程序的安装。

确保在服务器上安装好了 openssh-server 程序,在本地主机上安装好了 openssh-client 程序。

```
sudo apt install openssh-client ♯本地主机运行此条,实际上通常是默认安装 client 端程序的
sudo apt install openssh-server ♯服务器运行此条命令安装
```

Step2:服务器启动 ssh 服务。

以下命令都只针对服务器端(server only)。

一般服务器上安装 ssh 完成后,会自动启动 ssh 服务,并且默认随系统启动,如果没有,请手动启动:

sudo /etc/init.d/ssh start ＃服务器启动 ssh-server 服务

其他命令：

sudo /etc/init.d/ssh stop ＃server 停止 ssh 服务

sudo /etc/init.d/ssh restart ＃server 重启 ssh 服务

Step3：查询服务器的 IP 地址

在服务器终端运行以下命令：

ifconfig ＃查询 ip 地址,在返回信息中找到自己的 ip 地址

在返回的信息中,可以看到服务器 IP 地址,如图 9-60 所示：

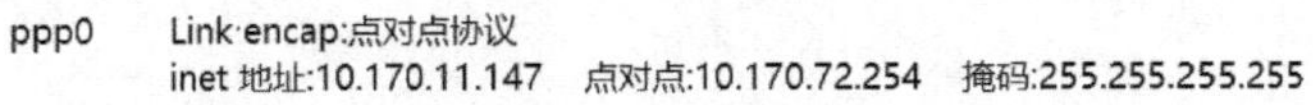

```
ppp0      Link·encap:点对点协议
          inet 地址:10.170.11.147    点对点:10.170.72.254    掩码:255.255.255.255
```

图 9-60　IP 地址

Step4：在本地主机端 ssh 远程登录服务器。

这一步需要知道服务器的用户名"yucicheung"及 IP 地址。在本地主机上运行以下命令：

ssh yucicheung@10.170.11.147

＃ 或

ssh -l yucicheung 10.170.11.147

＃ 如果需要调用图形界面程序

ssh -X yucicheung@10.170.11.147

用户端连接服务器用于登录远程桌面(user 是远程主机的用户名)。

初次登录时会出现如图 9-61 所示的信息,请记住要输入的密码是服务器主机本身的登录密码。

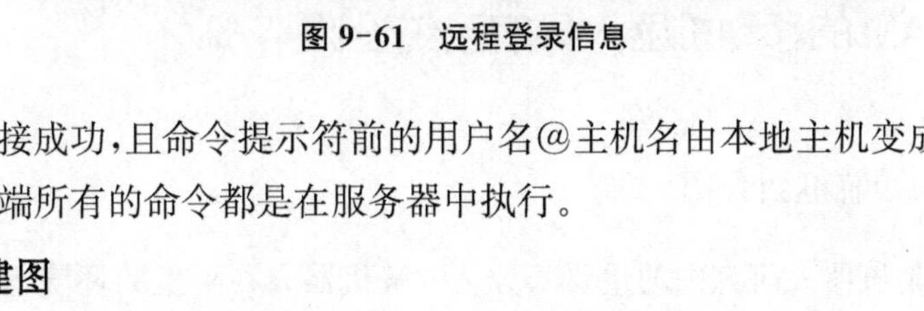

```
yucicheung@yucicheung-HP-Pavilion-g4-Notebook-PC:~$ ssh -l yucicheung 10.170.11.
147
yucicheung@10.170.11.147's password:
Welcome to Ubuntu 16.04.4 LTS (GNU/Linux 4.13.0-36-generic x86_64)

 * Documentation:  https://help.ubuntu.com
 * Management:      https://landscape.canonical.com
 * Support:         https://ubuntu.com/advantage

3 个可升级软件包。
0 个安全更新。

Last login: Sat Feb 10 00:41:31 2018
yucicheung@yucicheung-Z170X-UD5:~$
```

图 9-61　远程登录信息

以上表示连接成功,且命令提示符前的用户名@主机名由本地主机变成服务器的信息,即表明现在该终端所有的命令都是在服务器中执行。

3) SLAM 建图

(1) 在 PC 上启动三个工控机终端,均通过 SSH 远程连接：

```
$ sshrikirobot@robot.local
```

上面的命令执行三次(地址根据需要自行修改)。其中：

① 工控机终端1,启动和底层驱动板通信：

```
$ roslaunch rikirobot bringup.launch
```

② 工控机终端2,启动雷达驱动：

```
$ roslaunch rikirobot lidar_slam.launch
```

当最后出现"odom received",说明打开成功。

③ 工控机终端3,用于后面地图的保存。

(2)在PC上开一个终端：

```
$ rosrun rviz rviz
```

注：若PC上没有Rviz功能包,需要先安装该功能包,步骤如下：

```
$ sudo apt-get install ros-kinetic-rviz
$ rosdep install rviz
$ rosmake rviz
```

在Rviz页面下,打开slam.rivz,如图9-62所示。

(3)继续在PC上开一个终端,用键盘控制小车进行地图构建,远程控制小车遍历需要构建的场地：

图 9-62　打开 Rviz
配置文件

```
$ rosrun teleop_twist_keyboard  teleop_twist_keyboard.py
```

(4)地图保存,进入到之前打开的终端3,输入以下命令：

```
$ cd catkin_ws/src/rikirobot_project
$ cd rikirobot
$ cd maps
$ cat map.sh
$ chmod +x map.sh    #更改文件权限
$ ./map.sh
```

如果出现Done字样,说明保存成功,可使用ll-h指令查看。

9.4　基于 SLAM 的移动机器人导航系统设计

9.4.1　ROS 中的导航框架介绍

导航与定位是机器人研究中的重要部分。一般机器人在陌生的环境下需要使用激光传感器(或者深度传感器转换成激光数据)先进行地图建模,然后再根据建立的地图进行导航、定位。在 ROS 中也有很多完善的包可以直接使用。上位机所用到的算法分别有 gmapping 的 SLAM 建图算法、基于蒙特卡洛的 AMCL 定位算法、基于 A * 的全局路径规划算法与基于动态窗口法的局部路径规划算法。以这些算法为核心设计导航系统,如图 9-63 所示。首先是地图的建立,本文采用同步定位与实时建图技术(SLAM)构建室内地图,所采用的 SLAM 算法为 gmapping 算法,利用激光雷达实时获取环境中障碍物的信息,然后依靠深度相机、惯导元件与激光雷达实现联合定位,从而构建完整、精确的室内地图,在已有室内地图的基础上进行路径规划和实时定位。

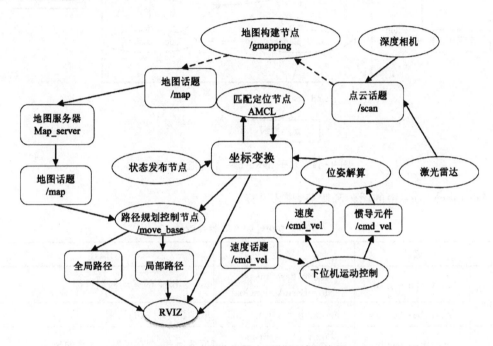

图 9-63　移动机器人导航系统架构图

在 ROS 中,进行导航需要使用到的三个包是:

① move_base:根据参照的消息进行路径规划,使移动机器人到达指定的位置;

② gmapping:根据激光数据(或者深度数据模拟的激光数据)建立地图;

③ amcl:根据已经有的地图进行定位。

(1) 基于 move_base 的导航框架如图 9-64 所示。

(2) move_base 简介。

move_base 包采用 action 机制接收导航 goal,然后移动机器人底座到达指定的 goal。这个过程中 move_base node 将同时利用局部规划器和全局规划器来完成导航任务,支持任何一种继承了 nav_core 包中 nav_core::BaseGlobalPlanner 接口的全局规划器和 nav_core 包中 nav_core::BaseLocalPlanner 接口的局部规划器。此外,该 node 还维护着 2 个代价地图,一个是用于全局规划器的全局代价地图,另一个是用于局部规划器的局部代价地图。

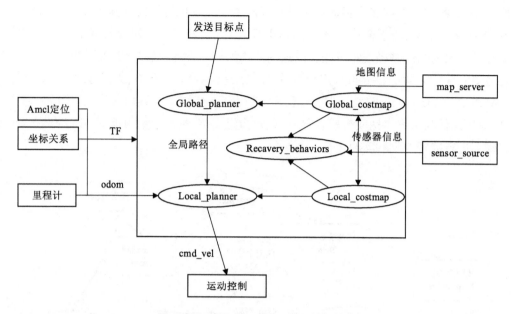

图 9-64　基于 **move_base** 的导航框架图

（3）move_base 中的话题和服务，见表 9-5。

表 9-5　**move_base** 话题与服务

	名称	类型	描述
Action 订阅	move_base/goal	move_base_msgs/ MoveBaseActionGoal	move_base 的运动规划目标
	move_base/cancel	actionlib_msgs/GoalID	取消特定目标的请求
Action 发布	move_base/feedback	move_base_msgs/ MoveBaseActionFeedback	反馈信息，含有机器人底盘的坐标
	move_base/status	actionlib_msgs/ GoalStatusArray	发送到 move_base 的目标状态信息
	move_base/result	move_base_msgs/ MoveBaseActionResult	此处 move_base 操作的结果为空
Topic 订阅	move_base_simple/goal	geometry_msgs/ PoseStamped	为不需要追踪目标执行状态的用户提供一个非 action 接口
Topic 发布	cmd_vel	geometry_msgs/Twist	输出到机器人底盘的速度命令
Service	~make_plan	nav_msgs/GetPlan	允许用户从 move_base 获取给定目标的路径规划，但不会执行该路径规划
	~clear_unknown_ space	std_srvs/Empty	允许用户直接清除机器人周围的未知空间。适合于 costmap 停止很长时间后，在一个全新环境中重新启动时使用
	~clear_costmaps	std_srvs/Empty	允许用户命令 move_base 节点清除 costmap 中的障碍。这可能会导致机器人撞上障碍物，请谨慎使用

（4）配置 move_base 节点，如图 9-65 所示。

```
<launch>

  <node pkg="move_base" type="move_base" respawn="false" name="move_base" output="screen" clear_params="true">
    <rosparam file="$(find mbot_navigation)/config/mbot/costmap_common_params.yaml" command="load" ns="global_costmap" />
    <rosparam file="$(find mbot_navigation)/config/mbot/costmap_common_params.yaml" command="load" ns="local_costmap" />
    <rosparam file="$(find mbot_navigation)/config/mbot/local_costmap_params.yaml" command="load" />
    <rosparam file="$(find mbot_navigation)/config/mbot/global_costmap_params.yaml" command="load" />
    <rosparam file="$(find mbot_navigation)/config/mbot/base_local_planner_params.yaml" command="load" />
  </node>

</launch>
```

配置move_base节点

mbot_navigation/launch/move_base.launch

base_local_　　　costmap_common_　　global_costmap_　　local_costmap_
planner_params.　　params.yaml　　　　params.yaml　　　　params.yaml

图 9-65　配置 move_base 节点

（5）AMCL 简介。

AMCL（Adaptive Monte Carlo Localization）是一种机器人二维运动的概率定位系统。它实现了自适应蒙特卡罗定位方法，该方法使用粒子过滤器跟踪机器人对已知地图的姿态。AMCL 功能包中的话题和服务，见表 9-6。

表 9-6　AMCL 话题与服务

	名称	类型	描述
Topic 订阅	scan	sensor_msgs/LaserScan	激光雷达数据
	tf	tf/tfMessage	坐标变换信息
	initialpose	geometry_msgs/ PosewithCovarianceStamped	用来初始化粒子滤波器的均值和协方差
	map	nav_msgs/OccupancyGrid	use_map_ topic 参数设置时，AMCL 订阅 map 话题以获取地图数据，用于激光定位
Topic 发布	amcl_pose	geometry_msgs/ PosewithCovarianceStamped	机器人在地图中的位姿估计，带有协方差信息
	particlecloud	geometry_msgs/PoseArray	粒子滤波器维护的位姿估计集合
	tf	tf/tfMessage	发布从 odom（可以使用参数～odom_ frame_id 进行重映射）到 map 的转换
Service	global_localization	std srvs/Empty	初始化全局定位，所有粒子被随机撒在地图上的空闲区域
	request_nomotion_ update	std_srvs/Empty	手动执行更新并发布更新的粒子
Services Called	static_map	nav_msgs/GetMap	AMCL 调用该服务获取地图数据

AMCL 定位与里程计定位对比，如图 9-66 所示。

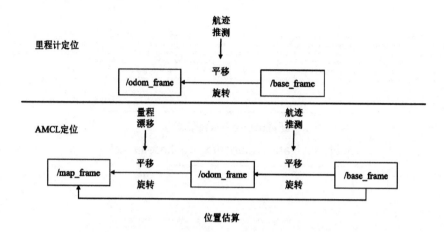

图 9-66　AMCL 定位与里程计定位对比

（6）配置 AMCL 节点。

```
<launch>
    <node pkg="amcl" type="amcl" name="amcl" output="screen">
        <param name="base_frame_id" value="base_footprint"/> <!-- Change this if
you want to change your base frame id. -->
        <param name="gui_publish_rate" value="10.0"/> <!-- Maximum rate (Hz) at
which scans and paths are published for visualization, -1.0 to disable. -->
        <param name="kld_err" value="0.05"/>
        <param name="kld_z" value="0.99"/>
        <param name="laser_lambda_short" value="0.1"/>
        <param name="laser_likelihood_max_dist" value="2.0"/>
        <param name="laser_max_beams" value="60"/>
        <param name="laser_model_type" value="likelihood_field"/>
        <param name="laser_sigma_hit" value="0.2"/>
        <param name="laser_z_hit" value="0.5"/>
        <param name="laser_z_short" value="0.05"/>
        <param name="laser_z_max" value="0.05"/>
        <param name="laser_z_rand" value="0.5"/>
        <param name="max_particles" value="2000"/>
        <param name="min_particles" value="500"/>
        <param name="odom_alpha1" value="0.25"/> <!-- Specifies the expected
noise in odometry's rotation estimate from the rotational component of the robot's motion. -->
        <param name="odom_alpha2" value="0.25"/> <!-- Specifies the expected
noise in odometry's rotation estimate from translational component of the robot's motion. -->
```

```
        <param name="odom_alpha3" value="0.25"/> <!-- Specifies the expected
noise in odometry's translation estimate from the translational component of the robot's motion.
-->
        <param name="odom_alpha4" value="0.25"/> <!-- Specifies the expected
noise in odometry's translation estimate from the rotational component of the robot's motion.
-->
        <param name="odom_alpha5" value="0.1"/> <!-- Specifies the expected
noise in odometry's translation estimate from the rotational component of the robot's motion.
-->
        <param name="odom_frame_id" value="odom"/>
        <param name="odom_model_type" value="diff"/>
        <param name="recovery_alpha_slow" value="0.001"/> <!-- Exponential
decay rate for the slow average weight filter, used in deciding when to recover by adding random
poses. -->
        <param name="recovery_alpha_fast" value="0.1"/> <!-- Exponential decay
rate for the fast average weight filter, used in deciding when to recover by adding random poses.
-->
        <param name="resample_interval" value="1"/> <!-- Number of filter
updates required before resampling. -->
        <param name="transform_tolerance" value="1.25"/> <!-- Default 0.1; time
with which to post-date the transform that is published, to indicate that this transform is valid
into the future. -->
        <param name="update_min_a" value="0.2"/> <!-- Rotational movement
required before performing a filter update. 0.1 represents 5.7 degrees   -->
        <param name="update_min_d" value="0.2"/> <!-- Translational movement
required before performing a filter update. -->
        <remap from="/scan" to="scan_left_filtered" />
    </node>
</launch>
```

9.4.2 单点导航

（1）在工控机中打开两个终端（SSH 过去）。

工控机终端 1，启动上位机与底层驱动板的通信：

```
$ roslaunch rikirobot stm32bringup.launch
```

工控机终端 2，启动导航：

```
$ roslaunch rikirobot navigate.launch
```

（2）PC 终端启动 Rviz。

```
$ rosrun rviz rviz
```

（3）如果小车起始位置与实际相差较大，需要手动定位。

在 Rviz 页面上找到 2D Pose Estimate 按钮 2D Pose Estimate ，手动确定方向，如图 9-67 所示。

（4）在 Rviz 页面上找到 2D Nav Goal 按钮 2D Nav Goal ，确定终点，进行导航，如图9-68 所示。

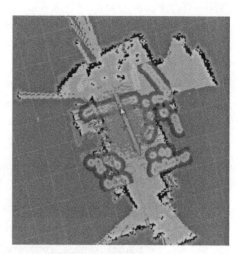

图 9-67　Rviz 导航过程

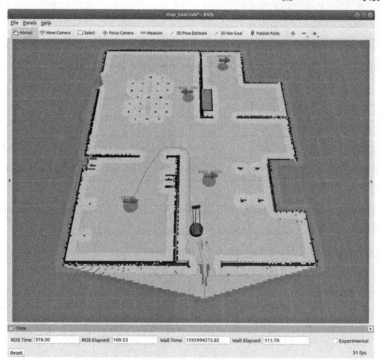

图 9-68　Rviz 导航过程

9.4.3　多点导航

在 Rviz 中有工具"publish point"可以实现多点导航，与上面介绍的单点导航类似，这里不多做介绍，以下介绍如何用程序实现多点导航。

包含的头文件如下：

```
#include <ros/ros.h>
#include <signal.h>
```

```
# include <geometry_msgs/Twist.h>
# include <tf/transform_listener.h>
# include <nav_msgs/Odometry.h>
# include <string.h>
# include <move_base_msgs/MoveBaseAction.h>
# include <actionlib/client/simple_action_client.h>
# include <visualization_msgs/Marker.h>
# include <cmath>
```

对象及函数声明：

```
typedef actionlib::SimpleActionClient<move_base_msgs::MoveBaseAction> Client;
ros::Publisher cmdVelPub;
ros::Publisher marker_pub;
geometry_msgs::Point current_point;
geometry_msgs::Pose pose_list[4];    //a pose consisting of a position and orientation in the
map frame.


geometry_msgs::Point setPoint(double _x, double _y, double _z);
geometry_msgs::Quaternion setQuaternion(double _angleRan);
void init_goalList();
void shutdown(int sig);
void init_markers(visualization_msgs::Marker * marker);
void activeCb();
void feedbackCb(const move_base_msgs::MoveBaseFeedbackConstPtr& feedback);
double computeDistance(geometry_msgs::Point& m_current_point, geometry_msgs::Point&
m_goal);
```

初始化目标点，这里设置在四个点之间巡航：

```
void init_goalList()
{
    //How big is the square we want the robot to navigate?
    double square_size = 1.5;

    //Create a list to hold the target quaternions (orientations)
    geometry_msgs::Quaternion quaternions;
    geometry_msgs::Point point;

    point = setPoint(0.995, 0.008, 0.000);
    quaternions = setQuaternion( 1.573 );
    pose_list[0].position = point;
    pose_list[0].orientation = quaternions;
```

```
    point = setPoint(1.013, 1.011, 0.000);
    quaternions = setQuaternion( -3.123 );
    pose_list[1].position = point;
    pose_list[1].orientation = quaternions;

    point = setPoint(0.000, 1.019, 0.000);
    quaternions = setQuaternion( -1.576 );
    pose_list[2].position = point;
    pose_list[2].orientation = quaternions;

    point = setPoint(0.008, 0.001, 0.000);
    quaternions = setQuaternion( -0.003 );
    pose_list[3].position = point;
    pose_list[3].orientation = quaternions;
}
```

设置目标点坐标格式：

```
geometry_msgs::Point setPoint(double _x, double _y, double _z)
{
    geometry_msgs::Point m_point;
    m_point.x = _x;
    m_point.y = _y;
    m_point.z = _z;
    return m_point;
}
```

四元数转换：

```
geometry_msgs::Quaternion setQuaternion(double _angleRan)
{
    geometry_msgs::Quaternion m_quaternion;
    m_quaternion = tf::createQuaternionMsgFromRollPitchYaw(0, 0, _angleRan);
    return m_quaternion;
}
```

关闭函数：

```
void shutdown(int sig)
{
    cmdVelPub.publish(geometry_msgs::Twist());
    ros::Duration(1).sleep(); // sleep for a second
    ROS_INFO("move_base_square_hit.cpp ended!");
```

```
    ros::shutdown();
}
```

初始化标记点：

```
// Init markers
void init_markers(visualization_msgs::Marker * marker)
{
    marker->ns = "waypoints";
    marker->id = 0;
    marker->type = visualization_msgs::Marker::CUBE_LIST;
    marker->action = visualization_msgs::Marker::ADD;
    marker->lifetime = ros::Duration();//0 is forever
    marker->scale.x = 0.2;
    marker->scale.y = 0.2;
    marker->color.r = 1.0;
    marker->color.g = 0.7;
    marker->color.b = 1.0;
    marker->color.a = 1.0;

    marker->header.frame_id = "map";
    marker->header.stamp = ros::Time::now();
}
```

定义回调函数：

```
// Called once when the goal becomes active
void activeCb()
{
    ROS_INFO("Goal Received");
}


// Called every time feedback is received for the goal
void feedbackCb(const move_base_msgs::MoveBaseFeedbackConstPtr& feedback)
{
//ROS_INFO("Got base_position of Feedback");
    current_point.x = feedback->base_position.pose.position.x;
    current_point.y = feedback->base_position.pose.position.y;
    current_point.z = feedback->base_position.pose.position.z;
}
```

计算当前位置与目标点之间的距离：

```
double computeDistance(geometry_msgs::Point& m_current_point, geometry_msgs::Point&
```

```
m_goal)
    {
        double m_distance;
        m_distance = sqrt(pow(fabs(m_goal.x - m_current_point.x), 2) + pow(fabs(m_goal.y
- m_current_point.y), 2));
        return m_distance;
    }
```

主函数：

```
//Subscribe to the move_base action server
    Client ac("move_base", true);

    //Define a marker publisher.
    marker_pub = node.advertise<visualization_msgs::Marker>("waypoint_markers",
10);

    signal(SIGINT, shutdown);
    //ROS_INFO("move_base_square.cpp start...");

    //Initialize the list of goal
    init_goalList();

    //for init_markers function
    visualization_msgs::Marker  marker_list;

    //Initialize the visualization markers for RViz
    init_markers(&marker_list);
```

发布话题：

```
//Set a visualization marker at each waypoint
    for (int i = 0; i < 4; i++)
    {
    marker_list.points.push_back(pose_list[i].position);
    }

    //Publisher to manually control the robot (e.g. to stop it, queue_size=5)
    cmdVelPub = node.advertise<geometry_msgs::Twist>("/cmd_vel", 5);

    ROS_INFO("Waiting for move_base action server...");

    //Wait 60 seconds for the action server to become available
```

```
if (! ac.waitForServer(ros::Duration(60)))
{
ROS_INFO("Can't connected to move base server");
return 1;
}

ROS_INFO("Connected to move base server");
ROS_INFO("Starting navigation test");

//Initialize a counter to track waypoints
int count = 0;
double distance = 0.0;

//Intialize the waypoint goal
move_base_msgs::MoveBaseGoal goal;

//Use the map frame to define goal poses
goal.target_pose.header.frame_id = "map";

//Set the time stamp to "now"
goal.target_pose.header.stamp = ros::Time::now();

//Set the goal pose to the i-th waypoint
goal.target_pose.pose = pose_list[count];

//Start the robot moving toward the goal
ac.sendGoal(goal, Client::SimpleDoneCallback(), &activeCb, &feedbackCb);
```

在四个点之间循环,实现多点导航:

```
while (ros::ok())
{
//Update the marker display
marker_pub.publish(marker_list);

distance = computeDistance(current_point, goal.target_pose.pose.position);
//ROS_INFO("distance = %f", distance);

if (distance <= 0.4)
{
count++;
```

```
if (4 = = count)

{

count = 0;

}


//Use the map frame to define goal poses
goal.target_pose.header.frame_id = "map";

//Set the time stamp to "now"
goal.target_pose.header.stamp = ros::Time::now();

//Set the goal pose to the i-th waypoint
goal.target_pose.pose = pose_list[count];

ac.sendGoal(goal, Client::SimpleDoneCallback(), &activeCb, &feedbackCb);

}


loop_rate.sleep();

}


//ROS_INFO("move_base_square_lx.cpp end...");

return 0;
```

最后的效果图如图 9-69 所示。

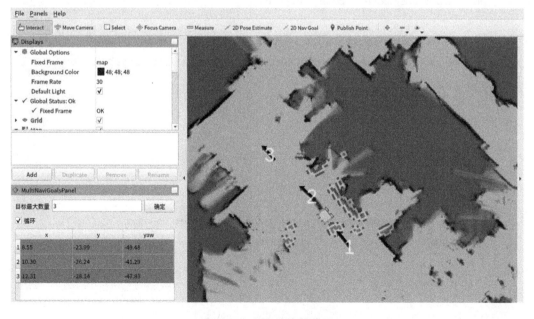

图 9-69　多点导航效果图

思考题

1. SLAM 的概念是什么?
2. 激光和视觉的主流方案是什么?
3. SLAM 技术可以解决什么问题?

参考文献

［1］张伟. 电子工艺实训教程［M］. 重庆：重庆大学出版社，2018.

［2］殷埝生. 电工电子实训教程［M］. 南京：东南大学出版社，2017.

［3］高家利，张帆，汪科. 电工电子实训教程［M］. 成都：西南交通大学出版社，2014.

［4］肖建，林宏，刘艳. 电子装配实践教程［M］. 北京：人民邮电出版社，2014.

［5］詹跃明. 表面组装技术［M］. 重庆：重庆大学出版社，2018.

［6］殷埝生. 电工电子实训教程［M］. 南京：东南大学出版社，2017.

［7］汪红. 电子技术［M］. 2 版. 北京：电子工业出版社，2007.

［8］杨碧石，戴春风，陆冬明. 电子技术基础：数字部分［M］. 北京：化学工业出版社，2017.

［9］辛元芳. 浅谈电子技术系统教学研究［J］. 科技视界，2020(33)：21-22.

［10］刘琰玲. 电子技术中单片机的应用研究［J］. 电子元器件与信息技术，2020，4(10)：128-129.

［11］张惠峥，张鹏. 基于 Altium Designer 的电子产品一体化设计［J］. 无线电通信技术，2008，34(6)：56-58.

［12］于博. Altium Designer 10 漫步"云"端［J］. 中国电子商情(基础电子)，2011，16(3)：37-38.

［13］李方明. 电子设计自动化技术及应用［M］. 北京：清华大学出版社，2006.

［14］刘小伟，王敬，俞慎泉. 电脑入门实用教程：Vista 版［M］. 北京：电子工业出版社，2007.

［15］闫胜利，袁芳革. Altium Designer 6.0 中文版 FPGA 设计教程［M］. 北京：电子工业出版社，2006.

［16］朱兆优，陈坚，邓文娟. 单片机原理与应用［M］. 北京：电子工业出版社，2010.

［17］高礼忠，杨吉祥. 电子测量技术基础［M］. 2 版. 南京：东南大学出版社，2015.

［18］贾立新，等. 电子系统设计与实践［M］. 北京：清华大学出版社，2007.

［19］陈禹，渠吉庆，刘玉琪，等. 网络阻抗测试仪的设计与实现［J］. 电子制作，2020(7)：48-51.

［20］补星莹，阮炳鑫，邵李焕. 基于STM32单片机的简易网络导纳分析仪系统设计与实现［J］. 电子制作，2021(13)：3-6.

［21］陆欣云，黄家才，杨雪，等. "电子系统综合实训"教学改革实践［J］. 电气电子教学学报，2021，43(6)：170-173.

［22］Johnsen O，Peguiron N，Schnegg P. A new system of measurement of the network impedance［J］. Measurement，1991，9(2)：50-55.

［23］Yip J G M ，Collier R J，Ridler N M .New impedance measurement system using dielectric waveguide for the millimetre-wave region［EB/OL］. https://www.researchgate.net/publication/266075338_New_Impedance_Measurement_System_using_Dielectric_Waveguide_for_the_Millimetre

［24］谭凯元，朱嘉林，邓君，等. 基于双目视觉的 SLAM 四旋翼无人机［J］. 机电工程技术，2022，51(9)：83-87.

［25］刘凡杨. 基于树莓派的信息采集与 AI 交互系统的设计与实现［D］. 沈阳：沈阳师范大学，2022.

［26］Ijaradar J，Xu J J. A cost-efficient real-time security surveillance system based on facial recognition using raspberry pi and OpenCV［J］. Current Journal of Applied Science and Technology，2022：1-12.

［27］Renuka K，Harini R，Balaji V，et al. Raspberry pi based multi-optional wireless wheelchair control and gesture recognized home assist system［J］. IOP Conference Series：Materials Science and Engineering，2021，1084(1)：012071.

［28］Ab Wahab M N，Nazir A，Zhen Ren A T，et al. Efficientnet-lite and hybrid CNN-KNN implementation for facial expression recognition on raspberry pi［J］. IEEE Access，2021，9：134065-134080.

［29］STC12C5A60S2 系列单片机器件手册. STC 官网，2013.

［30］LCD1602 芯片介绍及应用. 深圳飞阳 LCD 科技有限公司官网，2010.

［31］DS18B20 使用手册. DALLAS 官网，2010.

［32］NRF24L01 使用说明书. NORDIC 官网，2012.

［33］Hill M B. The new art of old public science communication：the science slam［M］. London：Routledge，2022.

［34］Low B E. Slam school：learning through conflict in the hip-hop and spoken word classroom［M］. Stanford，Calif.：Stanford University Press，2011.

［35］Trejos K，Rincón L，Bolaños M，et al. 2D SLAM algorithms characterization，calibration，and comparison considering pose error，map accuracy as well as CPU and memory usage［J］. Sensors (Basel，Switzerland)，2022，22(18)：6903.

［36］宋怀波，段援朝，李嵘，等. 基于激光 SLAM 的牛场智能推翻草机器人自主导航系统研究［J］. 农业机械学报：［2023-01-03］.（网络首发）

［37］王小彤，蔡远利，姜浩楠. 基于自适应强跟踪 EKF 的机器人 SLAM 算法［C］//第 23 届中国系统仿真技术及其应用学术年会(CCSSTA23rd 2022)会议论文集. 2022：282-286.

［38］魏居尚，蔡秀利，余晓晗，等. 无人机地下环境自主探索关键技术研究［C］//第十届中国指挥控制大会论文集(上册). 北京，2022：808-814.

［39］郑富瑜，何苗，张辉，等. 基于 ROS 的 ICP-SLAM 在嵌入式移动机器人上的实现与优化［J］. 计算机应用研究，2019，36(5)：1437-1440.

［40］聂欣雨. 基于深度学习的视觉 SLAM 算法研究［D］. 北京：军事科学院，2022.

［41］王博. 基于激光雷达的自动驾驶三维环境感知系统关键技术研究［D］. 长春：中国科学院大学(中国科学院长春光学精密机械与物理研究所)，2022.